W0413159

UTB

Eine Arbeitsgemeinschaft der Verlage

Böhlau Verlag · Wien · Köln · Weimar
Verlag Barbara Budrich · Opladen · Toronto
facultas.wuv · Wien
Wilhelm Fink · München
A. Francke Verlag · Tübingen und Basel
Haupt Verlag · Bern · Stuttgart · Wien
Julius Klinkhardt Verlagsbuchhandlung · Bad Heilbrunn
Mohr Siebeck · Tübingen
Nomos Verlagsgesellschaft · Baden-Baden
Ernst Reinhardt Verlag · München · Basel
Ferdinand Schöningh · Paderborn · München · Wien · Zürich
Eugen Ulmer Verlag · Stuttgart
UVK Verlagsgesellschaft · Konstanz, mit UVK/Lucius · München
Vandenhoeck & Ruprecht · Göttingen · Bristol
vdf Hochschulverlag AG an der ETH Zürich

Susanne Kühl | Michael Kühl

Stammzellbiologie

63 Abbildungen
13 Tabellen

Verlag Eugen Ulmer Stuttgart

Prof. Dr. Michael Kühl, Studium und Promotion der Biochemie in Berlin, Tätigkeit als wissenschaftlicher Mitarbeiter im Bereich der Entwicklungsbiologie in Ulm, Seattle (USA) und Göttingen. Seit 2002 Universitätsprofessor für Biochemie und Molekulare Biologie. Forschungsschwerpunkte im Bereich der intrazellulären Signaltransduktion und deren Bedeutung in der frühen embryonalen Entwicklung. Seit 2006 auch Leiter der International Graduate School in Molecular Medicine Ulm.

Dr. Susanne Kühl, Studium der Biologie und Promotion in den Naturwissenschaften an der Universität Ulm. Seit vielen Jahren tätig in der Grundlagenforschung im Bereich der Entwicklungsbiologie.

Bibliografische Information der Deutschen Bibliothek
Die Deutsche Bibliothek verzeichnet diese Publikationen in der Deutschen Nationalbibliografie; detaillierte bibliografische Daten sind im Internet über http://dnb.ddb.de abrufbar.

ISBN 978-3-8252-3735-6 (UTB)
ISBN 978-3-8001-2945-4 (Ulmer)

Wollgrasweg 41, 70599 Stuttgart (Hohenheim)
E-Mail: info@ulmer.de
Internet: www.ulmer.de
Lektorat: Sabine Mann
Titelfoto: Purushotama R. Tata, PhD
Herstellung: Jürgen Sprenzel
Umschlagentwurf: Atelier Reichert, Stuttgart
Satz: Atelier Reichert, Stuttgart
Grafiken: Dr. Susanne Kühl
Druck und Bindung: Freiburger Graphische Betriebe, Freiburg
Printed in Germany

ISBN 978-3-8252-3735-6 (UTB-Bestellnummer)

Inhaltsverzeichnis

Vorwort

Die Stammzellbiologie ist eine hochaktuelle Teildisziplin der Biologie. Sie eröffnet bis vor Kurzem noch ungeahnte Möglichkeiten in der Forschung sowie im Bereich der regenerativen Medizin. Bereits heute haben die neuesten Ergebnisse der Stammzellbiologie unser Verständnis fundamentaler biologischer Prozesse grundlegend verändert. Dieses Buch legt in verschiedenen Kapiteln die Eigenschaften von embryonalen und adulten Stammzellen dar. Auch werden die Möglichkeiten zur Generierung individueller, körpereigener Stammzellen mithilfe von Reprogrammierung und induzierten pluripotenten Stammzellen (iPS-Zellen) vorgestellt. Ein gesondertes Kapitel geht auf Regenerationsprozesse im Tierreich ein. Die ethischen und rechtlichen Aspekte der Stammzellforschung in Deutschland und in anderen Ländern werden in einem eigenen Kapitel betrachtet. Abschließend dient ein Serviceteil mit Register, Zeittafel und Glossar dem Leser zur leichteren Orientierung. Wir hoffen, dass dieses Buch eine derzeit bestehende Lücke im Angebot von Lehrbüchern schließen kann.

Dieses Buch beruht auf verschiedenen Lehrveranstaltungen, die wir seit einigen Jahren für Bachelorstudenten der Studiengänge Molekulare Medizin, Biologie und Biochemie sowie für Studenten der Humanmedizin an der Universität Ulm halten. Weitergehende Lehrbücher, Übersichtsartikel und Originalarbeiten, die uns bei der Zusammenstellung unserer Lehrveranstaltungen inspiriert haben, sind in den Literaturangaben zu den einzelnen Kapiteln wiedergegeben. Den interessierten Lesern seien sie zur weiteren Lektüre empfohlen.

Einer ganzen Reihe von Kollegen möchten wir besonders danken, da ihr Beitrag, ob Fotos oder Anmerkungen zu den Texten, wesentlich zum Gelingen dieses Buches beigetragen hat. Fotos für die Abbildungen haben freundlicherweise bereitgestellt: Kerstin Bartscherer (Münster), Daniel Wehner, Chi-Chung Wu und Gilbert Weidinger (Ulm), Thomas Holstein (Heidelberg), Lenhard Rudolph und Tobias Sperka (Ulm), Stefan Liebau (Ulm) sowie die aktuellen oder ehemaligen Mitglieder unseres Institutes Petra Pandur und Purushotama T. Rao. Weiterhin gilt unser Dank den Kollegen und Kolleginnen, die einzelne Kapitel auf Fehler und Verständlichkeit geprüft haben und deren Hinweise sehr hilfreich waren: Thomas

Hollemann (Halle), Annemarie Hempel, Wiebke Cizelsky, Alexander Kleger, Stefan Liebau, Hans und Angelika Kestler sowie Alpaslan Tasdogan (alle Ulm). Fehler, die sich trotz aller Bemühungen eingeschlichen haben sollten, gehen einzig und allein auf unser Konto. Abschließend sei Frau Sabine Mann und Frau Alessandra Kreibaum vom Ulmer Verlag gedankt, welche die Vorbereitung für dieses Buch freundlich und kompetent begleitet haben.

Den Lesern und Leserinnen unseres Buches wünschen wir viel Spaß bei der Lektüre. Wir hoffen, den Stoff übersichtlich und verständlich dargestellt zu haben.

Ulm, Januar 2012
Dr. Susanne Kühl, Prof. Dr. Michael Kühl

1 Einführung: einige Grundlagen der Entwicklungs- und Molekularbiologie

Inhalt

Die Vorgänge, die für die Stammzellbiologie relevant sind, ähneln in vielen Aspekten denen während der Embryonalentwicklung. Daher ist ein Grundwissen an entwicklungsbiologisch relevanten Prozessen für ein Verständnis der Stammzellbiologie essenziell. In diesem einführenden Kapitel werden Vorgänge wie die Differenzierung von Zellen, die Bildung der Keimblätter und auch ausgewählte intrazelluläre Signalwege vorgestellt, die in die frühe Entwicklung involviert sind.

Unter regenerativer Medizin versteht man allgemein den Ersatz und die Reparatur verloren gegangener bzw. beschädigter Gewebe zur Erhaltung oder Wiedererlangung der Funktionalität des betroffenen Gewebes oder Organs. Insbesondere erhofft man sich von der regenerativen Medizin, die Folgen einer Erkrankung so zu mildern, dass die Lebenszeit der Betroffenen verlängert und insbesondere deren Lebensqualität verbessert wird. Von zentraler Bedeutung für die regenerative Medizin sind Zellen mit herausragenden Eigenschaften, die Stammzellen. Prinzipiell unterscheidet man zwei Typen von Stammzellen, die adulten und die embryonalen Stammzellen.

Adulte Stammzellen (Kapitel 4 bis 6) kommen, wie der Name schon sagt, in Geweben/Organen adulter Organismen vor. Besonderes Charakteristikum dieser Stammzellen ist ihre Fähigkeit, abhängig von ihrer Lokalisation, unterschiedliche Gewebe kontinuierlich zu erneuern oder nach Verletzung zu ersetzen. Des Weiteren können sie *in vivo*, als auch *in vitro* in verschiedene Zelltypen differenzieren. Von besonderem Interesse für die regenerative Medizin sind auch Stammzellen mit embryonalem Charakter, die embryonalen Stammzellen (Kapitel 3).

Aus diesen Gründen richtet sich ein besonderes Augenmerk der wissenschaftlichen Gemeinschaft wie auch der breiten Öffentlichkeit auf diese Stammzellen. So könnte der Ersatz von verloren gegangenem, funktionellem Herzgewebe infolge eines Herzinfarkts mithilfe von Stammzellen zu einer verbesserten Herzfunktion und damit einer gesteigerten Lebensqualität überlebender Patienten beitragen. Auch beim *Diabetes mellitus* vom Typ I (juveniler Diabetes) könnten Insulin-produzierende β-Zellen des Pankreas, die durch die Krankheit verloren gegangen sind, durch differenzierte Stammzellen ersetzt werden. Andere Einsatzgebiete der regenerativen Medizin sind der Ersatz verloren gegangenen Nerven-, Haut- oder Knochengewebes.

Zur Beantwortung der Frage, wie solche geschädigten Strukturen und Organe in der Therapie ersetzt werden könnten, lohnt sich auch ein Blick ins Tierreich. Dort stoßen wir auf eine Vielzahl von Organismen, die in der Lage sind, verlorene Gewebeteile zu regenerieren. Beispiele hierfür werden in Kapitel 2 vorgestellt. Einige dieser Regenerationsprozesse involvieren auch Stamm- oder Vorläuferzellen.

Weiterhin werden wir erfahren, dass die Prozesse und Signalwege während der Regeneration und in der Stammzellbiologie denen ähneln, welche wir auch aus der Embryonalentwicklung kennen. Ein tieferes Verständnis der Stammzellbiologie setzt daher grundlegende Kenntnisse aus der Entwicklungsbiologie voraus, wie sie in einführenden Lehrbüchern der Entwicklungsbiologie vermittelt werden. In diesem einführenden Kapitel sollen einige Grundbegriffe der Entwicklungsbiologie erklärt und wiederholt werden, um die wichtigsten Aspekte dieses Buches verstehen zu können. Der vorgebildete Leser kann dieses Kapitel überspringen und sogleich mit der Lektüre bei Kapitel 2 beginnen. Anderen Lesern sei das Studium dieses einführenden Kapitels empfohlen.

1.1 | Differenzierung

Der Begriff Differenzierung (lat. *differe*, sich unterscheiden) bezeichnet ganz allgemein die Unterscheidung zwischen zwei Zuständen. In der Entwicklungsbiologie beschreibt die Differenzierung jenen Prozess, in welchem eine weniger spezialisierte Zelle, auch Vorläuferzelle genannt, in eine spezialisierte Zellen umgewandelt wird (Abb. 1.1A). Dieser Vorgang, der sich während der embryonalen Entwicklung ständig wiederholt, ist die Grundlage für die Entwicklung einer befruchteten Eizelle (Zygote) in einen komplexen Organismus mit vielen unterschiedlichen Zell- und Gewebetypen. Auf molekularer Ebene äußert sich dieser Prozess unter anderem in der differenziellen Genaktivität, d.h. in der unterschiedlichen Expression von Genen in verschiedenen Zelltypen. Weiterhin bedeutet dies, dass nicht in jeder Zelle das gesamte Genom transkribiert und translatiert wird, d.h. in Protein übersetzt wird (Details siehe Infobox 1.1), sondern, dass je nach Zelltyp ganz unterschiedliche Gene aktiv exprimiert werden. Somit wird gewährleistet, dass jede Zelle durch ihre Proteinausstattung ihre vorgesehene Funktion übernehmen kann. Die Entscheidung in eine bestimmte Entwicklungsrichtung wird über interne und externe Faktoren beeinflusst, wie beispielsweise die Aktivität von bestimmten Transkriptionsfaktoren, der Einfluss von Wachstumsfaktoren und Hormonen oder die Interaktion mit benachbarten Zellen.

Die Differenzierung einer Zelle kann in drei aufeinander folgende Teilschritte gegliedert werden: die Spezifikation, die Determinierung und die terminale Differenzierung. Durch die Spezifikation und Determinierung wird das zukünftige Schicksal einer Zelle festgelegt. Eine determi-

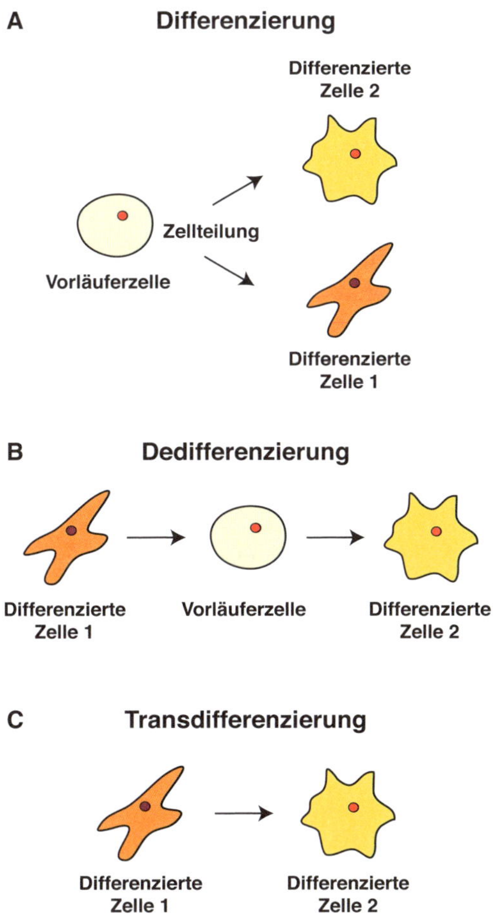

Abb. 1.1

Differenzierung, Dedifferenzierung und Transdifferenzierung. **A**. Die Differenzierung beschreibt die Entwicklung von einer weniger spezialisierten in stärker spezialisierte Zellen. Durch Proliferationsprozesse können aus einer Vorläuferzelle auch verschieden spezialisierte Zellen entstehen. **B**. Die Dedifferenzierung beschreibt die Umkehr des Differenzierungsprozesses von einer differenzierten Zelle. Gegebenenfalls kann die Dedifferenzierung so weit voranschreiten, dass wieder eine Vorläuferzelle entsteht, aus der auch ein unterschiedlicher Zelltyp differenzieren kann. **C**. Bei der Transdifferenzierung geht eine differenzierte Zelle direkt in einen anderen differenzierten Zelltyp über.

nierte Zelle behält ihr programmiertes Entwicklungsziel bei, auch wenn sie aus ihrer ursprünglichen Umgebung in eine neue verpflanzt wird. Im Gegensatz hierzu würde sich eine nicht determinierte Zelle an die neue Umgebung anpassen. Sie würde ein der neuen Umgebung entsprechendes Entwicklungsschicksal eingehen. Eine spezifizierte Zelle behält ihr Entwicklungsschicksal nur dann bei, wenn sie aus ihrem ursprünglichen Gewebeverband herausgenommen und isoliert weiter kultiviert wird. Durch den Einfluss äußerer Faktoren wäre noch eine Änderung der Entwicklung möglich. Diese Beispiele veranschaulichen, dass je nach Entwicklungsstand Zellen auf äußere Einflüsse reagieren oder nicht. Die terminal differenzierte Zelle stellt letztlich den funktionellen Zelltyp dar, dessen Entwicklung abgeschlossen ist.

Infobox 1.1

Genexpression und deren Regulation

Die DNA (engl. *desoxyribonucleic acid*) ist die Trägerin der gesamten Erbinformation eines lebenden Organismus. In RNA-Viren kann die Erbinformation auch in Form von RNA (engl. *ribonucleic acid*) gespeichert sein. Streng genommen gehören Viren allerdings nicht zu den Lebewesen, da sie ohne Wirtszelle nicht lebens- und vermehrungsfähig sind.

Die Bausteine der DNA sind die Nukleotide, die sich jeweils aus einem Phosphatrest, einem Zucker (aus 2-Desoxy-D-ribose) und einer Base zusammensetzen. Der Zucker und der Phosphatrest bilden das sog. Zuckerphosphatrückgrat, während die Basen am Zucker gebunden sind. Man unterscheidet die Purinbasen Adenin (A) und Guanin (G) und die Pyrimidinbasen Cytosin (C) und Thymin (T). Die Aneinanderreihung durch eine Phosphodiesterbindung einzelner Nukleotide ergibt einen DNA-Strang. In einer DNA sind zwei solcher Stränge gegenläufig (revers-komplementär) aneinandergelagert und zu einer Doppelhelix umeinander gewunden, wobei dies über Wechselwirkung (Wasserstoffbrückenbindungen) der Basen von je zwei Nukleotiden erfolgt: A bildet Wasserstoffbrücken mit T aus, G solche mit C.

Um die Verpackung der gesamten DNA auf kleinstem Raum (des Zellkerns) zu ermöglichen, ist die DNA in Form von Chromatin angeordnet. Dabei ist die negativ geladene DNA-Doppelhelix um positiv geladene Histonproteine gewickelt. Zudem spielen Modifikationen der Histone und der DNA selbst eine Rolle in der Verpackungsdichte des Chromatins (siehe dazu auch Kapitel 3.4.2).

Ein Gen wird durch einen bestimmten Abschnitt auf einem der beiden DNA-Stränge und eine spezifische Kombination der vier Basen, der Sequenz des Gens definiert. Die Gene werden durch die Transkription erst in RNA-Moleküle und später mithilfe der Translation in Proteine überschrieben, die unter anderem für die Struktur und Funktion einer Zelle verantwortlich sind.

Neben den protein-codierenden Genabschnitten befinden sich auf den DNA-Strängen auch regulatorische Bereiche, durch welche das Ablesen der Gene gesteuert wird: die Promotor- und Enhancer-Regionen. Sogenannte Transkriptionsfaktoren (Proteine) können mit ihrer DNA-Bindedomäne an diese DNA-Abschnitte (engl. *response elements*) sequenzspezifisch binden und so die Expression von Genen positiv (Aktivatoren) oder negativ (Repressoren) regulieren. Die Aktivierung wie auch die Hemmung der Transkription erfolgt über die Rekrutierung weiterer Proteine und deren Interaktion mit der basalen Transkriptionsmaschinerie.

Durch die Kombination verschiedener regulatorischer DNA-Abschnitte in den Promotor- und Enhancerbereichen, an welche entsprechende Transkriptionsfaktoren binden, gelingt es, die Expression einzelner Gene gewebespezifisch zu steuern. Oft liegen diese regulativen Elemente in einem kürzeren DNA-Abschnitt gehäuft (geclustert) vor, welcher als cis-regulatives Modul (CRM) bezeichnet wird. Mithilfe dieser Module kann die Expression sowohl räumlich als auch zeitlich genau gesteuert werden. Die Aktivität der Transkriptionsfaktoren steht zusätzlich häufig unter der Kontrolle äußerer Signale, die intrazelluläre Signalkaskaden aktivieren und so den Transkriptionsfaktor über posttranslationale Modifikationen verändern können.

posttranslational: zeitlich nach der Translation

Nach Aktivierung durch Transkriptionsfaktoren wird ein protein-codierendes Gen mithilfe der RNA-Polymerase II abgelesen und in eine hnRNA (heterogene nukleäre RNA; auch Prä-RNA) umgeschrieben, ein Vorgang der als Transkription bezeichnet wird. Beim Ablesen der DNA muss daher zunächst die Chromatinstruktur der DNA gelockert werden, um den entsprechenden DNA-Bereich für die RNA-Polymerase zugänglich zu machen. Dies wird durch Chromatin-Remodellierungsfaktoren wie z.B. Histon-Acetyltransferasen (HAT) und Histondeacetylasen (HDAC) erreicht.

Die hnRNA beinhaltet neben den protein-codierenden Abschnitten, auch Exons genannt, sog. Introns, welche im Allgemeinen nicht-codierende Abschnitte darstellen. Diese Introns werden in einem folgenden Schritt durch den Vorgang des Spleißens entfernt und die Exons aneinandergefügt. Mithilfe des differenziellen Spleißens können aus einem Primärtranskript durch das Aneinanderfügen alternativer Exons verschiedene mRNA-Spezies (Spleißvarianten) eines Gens erzeugt werden, die für unterschiedliche Proteine codieren. Die Anzahl der Proteine eines Organismus ist daher deutlich größer als die Anzahl seiner protein-codierenden Gene.

Neben dem Spleißen werden durch Prozessierung die beiden Enden der hnRNA modifiziert (Cap-Struktur und Poly-A-Schwanz), wobei schlussendlich das mRNA Molekül (engl. *messenger RNA*) hervorgeht. Dieses verlässt den Zellkern durch Poren in der Kernmembran und steht im Zytoplasma für die anschließende Translation (Proteinsynthese) an den Ribosomen zur Verfügung. Die Kombination dreier Basen (Triplett) auf Ebene der DNA/RNA codiert hierbei für eine Aminosäure auf Ebene der Proteine. Der ganze Prozess wird auch als Proteinbiosynthese bezeichnet.

1.2 Frühe Entwicklung: Konzept der drei Keimblätter

Bereits kurz nach der Befruchtung kommt es während der Entwicklung zu einer Aufteilung des Embryos in die drei verschiedenen Keimblätter Ektoderm, Mesoderm und Endoderm. Durch die Aktivierung definierter Transkriptionsfaktoren und deren gegenseitige Regulierung kommt es zunächst zu einer gegenseitigen Abgrenzung der Keimblätter innerhalb des Embryos. Während der weiteren Entwicklung differenzieren die Zellen der drei Keimblätter in verschiedene Derivate. So bildet sich aus dem Ektoderm einerseits das Nervensystem und andererseits die Epidermis, also die äußere Schicht des Organismus. Das Mesoderm unterteilt sich weiter in unter anderem die Skelettmuskulatur, das Knochensystem, die Niere, das Herz und das Blut. Das Endoderm schließlich bildet die inneren Verdauungsorgane wie den Darm, die Leber und das Pankreas aber auch die Lunge und die Schilddrüse aus (Abb. 1.2). Während die Einteilung in die drei Keimblätter im Rahmen der extrakorporalen Entwicklung wie beispielsweise bei *Xenopus laevis* oder *Danio rerio* relativ einsichtig ist, verläuft die Entwicklung bei Säugetieren deutlich komplizierter, da sich aus der befruchteten Eizelle auch extraembryonale Gewebe entwickeln. Diese sind für die Entwicklung des Embryos essenziell, später jedoch nicht Bestandteil des adulten Organismus.

Differenzierungsprozesse sind durch zwei Merkmale charakterisiert: Einerseits kommt es währenddessen zu einer immer stärkeren Spezialisierung der Zellen, die letztlich in der Übernahme einer ausgewählten Funk-

Abb. 1.2 **Keimblätter und Zellschicksalskartierung in *Xenopus*.** Links: Im *Xenopus*-Embryo im Blastulastadium sind die drei Keimblätter Ektoderm (animaler Pol), Mesoderm (Marginalzone) und Endoderm (vegetaler Pol) festgelegt. Mitte: Derivate des jeweiligen Keimblatts sind angegeben. Rechts: Innerhalb jedes Keimblatts sind die Zellen, die zu den unterschiedlichen Organen beitragen, von dorsal (D) nach ventral (V) schon früh in der Entwicklung angeordnet. Man spricht von einer Schicksalskarte. Abkürzungen: Bl, Blut; Epi, Epidermis; N, Niere; No, Notochord; Pa, Pankreas; ZNS, zentrales Nervensystem.

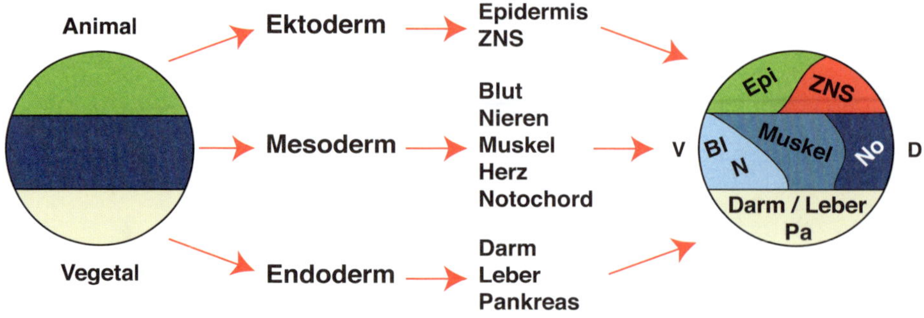

tion mündet. In diesem Zusammenhang spricht man von einer terminal differenzierten Zelle, die in der Regel den Zellzyklus verlassen hat und sich damit nicht mehr teilt. Gleichzeitig nehmen die Differenzierungsmöglichkeiten einer Zelle kontinuierlich ab. Andererseits sind terminale Differenzierungszustände relativ stabil. Unter normalen physiologischen Bedingungen kommt es nicht zu einer Umkehr der Differenzierung, bei der eine differenzierte Zelle in eine weniger differenzierte Zelle übergeht. Auch gibt eine terminal differenzierte Zelle nicht ihre Funktionen auf und nimmt einen anderen Differenzierungszustand ein. Wissenschaftlich ausgedrückt kommt es unter physiologischen Bedingungen in der Regel weder zu einer Dedifferenzierung noch zu einer Transdifferenzierung (Abb. 1.1 B, C). Wie wir sehen werden, können aber gerade solche Mechanismen bei Regenerationsvorgängen (siehe Kapitel 2) beobachtet werden.

Methoden zum Nachweis der differenziellen Genaktivität | 1.3

Wie in den vorangegangenen Absätzen erläutert, beruht die Entwicklung auf der gewebe-spezifischen Aktivierung von Genen, die einerseits für die Entwicklung in ein bestimmtes Derivat, andererseits aber auch für die Funktion einer terminal differenzierten Zelle unabdingbar sind. Die Aktivität solcher Gene kann durch verschiedene Methoden verfolgt werden, welche auf dem Nachweis des mRNA-Intermediates oder des eigentlichen Genprodukts, dem Protein, beruhen. Diese beinhalten einerseits die RT-PCR (engl. *reverse transcription polymerase chain reaction*), die sowohl semiquantitativ als auch quantitativ durchgeführt werden kann. Bei dieser Methode wird die Aktivität von Genen durch die Gegenwart von definierten mRNA-Molekülen dargestellt. Dabei wird das Gen von Interesse durch Amplifikation mithilfe von gen-spezifischen Desoxyoligonukleotiden (Primer) und einer geeigneten DNA-Polymerase erfasst. Diese Methode erlaubt insbesondere eine Quantifizierung der Expressionsstärke. Ein geübter Wissenschaftler kann mit dieser Methode zu späteren Zeitpunkten der Entwicklung auch die gewebespezifische Expression eines Gens durch das Isolieren bestimmter Gewebe und Organe analysieren.

Für den einfachen Nachweis der gewebespezifischen Expression eines Gens bedient man sich der sog. *whole mount In-situ*-Hybridisierung (Abb. 1.3 A). Bei dieser Methode generiert man zunächst ein RNA-Molekül, welches revers-komplementär zum nachzuweisenden endogenen mRNA-Molekül ist. Diese Sonde paart entsprechend den Basenpaarungsregeln (siehe Infobox 1.1) mit einer endogen gebildeten mRNA. Durch den Einbau modifizierter Desoxyoligonukleotide ist der Nachweis dieses Hybrids mithilfe geeigneter Antikörper möglich.

Abb. 1.3

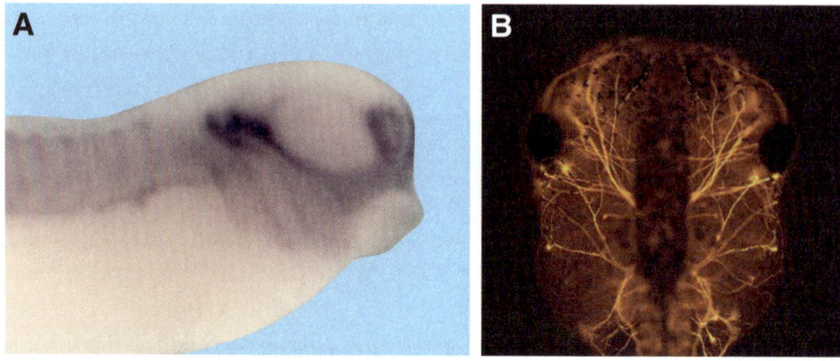

Ausgewählte Methoden zur Visualisierung der Genexpression. A. Durch die Methode der *whole mount In-situ*-Hybridisierung kann die räumliche Expression eines Gens auf RNA Ebene durch das Einsetzen einer *antisense* RNA-Sonde und einer Farbreaktion sichtbar gemacht werden. Dargestellt ist der Kopf eines *Xenopus*-Embryos (laterale Ansicht, anterior rechts) in Stadium 30. Die Expression des Transkriptionsfaktors Six1 (engl. *SIX homeobox 1*) wurde durch eine Blaufärbung sichtbar gemacht. Six1 ist in den kranialen Plakoden exprimiert, aus denen sich die späteren Hirnnerven entwickeln (siehe B). **B.** Mithilfe einer Antikörperfärbung kann die Expression eines Gens auf Proteinebene visualisiert werden. Dargestellt ist der Kopf einer *Xenopus*-Kaulquappe (dorsale Ansicht, anterior oben). Verwendet wurde der Antikörper 3A10, der spezifisch an Neurofilamente bindet und dadurch alle Ganglien sichtbar macht. Zu sehen sind im Speziellen die Hirnnerven von *Xenopus*.

Darüber hinaus ist die Darstellung der Expression eines Gens auch durch den Nachweis des Genproduktes, des Proteins, möglich (Abb. 1.3 B). Diese Methode allerdings ist nur dann möglich, wenn gegen das betreffende Protein spezifische Antikörper erhältlich sind. Diese primären Antikörper können in der Regel über sekundäre Antikörper, welche mit einem Enzym oder einem Fluoreszenzfarbstoff markiert sind, detektiert werden. Auf diese Weise lässt sich die Expression eines Proteins und somit die Aktivität eines Gens in Zellen oder aber auch im ganzen Embryo nachweisen.

1.4 | Regulation der Entwicklung: extrazelluläre Wachstumsfaktoren

Die gewebespezifische Aktivierung von Genen, die für die Entwicklung essenziell ist, wird insbesondere durch den Einfluss von extrazellulären Wachstumsfaktoren reguliert. Wachstumsfaktoren können aufgrund ihrer proteinbiochemischen Zusammensetzung und Struktur in verschiedene Familien eingeteilt werden. Für ein besseres Verständnis der biochemischen Vorgänge, die der regenerativen Biologie und der Stammzellbiologie zugrunde liegen, sollen an dieser Stelle ausgewählte Wachstumsfaktorfamilien und deren Signaltransduktionswege vorgestellt werden (Abb. 1.4). Dabei beschränken wir uns auf diejenigen, die in den weiteren Kapiteln angesprochen werden.

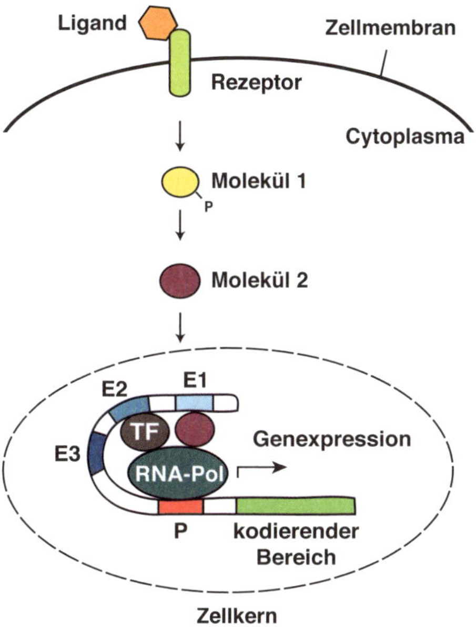

Abb. 1.4

Signaltransduktion. Ein Ligand bindet an einen Rezeptor, der auf der Oberfläche einer Zelle präsentiert wird. Dieser Rezeptor wird in der Folge aktiviert (z.B. durch Autophosphorylierung). Innerhalb der Zelle können nun weitere Moleküle aktiviert werden (z.B. über Phosphorylierung). Moleküle am Ende der Kaskade wandern in den Zellkern ein und binden dort mit spezifischen Transkriptionsfaktoren (TF) an regulatorische Elemente (Enhancer, E; Promotor, P) auf der DNA. Im Zusammenspiel mit der RNA-Polymerase (RNA-Pol) wird so die Genexpression moduliert.

Der Wnt-Signalweg

1.4.1

Wnt-Proteine sind extrazelluläre Glycoproteine, von denen in höheren Vertebraten 19 Familienmitglieder bekannt sind. Zur Aktivierung intrazellulärer Signaltransduktionswege binden Wnt-Proteine an Rezeptoren der Frizzled-Familie und an eine Reihe verschiedener Co-Rezeptoren wie LRP-5/6, ror2 oder ryk (Abb. 1.5 A). Intrazellulär kommt es durch die Aktivierung der unterschiedlichen Rezeptoren zu verschiedenen intrazellulären Signaltransduktionskaskaden. Der am besten charakterisierte, sogenannte kanonische Wnt-Signalweg wird durch die Stabilisierung des zytoplasmatischen Proteins β-Catenin charakterisiert. In Abwesenheit von Wnt-Liganden wird β-Catenin im Zytoplasma kontinuierlich abgebaut. Hierfür ist die Wirkung des *Destruction*-Komplexes essenziell, der aus den Proteinen APC, Axin und GSK3β besteht. GSK3β ist in der Lage, β-Catenin zu phosphorylieren und damit für die durch Ubiquitin vermittelte Degradation vorzubereiten. In Gegenwart eines Wnt-Liganden zerfällt der *Destruction*-Komplex, β-Catenin wird im Zytoplasma nicht mehr abgebaut und damit stabilisiert. Es kann anschließend in den Kern eindringen und interagiert dort mit Transkriptionsfaktoren der TCF/LEF-Familie (engl. *T-cell factor, lymphoid enhancer factor*), um ausgewählte Zielgene zu aktivieren.

Abb. 1.5

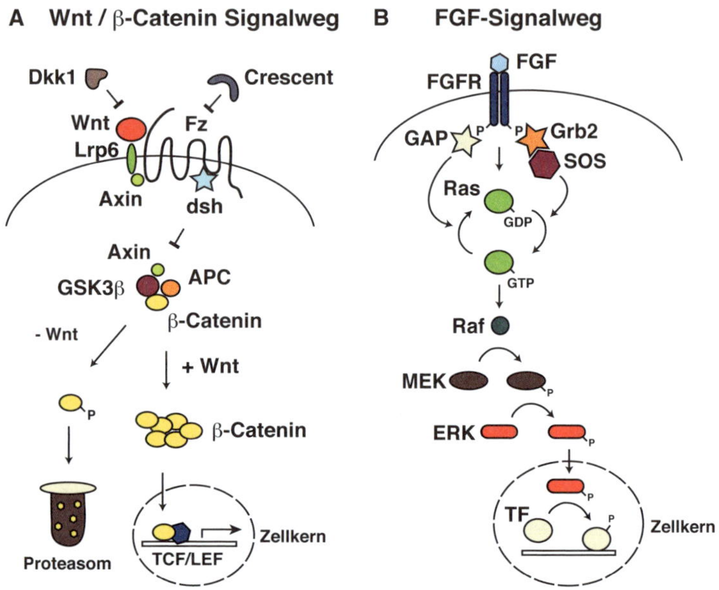

Ausgewählte Signalwege I. A. Der kanonische oder Wnt/β-Catenin-Signalweg. Details siehe Haupttext. APC, Axin und GSK3β bilden den *Destruction*-Komplex **B.** Der FGF-Signalweg. Details siehe Haupttext. Abkürzungen: APC, Adenomatöses Polyposis Coli; ERK, extrazellulär regulierte Kinase; Dkk1, Dickkopf 1; FGF, *fibroblast growth factor*; FGFR, *fibroblast growth factor receptor*; Grb2, *growth factor receptor-bound protein 2*; GSK3β, Glycogen-Synthase-Kinase-3β; LEF, *lymphocyte enhancer factor*; LRP6, *lipoprotein-related protein receptor 6*; Sos, *son of sevenless*; TCF, *T-cell factor*; TF, Transkriptionsfaktor.

Alternative Namen für Kinasen der MAP-Kinase-Kaskade:

MAPK (engl. *mitogen activated protein kinase*) = **ERK** (engl. *extracellular signal regulated kinase*)

MAPKK (engl. *mitogen activated protein kinase kinase*) = **MEK**

MAPKKK (engl. *mitogen activated protein kinase kinase kinase*) = **Raf** (engl. *ras activated factor*)

Wichtig in diesem Zusammenhang ist die Tatsache, dass der kanonische Wnt-Signalweg durch die pharmakologische Inhibition der GSK3β aktiviert werden kann. Ein häufig verwendeter GSK3β-Inhibitor in diesem Zusammenhang ist die Substanz BIO (6-Bromoindirubin-3'-oxim). Auch Lithiumchlorid wird häufig als Inhibitor der GSK3β verwendet, doch ist die Spezifität von Lithiumionen als GSK3β–Inhibitor sehr viel geringer. Der Vollständigkeit halber sei darauf hingewiesen, dass auch von β-Catenin unabhängige Wnt-Signalwege beschrieben werden konnten.

1.4.2 | Der FGF-Signalweg

FGF-Proteine (engl. *fibroblast growth factor*) bilden die Familie der fibroblasten-ähnlichen Wachstumsfaktoren. Diese aktivieren einen intrazellulären Signaltransduktionsweg durch Bindung an den FGF-Rezeptor (Abb. 1.5 B). Bei diesem handelt es sich um einen Tyrosinkinaserezeptor, der anschließend intrazellulär eine Kaskade verschiedener Kinasen aktivieren kann, sodass es letztlich zur Phosphorylierung von Transkriptionsfaktoren kommt, die ihrerseits Zielgene aktivieren können.

Der BMP- oder TGFβ-Signalweg

1.4.3

Wachstumsfaktoren der BMP-Familie (engl. *bone morphogenetic protein*) gehören in die große Familie der TGFβ-ähnlichen Wachstumsfaktoren (engl. *transforming growth factor*). Diese Faktoren aktivieren durch die Bindung an Rezeptoren der Serin-Threonin-Kinasefamilie einen intrazellulären Signaltransduktionsweg, in den verschiedene Smad-Proteine involviert sind (Abb. 1.6 A). Durch die Aktivierung des BMP-Rezeptorkomplexes kommt es zur Phosphorylierung intrazellulärer Smad-Proteine, der Rezeptor-Smads oder R-Smads, die nachfolgend mithilfe eines weiteren Smad-Proteins, dem Co-Smad Smad4, in den Zellkern einwandern und dort durch die Bindung an regulatorische Bereiche auf der DNA direkt die Genexpression regulieren können. Um die Signalspezifität verschiedener Mitglieder der TGFβ-Familie extrazellulärer Wachstumsfaktoren sicherzustellen, binden diese an verschiedene Rezeptoren und verwenden teilweise unterschiedliche intrazelluläre Smad-Proteine.

Abb. 1.6

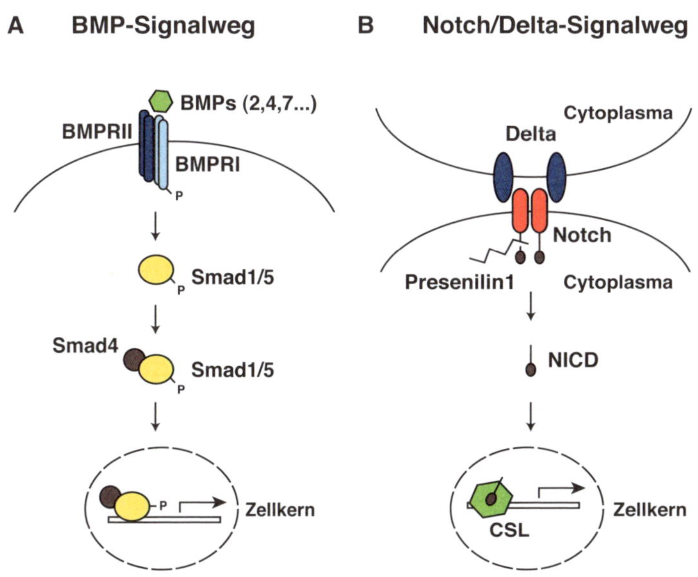

Ausgewählte Signalwege II.
A. BMP-Signalweg. **B**. Notch/Delta-Signalweg. Details siehe Haupttext. Abkürzungen: BMP, *bone morphogenetic protein*; BMPR, *bone morphogenetic protein receptor*, CSL, *CBF1/RBPj-k/Su(H)/Lag1*; NICD, *notch intracellular domain*.

1.4.4 Der Notch-Signalweg

Von besonderer Bedeutung ist darüber hinaus der Notch/Delta-Signalweg (Abb. 1.6 B). Dabei bildet Notch den Rezeptor auf der empfangenden Zelle. Liganden für den Notch-Rezeptor werden durch Mitglieder der Delta-Familie repräsentiert. Im Gegensatz zu den vorher genannten Wachstumsfaktoren, die alle sezerniert werden und damit im Extrazellulärraum frei diffundieren können, wird Delta als ein Transmembranprotein auf einer benachbarten Zelle präsentiert. Somit kommt es nur durch einen direkten Zell/Zell-Kontakt zur Übertragung eines Signals auf die notch-exprimierende Nachbarzelle. Durch Bindung des Delta-Liganden an den Notch-Rezeptor kommt es zu einer Aktivierung des letzteren, wobei die intrazelluläre Domäne abgespalten wird. Diese intrazelluläre Domäne von Notch (Notch-ICD, engl. *intracellular domain*) wandert in den Zellkern und interagiert dort mit Transkriptionsfaktoren. So wird sichergestellt, dass nach Aktivierung des Notch-Signalwegs Zielgene reguliert werden können. In letzter Zeit haben sich auch Daten ergeben, die auf die Existenz eines weiteren, hiervon abweichenden Notch-Signalwegs hinweisen.

Neben diesen Schlüsselsignalwegen der embryonalen Entwicklung, die auf die Genexpression und damit auf die zelluläre Differenzierung Einfluss nehmen, gibt es noch eine Reihe weiterer Signaltransduktionswege, die, wenn nötig, in den nachfolgenden Kapiteln direkt angesprochen werden. An dieser Stelle sollte man sich jedoch vor Augen halten, dass diese Signalwege neben der Differenzierung von Zellen auch viele andere zelluläre Prozesse beeinflussen können. Dazu gehören die Zellproliferation, das Zellüberleben, die Apoptose oder auch morphogenetische Bewegungen wie Zellwanderungsprozesse.

Apoptose: der programmierte Zelltod

Zusammenfassung

Durch ein besseres Verständnis der Prozesse in der Stammzellbiologie erhoffen sich Wissenschaftler, Ärzte und Patienten die Entwicklung neuer Therapieansätze. In den letzen Jahren hat sich mehr und mehr herausgestellt, dass regenerative Prozesse denen der Entwicklungsbiologie sehr ähnlich sind. Dabei spielen Vorgänge wie die Differenzierung von Zellen eine entscheidende Rolle. Weiterhin hat sich gezeigt, dass Wachstumsfaktoren wie Wnts, FGFs, BMPs und Notch nicht nur während der embryonalen Entwicklung essenziell sind, sondern auch in der Stammzellbiologie wichtige Aufgaben übernehmen.

Fragen

1 Was versteht man unter der Differenzierung einer Zelle?
2 Was bedeuten die Begriffe Dedifferenzierung und Transdifferenzierung?
3 Was sind Transkriptionsfaktoren? Was ist deren Aufgabe?
4 Wie kann die Aktivität von Genen im Embryo nachgewiesen werden? Beschreiben sie drei unterschiedliche Methoden.
5 Beschreiben sie die Signaltransduktionswege des kanonischen Wnt-, des FGF-, des BMP- und des Notch/Delta-Signalwegs.

Referenzen

Als Referenzen zur weitergehenden Lektüre seien für dieses einführende Kapitel grundlegende Lehrbücher der Entwicklungsbiologie, Molekularbiologie und Zellbiologie genannt, die über den hier behandelten Stoff weit hinausgehen:

ALBERTS, B., A. JOHNSON, J. LEWIS, M. RAFF, K. ROBERT, P. WALTER (2008): Molecular Biology of the Cell. 5. Auflage, Garland Science, Abingdon UK.

DAVIDSON, E.H. (2008): The Regulatory Genome: Gene Regulatory Networks in Development and Evolution. Academic Press, Elsevier, Amsterdam, Niederlande.

GERHART, J., M. KIRSCHNER (1997) Cells, Embryos, and Evolution. Blackwell Science, Massachusetts, USA.

GILBERT, S.F. (1994): The Conceptual History of Modern Embryology. Johns Hopkins University Press, Baltimore, USA.

GILBERT, S.F. (2010): Developmental Biology. 9. Auflage, Sinauer Associates Massachusetts, USA.

JANNING W., KNUST E. (2008): Genetik. 2. Auflage, Thieme Verlag, Stuttgart.

KÜHL, M., S. GESSERT (2010): Entwicklungsbiologie. UTB Basics, Ulmer Verlag, Stuttgart.

WILKINS, A.S. (2002): The Evolution of Developmental Pathways. Sinauer Associates Massachusetts, USA.

WOLPERT, L. (2006): Principles of Development. 2. Auflage, Oxford University Press, Oxford.

2 | Regeneration im Tierreich

Inhalt

Verschiedene Organismen weisen unterschiedliche Fähigkeiten zur Regeneration nach Verletzungen auf. Bei diesem Vorgang der reparativen Regeneration beobachtet man unterschiedliche zelluläre Mechanismen: einerseits ein Ersatz von Gewebe ausgehend von bereits spezialisierten, terminal differenzierten Zellen, andererseits die Neubildung ausgehend von undifferenzierten Stammzellen. Letztere spielen auch bei der zyklischen Regeneration von Geweben, dem *Turnover*, eine besondere Rolle.

zweikeimblättrige (diploblastische) Organismen: Organismen mit zwei Keimblättern (Ektoderm und Endoderm)

dreikeimblättrige (triploblastische) Organismen: Organismen mit den drei Keimblättern Ektoderm, Mesoderm, Endoderm

Unter dem Begriff „Regeneration" versteht man im biologischen Kontext wörtlich übersetzt die „Wiedererzeugung" von Geweben. Die erste Beschreibung zur Regeneration des Schwanzes bei Eidechsen datiert bis ins Jahr 1686 zurück, als MELCHISÉDECH THÉVENOT vor der Pariser Akademie der Wissenschaften von diesen Fähigkeiten berichtete. Erste Arbeiten zur Regenerationsfähigkeit von Invertebraten reichen gut 250 Jahre zurück. Dabei wurden im Wesentlichen die zweikeimblättrige Hydra und dreikeimblättrige Planarien untersucht. Mittlerweile wurden die Arbeiten zur Regeneration auch auf Amphibien, Fische und Mäuse ausgeweitet.

Grundsätzlich lassen sich zwei verschiedene Formen der Regeneration unterscheiden: Einerseits die reparative Regeneration, andererseits die physiologische oder zyklische Regeneration. Die reparative Regeneration ist der Ersatz von verloren gegangenem Gewebe eines Körpers, beispielsweise in Folge einer Verletzung. Wesentliches Ziel dieses regenerativen Vorganges ist die Wiederherstellung eines Gewebes inklusive Struktur, Form und Funktionalität. Hier seien die auch beim Menschen bekannte Wundheilung oder die Neubildung von Blutzellen nach Blutverlust genannt. Im Tierreich hingegen gibt es sehr viel weiter reichende Fähigkeiten zur reparativen Regeneration. Bereits erwähnt ist die Fähigkeit einer Eidechse, einen verloren gegangenen Schwanz nachwachsen zu lassen. Auch sind Molche in der Lage, ganze Extremitäten nach einer Amputation zu regenerieren; ganz offensichtlich eine Fähigkeit, die den höher entwickelten Organismen wie dem Menschen nicht zu eigen ist. Interessanterweise korreliert die Fähigkeit zur reparativen Regeneration nicht eindeutig mit dem phylogenetischen Entwicklungsstand.

Die Regeneration ist jedoch nicht nur auf den Gewebeersatz nach einer Verletzung beschränkt. Auch in einem gesunden Körper ist eine kontinuierliche Regeneration von Geweben, bei der ständig Zellen eines Organs ersetzt werden, zu beobachten, im Englischen auch als *Turnover* bezeichnet. Dieser Vorgang wird, wie oben erwähnt, als physiologische oder zyklische Regeneration bezeichnet. Klassische Beispiele hierfür sind das Darmepithel, welches bei der Maus innerhalb von fünf Tagen ersetzt werden kann (Kapitel 6.4), die sich ständig erneuernde Haut (Kapitel 6.3), die Haare (Kapitel 6.3) oder die Zellen des hämatopoetischen Systems (Kapitel 5).

Bei genauer Betrachtung findet man ähnliche Mechanismen in allen regenerativen Vorgängen wieder, die man als Morphallaxis und Epimorphose bezeichnet. Beide Begriffe, Morphallaxis und Epimorphose wurden bereits 1901 von MORGAN geprägt, ohne dass dieser die zugrunde liegenden, zellbiologischen Mechanismen kannte oder hätte beschreiben können. Ursprünglich beschrieb der Begriff Morphallaxis eine Restrukturierung oder Neumusterung des verbliebenen Gewebes ohne nennenswerte Zellproliferation. Ein klassisches Beispiel hierfür sind die verschiedenen Regenerationsvorgänge in *Hydra* (Kapitel 2.1).

Die Epimorphose hingegen beschreibt in seiner ursprünglichen Definition den Vorgang, bei welchem verlorenes Gewebe ersetzt wird und das neue Gewebe wieder die korrekten Strukturen einnimmt. Dieser Prozess benötigt Zellproliferation. Dies kann beispielsweise erreicht werden, indem Zellen dedifferenzieren, die bereits terminal differenziert waren (siehe auch Abb. 1.1). Die Zellen treten nach dieser Dedifferenzierung in den Zellzyklus ein, bilden dadurch neues Gewebe, und differenzieren anschließend erneut. Auch im Gewebe vorhandene undifferenzierte Zellen (Stammzellen) können durch Proliferation und Differenzierung in diesen Prozess eingebunden sein. Zuweilen findet auch eine direkte Transdifferenzierung eines Zelltyps in einen anderen statt.

Die stammzell-vermittelte Regeneration beruht auf der Präsenz adulter, gewebeständiger und verhältnismäßig undifferenzierter Stammzellen, die zur Proliferation und Differenzierung in verschiedene Zelltypen in der Lage sind (siehe Kapitel 3 bis 6). Bei der kompensatorischen Regeneration treten terminal differenzierte Zellen direkt in die Proliferation ein und generieren dadurch Zellen eines ähnlichen Differenzierungszustands. Dedifferenzierung oder adulte Stammzellen scheinen hier nicht involviert zu sein. Als Beispiel für die kompensatorische Regeneration sei die Regeneration der Säugetierleber genannt. Man sollte jedoch bereits an dieser Stelle erwähnen, dass die hier geschilderten Möglichkeiten zunächst einmal gedankliche Extremfälle darstellen und im Einzelfall verschiedene Mechanismen in unterschiedlicher Ausprägung zusammen auftreten können. Tabelle 2.1 gibt einen Überblick über die wesentlichen Mechanismen, die der Regeneration zugrunde liegen.

Aus diesen Ausführungen ergeben sich auch die derzeit wichtigsten Fragestellungen der Forschung auf diesem Gebiet wie von Poss (2010) definiert:

- Welche molekularen Mechanismen definieren das regenerative Potenzial eines Organismus bzw. eines Gewebes?
- Welche Zellen tragen zur Regeneration in verschiedenen Organismen bzw. Geweben bei?
- Welche Moleküle sind bei der Initiation des Regenerationsvorgangs beteiligt?
- Welche Mechanismen regulieren die Prozesse Proliferation, Differenzierung und Musterbildung auf molekularer Ebene?

Aus der Beantwortung dieser Fragen erhofft man sich auch Einblicke dahingehend, warum höhere Vertebraten, wie z.B. der Mensch, nur sehr beschränkte Regenerationsfähigkeiten besitzen und ob diese eventuell verborgenen Fähigkeiten in diesen Organismen zu reaktivieren sind.

Tab. 2.1 **Überblick über die Formen und Mechanismen der Regeneration.**

Formen	**Definition**	**Beispiel**
reparative Regeneration	Ersatz nach Verletzung	Wundheilung Extremitätenregeneration
physiologische / zyklische Regeneration *(Turnover)*	kontinuierlicher, natürlicher Ersatz von Gewebe	Hämatopoese Regeneration Darmepithel / Haut
Mechanismen	**Definition**	**Beispiel**
Morphallaxis	Regeneration ohne nennenswerte Proliferation	Regeneration in Hydra
Epimorphose	Neuwachstum von verlorenem Gewebe durch Zellproliferation	Regeneration in Planarien
kompensatorische Regeneration	Proliferation terminal differenzierter Zellen	Regeneration der Säugetierleber
Dedifferenzierung	Umwandlung von terminal differenzierten in undifferenzierte Zellen	Extremitätenregeneration Blastembildung
Transdifferenzierung	Umwandlung von einem Zelltyp in einen anderen	Linsenregeneration
Differenzierung	Differenzierung von Stammzellen	Hämatopoese Regeneration Darmepithel / Haut

Regeneration in Hydra

2.1

In der griechischen Mythologie wird die Hydra als neunköpfige Wasserschlange beschrieben. In Anlehnung an ihr Lebensgebiet, den Sümpfen von Lerna, wird sie auch als Lernäische Schlange bezeichnet. Zur Sühne der Ermordung seiner Frau und seiner Kinder sollte Herakles (im Lateinischen Hercules genannt) insgesamt zwölf Aufgaben erfüllen. Eine davon war, die Hydra zu erlegen. Herakles versuchte, dieser Aufgabe nachzukommen, indem er begann, der Hydra die Köpfe abzuschlagen (Abb. 2.1). Damit hatte er jedoch keinen Erfolg, da für jeden verlorenen Kopf zwei neue nachwuchsen. Erst das Ausbrennen der Wunde verhinderte das Nachwachsen von neuen Köpfen und so konnte er die Hydra letztlich besiegen.

In der Zoologie bezeichnet Hydra die Gattung der Süßwasserpolypen, die ebenfalls in der Lage sind, einen verlorenen Kopf zu regenerieren. Die erste Beschreibung von Hydra datiert auf das Jahr 1702 zurück. Experimente, die in den Jahren 1736–1744 durchgeführt wurden, zeigten erstmals die Fähigkeit zur Regeneration. Anders als die Hydra aus der griechischen Mythologie regeneriert der Süßwasserpolyp lediglich einen Kopf. Der etwa 5 mm große Körper besteht aus einem röhrenförmigen radiärsymmetrischen Rumpf, der über eine Basalscheibe am proximalen Ende mit dem Untergrund verhaftet ist (Abb. 2.2 A). Im oberen, distalen Teil des Körpers, dem Kopf, befinden sich Tentakeln und ein Mund, welcher der Aufnahme von Nahrung aber auch der Abgabe von Nahrungsresten dient. Der Mund wird vom Hypostom (Mundfeld) umgeben.

Abb. 2.1

Herakles Kampf mit der Hydra. Gemälde von Hans Sebal Beham (1500–1550), private Sammlung (Quelle: Wikipedia).

Hydra ist ein zweikeimblättriger Organismus, der aus zwei Zellschichten besteht, einer äußeren, ektodermalen sowie einer inneren, endodermalen Epithelschicht, die durch eine Schicht extrazellulärer Matrix getrennt sind. In beiden Zellschichten besitzen die Epithelzellen kontraktile Eigenschaften und werden daher auch als Epithelmuskelzellen bezeichnet. Darüber hinaus besitzt Hydra Nervenzellen und sekretorische Zellen. In den Zwischenräumen der Epithelzellen, den Interstitien, befinden sich auch undifferenzierte Vorläuferzellen, die I-Zellen (Abb. 2.2 B). Teilt man Hydra in zwei Teile, entsteht aus jedem der beiden Teile durch Umstrukturierung des bestehenden (verbliebenen) Gewebes jeweils eine neue Hydra mit allen Körperteilen (Abb. 2.3). Dies erfolgt zunächst ohne nennenswerten Zuwachs an Zellen. Selbst kleinere Stücke aus Hydra besitzen diese bemerkenswerte Fähigkeit.

Die besondere Regenerationsfähigkeit von Hydra geht auf den kontinuierlich stattfindenden Zellumsatz (*Turnover*) zurück. Einerseits sind differenzierte Epithelmuskelzellen des ektodermalen und endodermalen Keimblatts im Rumpfbereich in der Lage, durch Proliferation neue Zellen zu generieren. Dies geschieht in Hydra zeitlebens. Andererseits können sich die I-Zellen unter anderem zu Nervenzellen und endokrinen Drüsenzellen spezialisieren. Die beschriebene Proliferation dieser

Abb. 2.2

Die Hydra. **A**. Schematische Darstellung einer Hydra (Süßwasserpolyp) mit Mund, Hypostom (orange), Tentakeln und Basalscheibe. Während der asexuellen Vermehrung können Knospen entstehen, die später abfallen und als eigenständige Organismen weiterleben. Die Tentakeln und der Mund stellen das distale, die Basalscheibe das proximale Ende dar. **B.** Detaillierte Darstellung der Epithelschichten in Hydra. In die Epithelschichten sind I-Zellen (rot) eingelagert. **C**. Hydra mit Knospen nahe zur Basalscheibe (Aufnahme freundlicherweise zur Verfügung gestellt von Prof. Dr. Thomas Holstein, Universität Heidelberg).

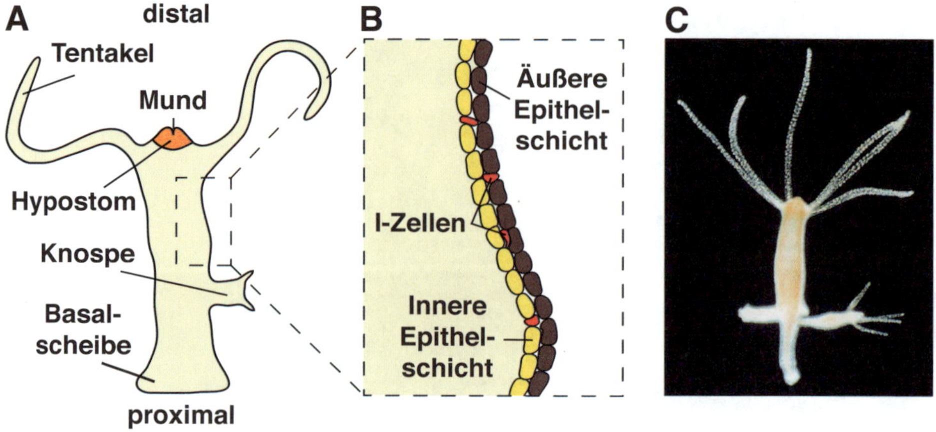

Zelltypen ist auch Voraussetzung für die asexuelle Reproduktion von Hydra. Durch aktive (interstitielle Zellen) und passive (Epithelzellen) Wanderung gelangen die neu generierten Körperzellen in den Kopf- und Fußbereich, wo sie entweder abgeschilfert werden oder durch Ausknospung im unteren Rumpfbereich eine Knospe generieren können. Diese ständig stattfindende Zellproliferation und Zellwanderung wird durch die Fähigkeit ergänzt, dass die Zellen ihre Position im Körper bestimmen und sich entsprechend der jeweiligen Lage differenzieren können. Dem Zusammenspiel dieser beiden Vorgänge, der Zellproliferation und der Plastizität des Differenzierungszustandes, ist es letztlich zu verdanken, dass Hydra bei der Trennung in zwei Fragmente zwei vollständige Tiere nachbilden kann.

Die Plastizität des Differenzierungszustandes spiegelt sich in der Fähigkeit von Zellen wieder, ihre Position im Embryo exakt bestimmen zu können. Die molekulare Identität dieser Musterkontrolle ist bisher allerdings nur ansatzweise verstanden. Viele Transplantations- und Regenerationsexperimente ergaben jedoch erste Einblicke in die zugrunde liegenden Mechanismen. Verschiedene Regionen in Hydra haben offensichtlich unterschiedliche Aufgaben, wie beispielsweise das Hypostom, welches eine organisierende Funktion aufweist. Andere Bereiche von Hydra hingegen haben inhibierende Einflüsse auf benachbarte Regionen. Weiterhin sind Morphogengradienten zu nennen, welche für die Vermittlung der Positionsinformation auf molekularer Ebene bedeutend sind.

Plastizität: Fähigkeit zur Veränderung in Abhängigkeit von äußeren Einflüssen

Regeneration von Hydra. Auf die Trennung einer Hydra in zwei Teilstücke erfolgt die Regeneration beider Stücke zu je einem Tier, die jedoch zunächst kleiner sind und erst zu einem späteren Zeitpunkt ihre vollständige Größe erreichen.

Abb. 2.3

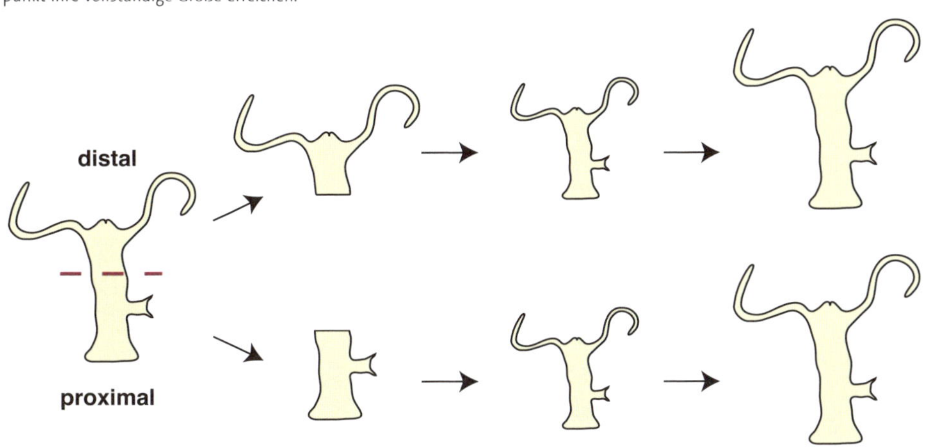

Konzentrieren wir uns zunächst auf die Beschreibung dieser Morphogengradienten in Hydra. Teilt man eine Hydra an verschiedenen Positionen entlang der proximo-distalen Körperachse in zwei Stücke, wird immer der fehlende Teil des Körpers regeneriert (Abb. 2.3). Dies zeigt, dass an jeder Stelle des Körpers die Potenz zur Bildung von Kopf- bzw. Fußstrukturen vorhanden ist. Den gängigen Theorien nach soll die Positionsinformation durch Molekülgradienten im Körper abgebildet werden.

Verändert man im Rahmen von Transplantationsexperimenten die Positionsinformation an einer Stelle entlang der Körperachse, kann es zur Ausbildung ektopischer Köpfe beziehungsweise von Basalscheiben kommen. Transplantiert man beispielsweise Gewebestücke aus dem Körperrumpf auf eine Empfängerhydra in einen weiter proximal gelegenen Bereich, bildet sich ein zusätzlicher Kopf aus. Dieses Experiment funktioniert umso besser, je weiter distal das Transplantat entnommen wurde (Abb. 2.4 A). Senkt man hingegen den Positionswert durch die Transplantation von Gewebe aus der Basalscheibe, kommt es zur Ausbildung eines weiteren Fußes (Abb. 2.4 B). Bis heute konnten in Hydra die drei Peptide Heady, Head activator und Hym301 identifiziert werden, welche an der Ausbildung des Positionswerts involviert zu sein scheinen.

Morphogengradient: Konzentrationsgradient eines Signalmoleküls, welches an der Musterbildung eines Organismus beteiligt ist.

Peptid: Kurzes lineares Polymer aus Aminosäuren, die über Peptidbindungen verknüpft sind.

Das Hypostom hat die Eigenschaften eines Organisators und kann daher in anderen Bereichen des Rumpfes die Bildung einer zweiten Körperachse induzieren (Abb. 2.4 C). Dies klingt zunächst einmal sehr ähnlich zum oben beschriebenen Experiment, bei dem durch Transplantation eines Gewebestücks aus der Rumpfregion in die proximale Region von Hydra ein zweiter Kopf induziert wird. Während jedoch die auswachsende Knospe nach Transplantation von Rumpfgewebe aus dem transplantierten Gewebe besteht, findet man nach der Transplantation des Hypostoms überwiegend Empfängergewebe in der zweiten Körperachse vor. Ähnlich dem SPEMANN'schen Organisator des frühen Amphibienembryos hat also das Hypostom die Fähigkeit, das Schicksal der benachbarten Körperzellen im Rumpfbereich zu beeinflussen (siehe zum Begriff des Organisators und den Arbeiten von SPEMANN und MANGOLD die gängigen Lehrbücher der Entwicklungsbiologie, z.B. KÜHL und GESSERT, Entwicklungsbiologie, UTB). Interessanterweise findet sich, wie auch im Amphibien-Organisator, im Hypostom eine hohe Aktivität des Wnt/β-Catenin-Signalweges (siehe auch Kapitel 1.4.1 und Abb. 1.5). Gleichermaßen ist der Transkriptionsfaktor *goosecoid* sowohl im Spemann-Organisator als auch im Hypostom lokalisiert. Die Behandlung von Hydra mit LiCl oder Alsterpaullone, beides Inhibitoren des Enzyms GSK3β und damit Aktivatoren des Wnt/β-Catenin-Signalwegs, führen zur Ausbildung multipler Köpfe an verschiedenen Stellen des Hydra-Körpers. Interessanterweise erhält man ein ähnliches Ergebnis mit Aktivatoren der Proteinkinase C (PKC), wie beispielsweise dem Phorbolester PMA.

Im letzten Abschnitt wollen wir uns auf das Prinzip der Inhibitorfunktion bestimmter Hydra-Regionen konzentrieren. Im Kopfbereich von Hydra beispielsweise befindet sich die Quelle für einen Kopfinhibitor. Dies macht folgendes Experiment deutlich: Transplantiert man ein Stück aus dem distalen Rumpfbereich einer Spenderhydra in Kopfnähe einer Empfängerhydra, kommt es nicht zur Induktion eines zweiten Kopfes (Abb. 2.4 D). Transplantiert man ein ähnliches Gewebestück jedoch

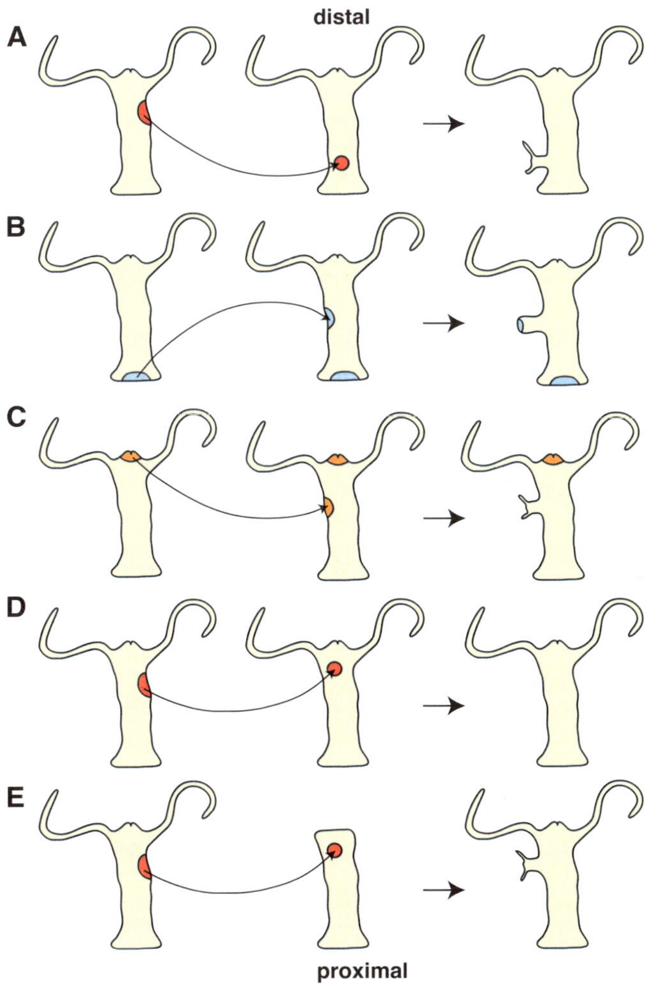

Abb. 2.4

Transplantationsexperimente anhand Hydra. **A.** Wird ein dem Kopf proximales Stück (rot) einer Hydra in die basale Region eingepflanzt, so kommt es dort zur Ausknospung. **B.** Setzt man die basale Region (blau) einer Hydra in die mittlere Region einer zweiten, so kommt es dort zur Entwicklung einer zweiten Fußregion. **C.** Die Transplantation des Hypostoms (orange) in die mittlere Region einer zweiten Hydra führt zur Entstehung einer zweiten Knospe an dieser Stelle. **D.** Wird ein dem Kopf proximales Stück (rot) in den anterioren Teil einer weiteren Hydra transplantiert, so hat dies keinen Einfluss auf die weitere Entwicklung der Empfängerhydra. **E.** Wird eine dem Kopf proximale Region einer Hydra in den anterioren Teil einer Empfängerhydra, bei welcher das Kopfstück fehlt, eingesetzt, regeneriert nicht nur der Kopf, sondern es entsteht auch eine weitere Knospe.

an entsprechender Stelle in eine Empfängerhydra, der zuvor der Kopf entfernt wurde, kommt es zur Ausknospung (Abb. 2.4 E). Dieses Experiment zeigt, dass in der Kopfregion die Quelle eines Inhibitors sein muss, der die Bildung eines zweiten Kopfes unterdrückt. Transplantiert man in einem dritten Experiment ein ähnliches Gewebestück in weiter Entfernung vom Kopf, kommt es ebenfalls zur Bildung einer Knospe (Abb. 2.4 A). Diese Experimente machen deutlich, dass ausgehend vom Bereich des Kopfes ein Gradient eines Inhibitormoleküls im Körper etabliert wird. Ähnliches konnte auch für den Bereich der Basalscheibe gezeigt werden, nur mit „umgekehrten Vorzeichen".

Zusammengenommen zeigen diese Experimente, dass Hydra mithilfe verschiedener Moleküle ein System zur Positionsbestimmung der Zellen innerhalb des Organismus und zur Reorganisation des Körpers nach Amputation etabliert hat.

Für die primäre Regeneration des Körpers ist Zellproliferation nicht nötig. Behandelt man Hydren vor der Amputation mit Röntgenstrahlen und verhindert damit die Zellteilung, kommt es trotzdem zur Morphallaxis. Umgekehrt zeigt dieses Experiment allerdings nicht, ob unter normalen Umständen (d.h. ohne Bestrahlung) nach einer Amputation Zellproliferation stattfindet. So konnte erst kürzlich nachgewiesen werden, dass die Amputation bei Hydra zur Ausbildung apoptotischer Zellen an der Schnittfläche führt, die Wnt3 als Signalmolekül an die Umgebung abgeben (Abb. 2.5). Dies erfolgt verhältnismäßig schnell innerhalb eines Zeitraums von 30 Minuten. Wnt3 selbst regt die Proliferation benachbarter Zellen an und begünstigt damit die Regeneration des Organismus. Für das Wachstum von Hydra nach erfolgter Regeneration ist die Zellproliferation hingegen notwendig.

Abb. 2.5

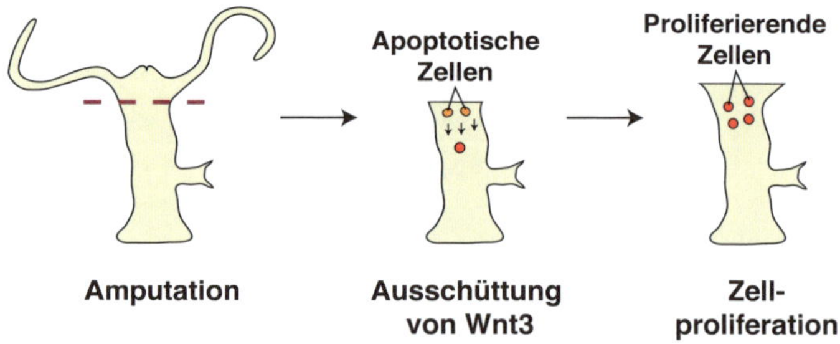

Molekulare Vorgänge nach einer Amputation in Hydra. Die Amputation eines Teilstücks in Hydra führt zur Bildung von apoptotischen Zellen an der Schnittfläche, welche Wnt3 an die umliegenden Zellen aussenden. Die Stimulation durch Wnt3 hat eine vermehrte Proliferation dieser benachbarten Zellen zur Folge.

Regeneration in Planarien

2.2

So mancher Aquarianer kann wohl ein Lied davon singen, wenn sein Aquarium von Planarien befallen wurde. Planarien sind kleine, im Süßwasser vorkommende Würmer, auch Strudelwürmer oder Plattwürmer genannt, die in etwa 200 Arten vorkommen. Aufgrund ihrer hohen Regenerationsfähigkeit sind sie nur sehr schwer wieder aus dem Aquarium zu entfernen. Selbst kleine Stücke der Würmer können wieder zu ganzen Tieren regenerieren. Sie sind etwa 15 mm groß und meist weißlich gefärbt. Sie besitzen Photorezeptorzellen („Augen"), ein Gehirn und einen vorstülpbaren Mund (Abb. 2.6). Sie gehören zu den Fleischfressern, wobei meist kleine Fischeier oder kleine Fischbrut aber auch Garnelen oder Krebse auf dem Speiseplan stehen. Die Regenerationsfähigkeit von Planarien wurde erstmals 1774 von PALLAS beschrieben.

Abb. 2.6

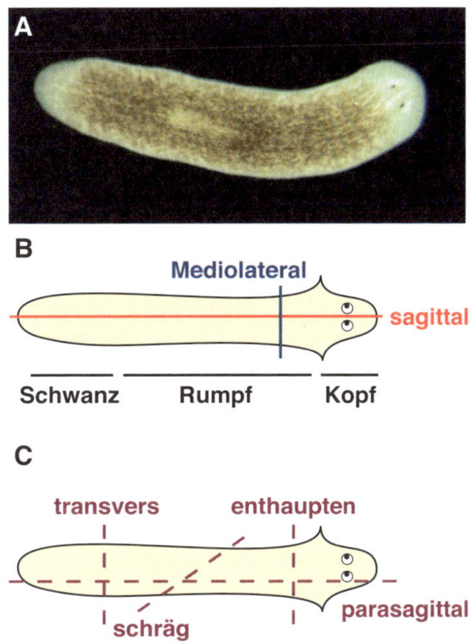

Die Planarie. A. Dargestellt ist eine Planarie (*Schmidtea mediterranea*), anterior rechts (Aufnahme freundlicherweise zur Verfügung gestellt von Dr. Kerstin Bartscherer, MPI Münster). **B**. Nomenklatur, mit welcher die Anatomie der Planarie beschrieben wird. **C**. Amputationsarten, die für Regenerationsstudien an Planarien durchgeführt wurden.

Wie auch in Hydra ist eine ständig stattfindende Zellproliferation ein wichtiges Charakteristikum der Planarien, die für den normalen, physiologischen *Turnover* von Zellen notwendig ist. Dabei beobachtet man Zellproliferation lediglich in einer Population undifferenzierter Vorläuferzellen, den sogenannten Neoblasten. Dabei handelt es sich um Stammzellen multipotenten oder totipotenten Charakters (siehe zu diesen Begriffen das nachfolgende Kapitel 3). Neoblasten sind sehr klein, besitzen einen relativ geringen Anteil an Zytoplasma und machen zirka ein Viertel der gesamten Zellpopulation von Planarien aus. Molekulare Marker für Neoblasten sind die Gene *bruno-like* und *piwi*. Da speziell im Pharynx als auch im anterioren Bereich des Tieres keine Proliferation stattfindet, sind für den Erhalt von Planarien auch Zellwanderungsvorgänge essenziell.

Pharynx: Rachen, Schlund

Der Stammzellcharakter der Neoblasten lässt sich durch ein kombiniertes Bestrahlungs- und Transplantationsexperiment nachweisen: Nach Bestrahlung mit einer tödlichen Dosis Röntgenstrahlung kann eine anschließende Transplantation von Neoblasten aus einem anderen

Tier das bestrahlte Tier rekonstituieren und damit vor dem sicheren Tod retten.

Wie auch in Hydra gibt es in Planarien ein System, mit dessen Hilfe die Zellen ihre Position im Körper bestimmen können. Teilt man den Wurm quer oder längs in zwei Teilstücke, so werden jeweils die fehlenden Körperstrukturen ersetzt (Abb. 2.7 A und B). Der zugrunde liegende zelluläre Mechanismus unterscheidet sich jedoch von dem in Hydra. In Planarien wird die Wunde innerhalb einer halben Stunde nach Verletzung durch eine dünne Schicht an Epithelzellen verschlossen. Dabei kommt es zu einer Ausbreitung der bestehenden, epithelialen Zellen. Bei

Abb. 2.7

Regeneration von Planarien. A. Trennt man eine Planarie mediolateral quer in Kopf und Schwanzregion, so entstehen zwei neue Planarien. **B**. Die sagittale Trennung einer Planarie in zwei gleiche Hälften resultiert in zwei neuen Planarien. **C**. Durch schräges Einschneiden kommt es zur Ausbildung neuer Strukturen, wie z.B. weiterer Köpfe oder Schwänze, in der betroffenen Planarie. **D**. Nach dem Herausschneiden von kleineren Abschnitten aus einer Planarie kommt es je nach Position zur Ausbildung zweier Köpfe oder nur einer kleineren Planarie aus dem Explantat. Verändert nach MÜLLER/HASSEL, Entwicklungsbiologie und Reproduktionsbiologie von Mensch und Tieren, Springer Verlag.

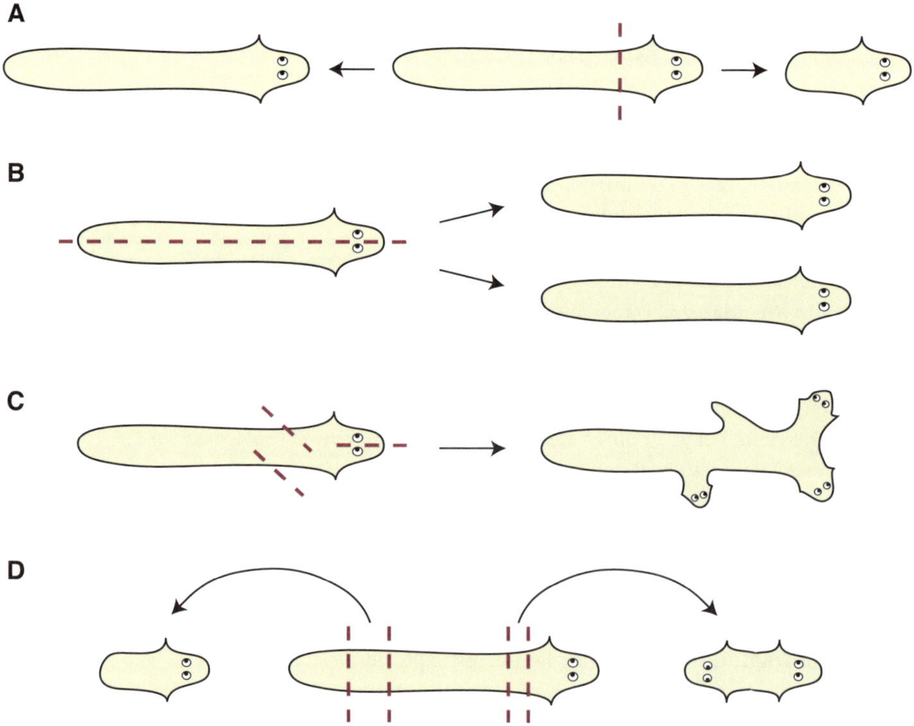

diesem Vorgang, dem Wundverschluss, spielt die Zellproliferation eine eher untergeordnete Rolle. Anschließend bildet sich unterhalb dieser Epithelzellen das sogenannte Blastem aus, das sich aus proliferierenden, mesenchymalen Zellen zusammensetzt. Diese Zellen entstehen durch Dedifferenzierung ortsständiger Zellen aber auch durch Wanderung von Neoblasten in das Blastem. Das Blastem bildet in der Folge den durch die Amputation verloren gegangenen Körperteil nach (Abb. 2.8). Primär handelt es sich hierbei also um ein Beispiel für die Epimorphose, also das Nachwachsen eines verloren gegangenen Gewebes durch Proliferation und dessen nachfolgender Musterung.

Nun ist es allerdings nicht so, dass alle Regenerationsvorgänge in Planarien durch Epimorphose zu erklären sind. Auch die Ausbildung eines Blastems führt nicht immer zur Nachbildung aller verlorenen gegangenen Strukturen. Die Regeneration kann auch zu einem asymmetrischen Ergebnis führen. In diesen Fällen wird dies durch Morphallaxis, also Restrukturierung, korrigiert.

Führt man anstelle einer Amputation lediglich kleine Schnitte in Planarien ein, so bilden sich je nach Position zusätzliche Köpfe oder Schwänze aus (Abb. 2.7 C). Dieses Experiment zeigt, dass entlang der anterior-posterioren Achse des Wurmes ein molekulares System etabliert sein muss, wodurch die Zellen ihre Position relativ zur anterior-posterioren Achse messen können. Zur richtigen Interpretation dieses Gradienten benötigt dieser eine gewisse Steilheit. Dies macht sich dann bemerkbar, wenn man aus einem Wurm kleinere Stücke herausschneidet, die aufgrund ihrer Größe nur einen kleinen Abschnitt dieses Positionsgradienten repräsentieren und die Konzentrationsunterschiede zwischen den beiden Enden des Fragmentes sehr klein werden. In einem solchen Falle kann der Gradient nicht mehr richtig ausgelesen werden und es bilden sich beispielsweise an einem Regenerat zwei Köpfe aus (Abb. 2.7 D). Neuere Studien haben gezeigt, dass der Wnt/β-Catenin-Signalweg (siehe Kapitel 1.4.1) in diese anterior-posteriore Musterung entscheidend involviert ist.

Zur Untersuchung der Regeneration in Planarien wurden im Wesentlichen zwei Spezies eingesetzt, *Dugesia japonica* und *Schmidtea mediterranea*. Leider ist *Dugesia japonica* ein mixoploider Organismus und trägt darüber hinaus eine hohe Anzahl von Retrotransposons. Diese Tatsachen beeinflussen die Bemühungen zur vollständigen Sequenzierung des *Dugesia*-Genoms erheblich.

Im Gegensatz dazu ist *Schmidtea mediterranea* ein diploider Organismus, welcher zudem eine geringere Anzahl an Retrotransposons aufweist. Deshalb konnte die Sequenzierung des Genoms von *Schmidtea mediterranea* schnell vorangetrieben werden und ist so relativ weit fortgeschritten. Dabei hat sich gezeigt, dass die wesentlichen Elemente wie die

mixoploide Organismen: Organismen mit Zellen, die einen unterschiedlichen Chromosomensatz besitzen.

diploide Organismen: Organismen mit Zellen, die einen doppelten Chromosomensatz besitzen.

Retrotransposon: transponierbare DNA-Abschnitte; verwenden RNA als Zwischenstufe

Bilateria: Organismen mit zwei lateralen, spiegelbildlichen Körperhälften

TGFβ-, Notch-, Wnt-, Hedgehog-, EGF-, und FGF-Signalkaskaden, die bei der zellulären Differenzierung während der Embryogenese von Vertebraten und *Drosophila* eine wichtige Rolle übernehmen, auch in Planarien vorhanden und somit konserviert sind. Durch einen groß angelegten RNAi-Screen (Infobox 2.1) konnten darüber hinaus etwa 240 Gene identifiziert werden, welche für die Regeneration notwendig sind. Zu diesen gehören Gene, welche für die embryonale Musterbildung und Zellproliferation notwendig sind, aber auch solche, die bei der Wundheilung und der Ausbildung eines Blastems eine bedeutende Rolle spielen.

Interessanterweise sind von diesen Genen etwa 85 % auch in anderen Spezies konserviert. Man darf daher davon ausgehen, dass Planarien ein einfach zu untersuchendes Modellsystem zur Analyse regenerativer Prozesse darstellen, deren Resultate sich mit großer Wahrscheinlichkeit auf höhere Organismen beziehen lassen.

Neben Hydra und den Planarien zeigen auch andere Invertebraten erstaunliche Regenerationsfähigkeiten. So kann beispielsweise die Seegurke ihren gesamten Verdauungstrakt regenerieren. Bei den Gespenstschrecken ist die Regeneration des Hinterbeins beschrieben, bei Heuschrecken eine Regeneration von Nervenzellen. Auch bei den Aszidien (Seescheiden) wie *Ciona intestinales* und *Botryllus schlosseri* finden sich Regenerationsvorgänge. Die genauen molekularen Ursachen und zugrunde liegenden Mechanismen dieser Regenerationsfähigkeiten sind jedoch unklar.

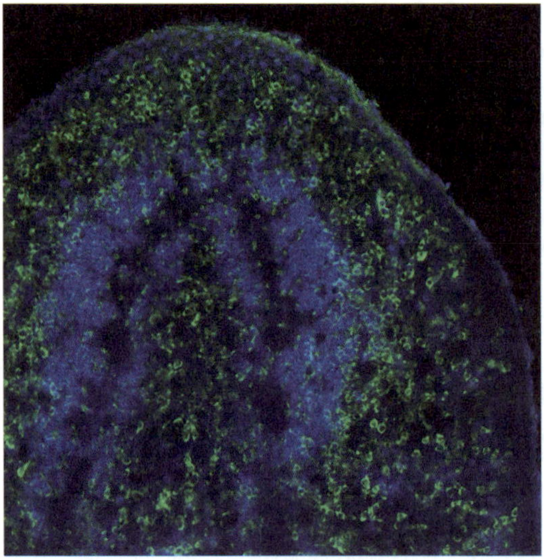

Abb. 2.8

Regeneration einer Planarie. Dargestellt ist ein Ausschnitt einer Planarie sieben Tage nach Amputation, welche ausgehend von einem Schwanzstück einen Kopf regeneriert hat. Die Zellkerne sind blau angefärbt (Hoechst-Färbung). Insbesondere die Zellkerne der Zellen des Gehirns sind gut sichtbar. Stammzellen und ihre frühen Nachkommen sind durch Färbung mit einem anti-Smedwi1 Antikörper in grün erkennbar (Aufnahme freundlicherweise zur Verfügung gestellt von Dr. Kerstin Bartscherer, MPI Münster).

Infobox 2.1

RNAi-Screen

Bei der RNA-Interferenz (RNAi) macht man sich einen natürlichen Regulationsmechanismus der Genexpression zunutze. Kleine RNA-Moleküle wie beispielsweise microRNAs (miRNA) binden dabei sequenzspezifisch an mRNA-Moleküle und können im Zusammenspiel mit Multiproteinkomplexen wie dem *RNA-induced silencing complex* (RISC) diese Zielmoleküle degradieren oder deren Translation inhibieren. Neben miRNA-Molekülen, die beispielsweise in der embryonalen Entwicklung benötigt werden, finden sich solche kurzen interferierenden RNA-Moleküle (engl. *small interfering RNA*, siRNA) auch bei der Abwehr von Virusinfektionen im Pflanzenreich und in Tieren. Im Labor kann man sich dieses Prinzip zur gezielten Ausschaltung von Genen auf Ebene der mRNA-Translation nutzbar machen und systematisch eine größere Anzahl von Genen individuell adressieren (RNAi-Screen). Zeigt sich für ein oder mehrere verwendete siRNA-Moleküle ein biologischer Effekt, z.B. ein Defekt in der Regenerationsfähigkeit, so können die so identifizierten Gene nachfolgend funktionell charakterisiert werden.

2.3 Regeneration in Urodelen

2.3.1 Regeneration von Extremitäten

Amphibien sind in der Lage, amputierte Extremitäten zu regenerieren (Abb. 2.9 B). Dabei können adulte Urodelen, zu denen die Molche und Salamander gehören, verloren gegangene Extremitäten zeit ihres Lebens regenerieren. Lediglich mit dem Alter lässt die Regenerationsfähigkeit nach, sodass das Nachwachsen der Extremität länger dauert. Ein wichtiger Modellorganismus in diesem Zusammenhang ist der mexikanische Schwanzlurch (Axolotl) (Abb. 2.9 A). Anuren (Frösche und Kröten) hingegen können lediglich im Larvenstadium Vorder- und Hintergliedmaßen regenerieren. Hier sinkt die Regenerationsfähigkeit bereits während der Larvenstadien und geht nach der Metamorphose sogar vollständig verloren.

Metamorphose: Umgestaltung; bei Tieren die Entwicklung vom Larvenstadium ins Adultstadium durch Gestaltumwandlung

Die Regeneration der Extremität verläuft dabei über mehrere Schritte (Abb. 2.10). Zunächst bildet sich ein Blutgerinnsel und es kommt zum Wundverschluss durch epidermale Zellen. Die sogenannte Wundepidermis entsteht. Unterhalb der Epidermis bildet sich in der Folge ein Blastem, welches wahrscheinlich durch Dedifferenzierung von differenzierten Zellen und/oder durch Aktivierung von Stammzellen gebildet wird. Die Blastemzellen besitzen die Fähigkeit zur Proliferation sowie zur Musterneubildung. Amputiert man verschiedene Extremitäten an unterschiedlichen Stellen entlang der proximo-distalen Achse, kann man beobachten, dass lediglich solche Strukturen nachwachsen, die durch die Amputation verloren gegangen sind (Abb. 2.9 B). Dies zeigt, dass – ähnlich wie bei Hydra – auch entlang der Extremität höherer Organismen ein molekulares System zur Bestimmung der Position vorhanden sein muss. Ein Faktor in diesem Zusammenhang ist Retinsäure. Behandelt man nach Amputation der Extremität an distaler Position den verbliebenen Gewebestumpf mit Retinsäure, so kommt es zu einer Verschiebung des Positionswertes in Richtung mehr proximaler Strukturen: An der Stelle des fehlenden distalen Stücks wachsen zusätzlich duplizierte proximale Strukturen nach (Abb. 2.11).

Retinsäure: Vitamin-A-Derivat, isoprenoide Carbonsäure

Wie sieht es dabei nun mit dem Differenzierungspotenzial der Blastemzellen aus? Ist man in der Vergangenheit davon ausgegangen, dass Blastemzellen multipotent sind und daher alle Zelltypen der nach-

Abb. 2.9

Extremitätregeneration in Axolotl. A. Adulter Axolotl. **B.** Eine Abtrennung verschiedener Abschnitte einer Extremität an unterschiedlichen Positionen (a–c) entlang der proximo-distalen Achse führt zu einer vollständigen Regeneration der Extremität von Axolotltieren.

A

B

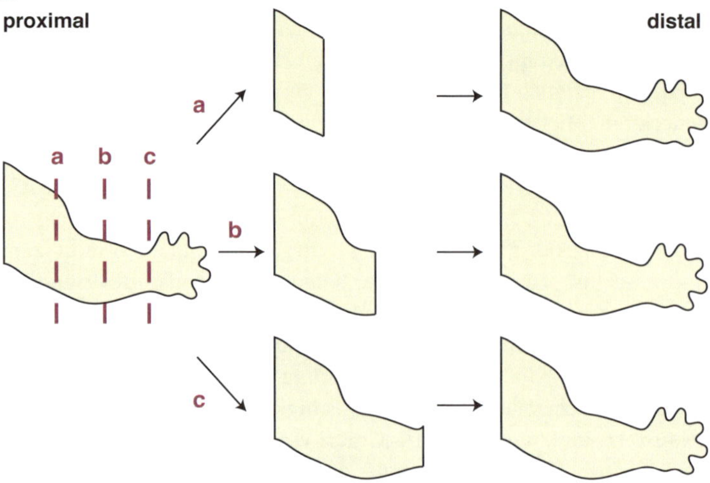

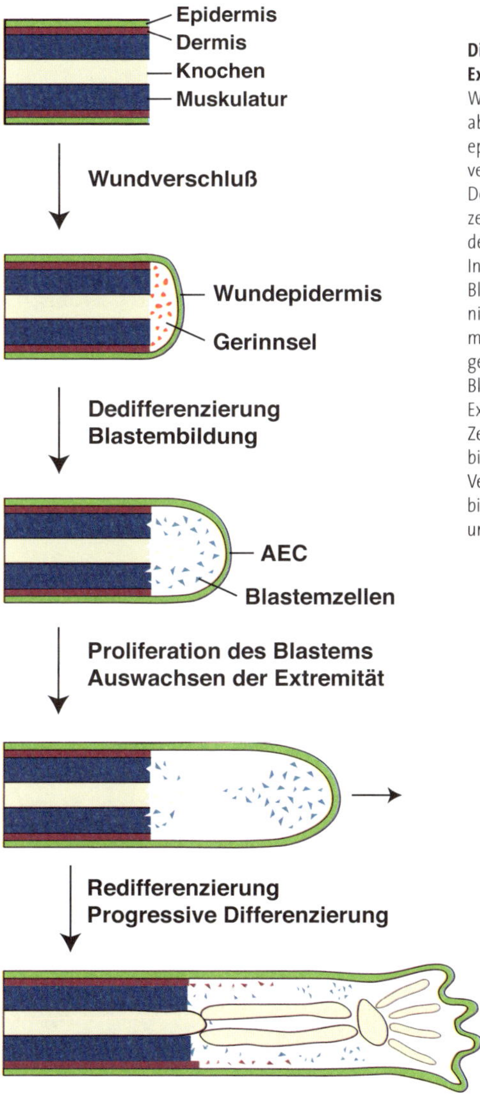

Abb. 2.10

Die Entstehung eines Blastems bei der Extremitätenregeneration im Axolotl. Wird der distale Teil einer Extremitätenknospe abgetrennt, so wird die Wunde zunächst durch epidermale Zellen (grün) und ein Gerinnsel verschlossen. Anschließend kommt es zu einer Dedifferenzierung von Muskel- und Knochenzellen, die das sogenannte Blastem unterhalb der verschlossenen Epidermis ausbilden. Inwieweit Stammzellen bei der Ausbildung des Blastems eine Rolle spielen, ist derzeit noch nicht bekannt. Es wird die apikale ektodermale Kappe (engl. *apical ectodermal cap*, AEC) gebildet. Durch eine vermehrte Proliferation der Blastemzellen kommt es zum Auswachsen der Extremität. Im letzten Schritt durchlaufen die Zellen des Blastems eine Redifferenzierung und bilden erneut die Knochen und Muskulatur aus. Verändert nach MÜLLER/HASSEL, Entwicklungsbiologie und Reproduktionsbiologie von Mensch und Tieren, Springer Verlag.

wachsenden Extremität ausbilden können, so haben neuere Ergebnisse gezeigt, dass das Blastem eine Mischung aus Zellen mit limitiertem Potenzial darstellt. So entstehen aus ehemals Muskelzellen während der Regeneration wiederum Muskelzellen, aus Knorpel- und Knochenzellen wieder Knorpel- und Knochenzellen.

Die Experimente, mit denen man diese Ergebnisse erzielen konnte, zeigen, wie heutzutage genetische Methoden gepaart mit Techniken der klassischen Entwicklungsbiologie (Transplantationen, Explantationen, Amputationen) neuartige und tiefere Einblicke in Regenerationsvorgänge liefern können.

Zur Durchführung dieser Arbeiten hat man zunächst transgene Axolotltiere generiert, die das grün fluoreszierende Protein (GFP) ubiquitär exprimieren. Anschließend wurden einzelne Gewebeteile aus diesen transgenen Tieren in ein Wildtyp-Tier transplantiert, beispielsweise ein Stück Knorpel oder Muskel. Nach Einwachsen des Gewebes wurde das eigentliche Amputationsexperiment durchgeführt. Über die grüne Fluoreszenz konnte letztlich verfolgt werden, welche Zellen in der regenerierten Extremität aus welchem Tier – Spender oder Empfänger – abstammten und zu welchem Zelltyp die Spenderzellen redifferenzieren konnten (Abb. 2.12). Diese Experimente zeigten, dass die Fähigkeit zur Transdifferenzierung weit eingeschränkter ist als bisher angenommen. Offensichtlich behalten die Blastemzellen eine Erinnerung an ihren vor-

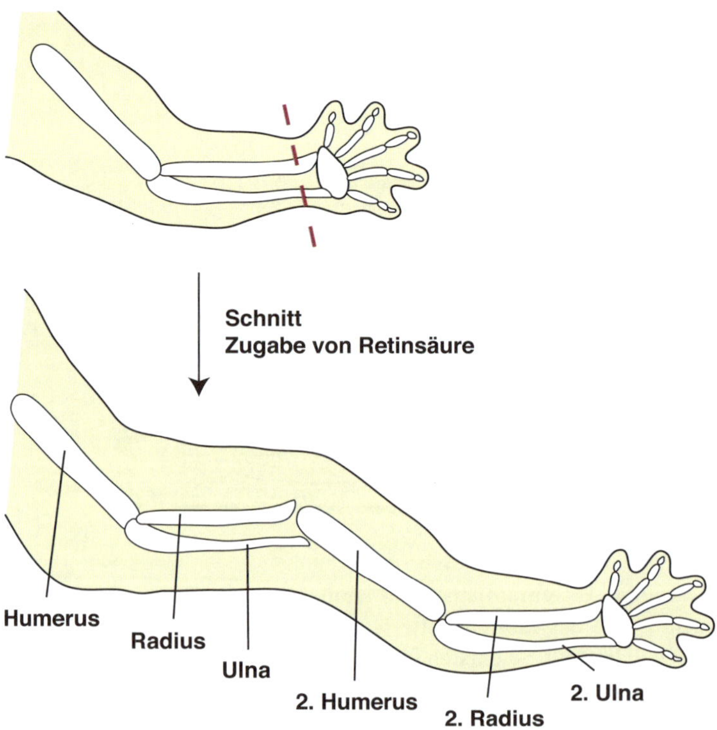

Abb. 2.11

Der Einfluss von Retinsäure auf die Extremitätenregeneration. Trennt man die distalen Strukturen einer Extremität ab und gibt anschließend Retinsäure hinzu, dann entwickeln sich die proximalen Strukturen wie Humerus, Radius und Ulna ein zweites Mal. Erst dann entstehen die distalen Strukturen neu.

Abb. 2.12

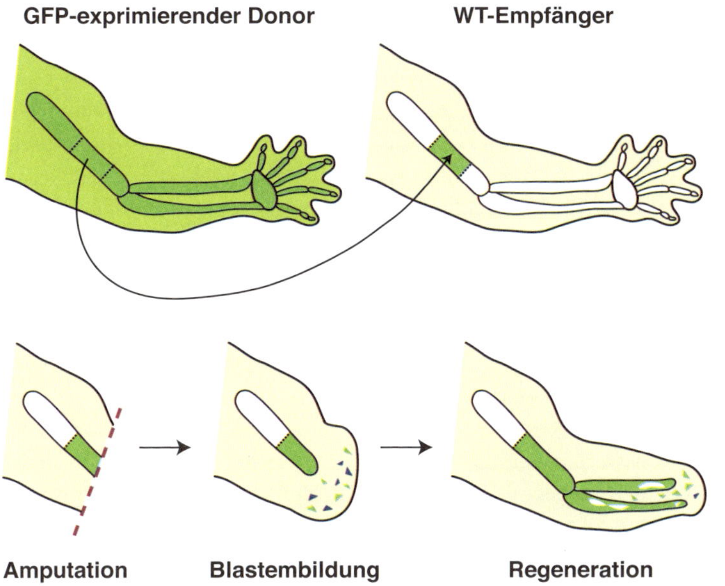

Transplantationsexperiment im Axolotl. In diesem experimentellen Ansatz werden ein transgenes Axolotltier als Donor, welches ubiquitär GFP (engl. *green fluorescent protein*) exprimiert, und ein Wildtyp-Axolotl (WT) als Empfänger verwendet. Aus dem GFP-exprimierenden Tier wird ein Stück Knorpel aus der Extremität entfernt und in die Extremität des Empfängers transplantiert. Nach Einwachsen des Transplantats wird dem Empfängertier ein Teil der Extremität amputiert und die Regeneration der Extremität beobachtet. Nach der Blastembildung entsteht eine neue Extremität, wobei die transplantierten Zellen nur wieder zu Knorpelgewebe beitragen. Die zugehörigen Experimente sind in Kragl et al. (2009) im Detail beschrieben.

herigen Differenzierungszustand und besitzen somit ein molekulares Gedächtnis. Zusammenfassend lässt sich festhalten, dass in Geweben, die durch Dedifferenzierung differenzierter Zellen regenerieren, die Dedifferenzierung nicht zur Bildung von multipotenten Vorläuferzellen führt, sondern lediglich zum Verlust von zellulären Strukturen und Proteinen, die einer Proliferation und Wanderung der Zellen im Wege stehen.

Interessanterweise können nur innervierte Extremitäten regenerieren. Werden die Nerven einer Extremität vor der Amputation entfernt, scheitert der Regenerationsvorgang. Die Nerven scheinen Wachstumsfaktoren abzugeben, die für die Proliferation des Blastems wichtig sind. Ein interessanter, derzeit untersuchter Faktor ist das *newt anterior gradient protein* (nAG). Es wird in einer normalen, unverletzten Extremität nur in sehr niedrigen Mengen gebildet. Nach einer Verletzung kommt es zu einer starken Hochregulation der nAG-Expression in den Schwann-Zellen.

innerviert: mit Nervenfasern versorgt

Schwann-Zellen: Form der Gliazelle; umhüllen die Axone eines Neurons und dienen so dem Schutz und der elektrischen Isolation der Axone.

GPI-Anker: Glycosylphosphatidylinositol-Anker; verankert Glykoproteine in der äußeren Zellmembran, sodass diese auf der Zelloberfläche präsentiert werden können.

Neben nAG ist auch Prod1 ein wichtiger Faktor für die Extremitätenregeneration von Molchen und Salamandern. Prod1 gehört zur Familie der *three finger proteins* (TFP) und wird über einen GPI-Anker auf der Zelloberfläche präsentiert. Entlang der proximo-distalen Achse der Extremität ist *prod1* nicht uniform exprimiert. So ist in der unverletzten Extremität *prod1* am proximalen Ende etwa doppelt so stark exprimiert wie am distalen Ende. Interessanterweise führt eine Behandlung mit Retinsäure zu einer Hochregulation der *prod1*-Expression. Umfassende, phylogenetische Untersuchungen lassen vermuten, dass Prod1 nur in Molchen und Salamandern vorkommt. Somit präsentiert Prod1 eines von sehr wenigen Genen, die spezifisch für regenerierende Organismen sind. Die überwiegende Anzahl bisher identifizierter Gene, die Regenerationsvorgänge regulieren, ist jedoch auch in nicht regenerierenden Organismen wie Säugern konserviert.

Gerinnungsvorgang: wird auch als Gerinnungskaskade, Blutstillung oder Blutgerinnung bezeichnet; bei diesem Vorgang kommt es durch die schrittweise Aktivierung von Gerinnungsfaktoren zum Verschluss einer Wunde (Details siehe Lehrbücher der Biochemie).

Myofibrille: Funktionseinheit einer Muskelzelle, bestehend aus vielen Sarkomeren (siehe auch Kapitel 6, Abb. 6.1).

Extremitätenfeld: Verdickung des Seitenplattenmesoderms, aus welchem sich die Extremität entwickelt.

Während des Regenerationsvorgangs von Extremitäten kommt es zu bemerkenswerten Veränderungen in der Genexpression, die den molekularen Vorgängen der normalen Extremitätenentwicklung ähneln. Die erhöhte lokale Konzentration von Thrombin im Rahmen des Gerinnungsvorgangs scheint ein Signal darzustellen, differenzierte Zellen wieder in den Zellzyklus zu treiben. Bei der Ausbildung des Blastems werden dann jene Gene, die terminal differenziertes Gewebe markieren, herunterreguliert. Gleichzeitig kommt es zu einer Hochregulation von Msx1 (engl. *msh-like homeobox 1*) in den Zellen des Blastems. Bei einem Funktionsverlust von Msx1 unterbleibt die Zellularisierung von Myofibrillen, die Blastembildung ist gestört. Auch während der normalen Extremitätenentwicklung ist Msx1 in der sogenannten Wachstumszone exprimiert. Außerdem verdickt sich die über dem Blastem liegende Wundepidermis und bildet die apikale ektodermale Kappe (engl. *apical ectodermal cap*, AEC). Diese verhält sich wie die apikale ektodermale Leiste (engl. *apical ectodermal ridge*, AER), die während der embryonalen Entwicklung der Vertebratenextremität eine wichtige Rolle spielt. Auch die Moleküle, die an der Regeneration von Extremitäten beteiligt sind, scheinen denjenigen, die bei der frühen Entwicklung und Musterbildung einer Extremität eine Rolle spielen, sehr ähnlich oder gar identisch zu sein. Hierbei handelt es sich um Moleküle wie FGF, Wnt, und Shh. So wird FGF10, welches während der frühen Extremitätenentwicklung das Extremitätenfeld induziert, in den Blastemzellen exprimiert und unterstützt deren Proliferation. Weiterhin fördert FGF10 die Expression von Shh und Msx1.

Auch Mäuse können ihre Extremität regenerieren, wenn bei der Amputation nicht mehr als das letzte Fingerglied entfernt wird. Der eigentliche Regenerationsprozess verläuft über einen Zeitraum von zwei bis drei Monaten. Mithilfe genetischer Markierungsmethoden konnte erst kürzlich gezeigt werden, dass dieser Vorgang mit größter Wahrscheinlichkeit Stammzellen (zu den Fähigkeiten von Stammzellen siehe die nachfolgenden Kapitel) involviert, die einerseits spezifisch für ein Keimblatt und dessen Derivate sind, andererseits auch ein eingeschränktes Entwicklungspotenzial aufweisen (engl. *lineage restricted*).

Diese Befunde sind auch deshalb von besonderer Bedeutung, da auch beim Menschen Regenerationsprozesse der Finger beobachtet werden konnten. Die ersten dokumentierten Beobachtungen wurden in den frühen 1930er-Jahren gemacht. Damals musste einem Patienten eine Fingerkuppe aufgrund einer Infektion entfernt werden. Innerhalb eines Monats konnten überraschenderweise Regenerationsvorgänge des Knochens dokumentiert werden. Auch Haut und Nägel wuchsen nach. Studien aus den 1970er-Jahren zeigten weiterhin, dass die Fingerkuppen von Kindern bis zu zirka zehn Jahren zur Regeneration befähigt sind, sofern die Wunde nicht mit Haut bedeckt wird. Diese Einzelberichte zeigen, dass es auch in der menschlichen Extremität zu Regenerationsereignissen kommen kann, deren Mechanismen bisher aber nicht verstanden sind.

Regeneration von Linse und Retina 2.3.2

Neben der Extremität können Molche auch andere Gewebe regenerieren. Dazu zählen die Linse des Auges, das Herz, die Haarzellen des inneren Ohres und der Schwanz. Die Regeneration der Linse bei Molchen ist häufig als ein klassisches Beispiel für Transdifferenzierungsvorgänge beschrieben worden. Darunter hat man zunächst die direkte Umwandlung eines (terminal) differenzierten Zelltyps in einen anderen Zelltyp verstanden, ohne dass es zwischenzeitig zu einer Dedifferenzierung kommt.

Während der embryonalen Entwicklung entsteht die Linse durch den Kontakt des sich ausstülpenden Augenbechers mit der sensorischen Epidermis. Es kommt zur Abschnürung eines Linsenvesikels aus der Epidermis und zur Ausbildung der Linse, die daher wie die Retina ektodermalen Ursprungs ist. Wird die Linse im adulten Tier entfernt, kann diese durch Regeneration nachgebildet werden. Dabei entsteht die Linse aus Zellen der Iris, die von glatten Muskelzellen mesodermalen Ursprungs gebildet wird. Es kommt also zur Umwandlung eines mesodermalen (Iris) Gewebetyps in einen ektodermalen (Linse) Gewebetyp (Abb. 2.13). Es hat sich allerdings gezeigt, dass dabei terminal differenzierte Zellen der dorsalen Iris zunächst dedifferenzieren. Es bildet sich schließlich ein Vesikel, welches durch Proliferation und Differenzierung die verlorene Linse ersetzt. Die klassische Definition der Transdifferenzierung ist hier also im engen Sinne nicht erfüllt und die Linsenregeneration verfolgt dabei also eher das Prinzip der Epimorphose unter Einbeziehung eines Blastems. Trotz-

Abb. 2.13

Darstellung der Linsenregeneration. A. Entfernt man die Linse von Amphibien, so kann diese wieder regeneriert werden. Dies geschieht, indem aus der dorsal gelegenen Iris eine neue Linse ausgebildet wird. Normalerweise entwickelt sich die Linse aus dem Ektoderm. Bei der Regeneration einer neuen Linse ist diese jedoch mesodermalen Ursprungs, da die Iris aus dem Mesoderm entsteht. **B.** Detaillierte Darstellung der Linsenregeneration aus der dorsalen Iris.

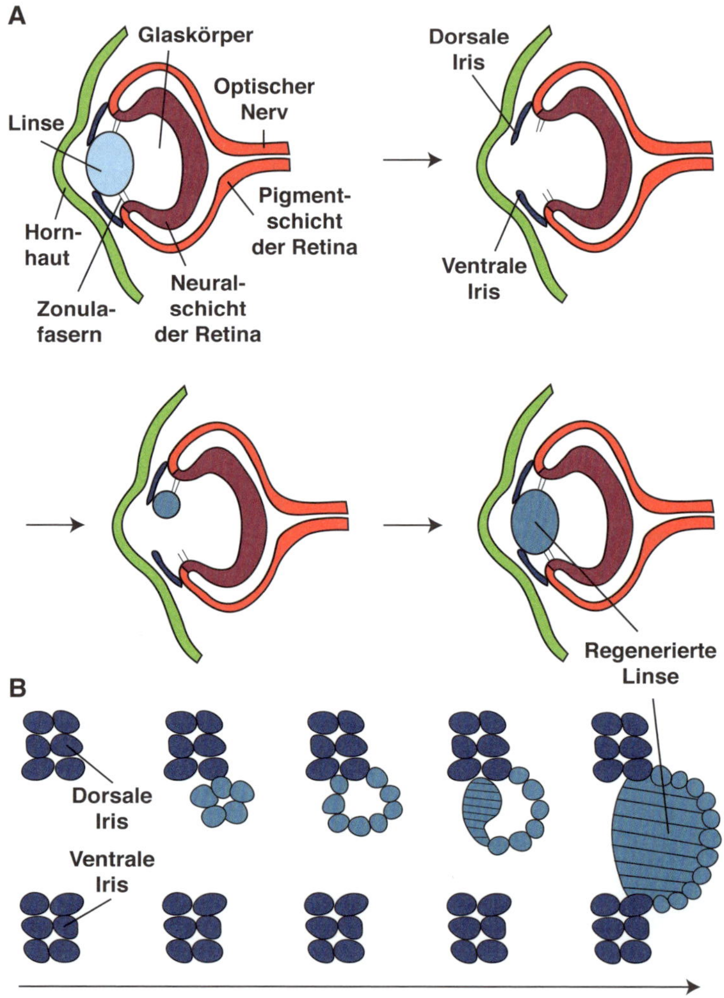

dem spricht man auch heute noch in diesem Zusammenhang von einer Transdifferenzierung, da letztlich aus einem differenzierten ein anderer Zelltyp entstanden ist. Untersuchungen, die das Schicksal einzelner Zellen verfolgen, fehlen in diesem Zusammenhang allerdings.

Die Regeneration der Linse erfolgt ausschließlich aus Zellen der dorsalen Iris, während Zellen der ventralen Iris nicht an der Linsenregeneration beteiligt sind bzw. hierzu nicht in der Lage sind. Diese Tatsache ermunterte interessierte Wissenschaftler zur Untersuchung der molekularen Ursachen und der molekularen Mechanismen während der Linsenregeneration. Ein Vergleich der beiden Zellpopulationen (dorsale versus ventrale Iris) verdeutlichte schließlich die wichtige Bedeutung von Six3, Retinsäure und BMP-Faktoren in diesem Prozess. Überexprimiert man Six3 in den ventralen Zellen und behandelt diese gleichzeitig mit Retinsäure, so sind auch diese in der Lage, in Linsenzellen zu transdifferenzieren. Auch eine Inhibition des BMP-Signalwegs resultiert in einer Transdifferenzierung der ventralen Iris-Zellen zu Linsengewebe. Ähnlich wie bei der Regeneration der Extremität finden sich auch bei der Linsenregeneration Gemeinsamkeiten im Vergleich zur embryonalen Augenentwicklung, bei der ebenfalls eine Aktivierung von Six3 und eine Inhibition von BMP zu beobachten ist. Neben der Linse ist auch die Retina von Molchen in der Lage zu regenerieren. Dies erfolgt durch Dedifferenzierung retinaler Pigmentepithelzellen.

Regeneration in Zebrafischen | 2.4

Ein großer Vorteil des Zebrafisches als Modellsystem für die Untersuchung von Regenerationsvorgängen ist die Verfügbarkeit von Mutanten und die Möglichkeiten, diese durch sogenannte Mutagenese-Screens (Infobox 2.2) zu generieren und zu identifizieren. Bei genauerer Betrachtung wird deutlich, dass eine beträchtliche Anzahl von Geweben im Zebrafisch regenerationsfähig ist.

Regeneration von Flossen | 2.4.1

Entwicklungsgeschichtlich betrachtet sind die Brustflossen der Fische äquivalent zu den Vorderextremitäten höherer Wirbeltiere. Zebrafische besitzen die Fähigkeit, nach einer Amputation einer Flosse diese zu regenerieren. Aufgrund ihrer Größe wird für experimentelle Arbeiten jedoch meist die Schwanzflosse verwendet (Abb. 2.15). Basierend auf der Homologie zwischen Flossen und Extremitäten ist es nicht verwunderlich, dass die Regeneration der Flosse ähnliche Schritte wie die der Extremität bei höheren Vertebraten durchläuft. So kommt es auch bei der Flossenregeneration zur Ausbildung einer Wundepidermis und eines Blastems mit einer sich daran anschließenden Proliferation der Zellen (Abb. 2.16).

Mithilfe von transgenen Zebrafischen, in denen das Schicksal von Zellen verfolgt werden kann, konnte nachgewiesen werden, dass sich das Flossenblastem durch Dedifferenzierung adulter Knochenzellen bildet. Wie auch im Salamander führt die Dedifferenzierung jedoch nicht zum Erreichen von Multipotenz.

Infobox 2.2

Mutagenese-Screen in Zebrafischen

Für einen Mutagenese-Screen in Zebrafischen werden Spermien mit einer mutagenen Chemikalie behandelt, wodurch Veränderungen der Erbinformation (Mutationen) in den Spermien hervorgerufen werden (Abb. 2.14). Anschließend werden Eier von Wildtyp-Weibchen mit den so behandelten Spermien befruchtet. Aus der resultierenden F1-Generation werden Nachkommen, die potenziell eine Mutation tragen, herangezogen und diese erneut mit Wildtyp-Fischen gekreuzt. Für eine weitere Kreuzung werden aus der F2-Generation sowohl Männchen als auch Weibchen herangezogen. Da in der F2-Generation Geschwister Mutationen in identischen Loci tragen, führt die Kreuzung dieser F2-Fische miteinander in der F3-Generation dann zu homozygoten Nachkommen. Bei der Analyse dieser Experimente ist von entscheidender Bedeutung, ob eine Mutation bereits im heterozygoten oder erst im homozygoten Zustand einen Phänotyp hervorruft. Dementsprechend groß ist der zu betreibende experimentelle Aufwand. Abschließend wird der Phänotyp beschrieben und versucht, das betroffene Gen zu identifizieren, was unter Umständen sehr aufwendig sein kann.

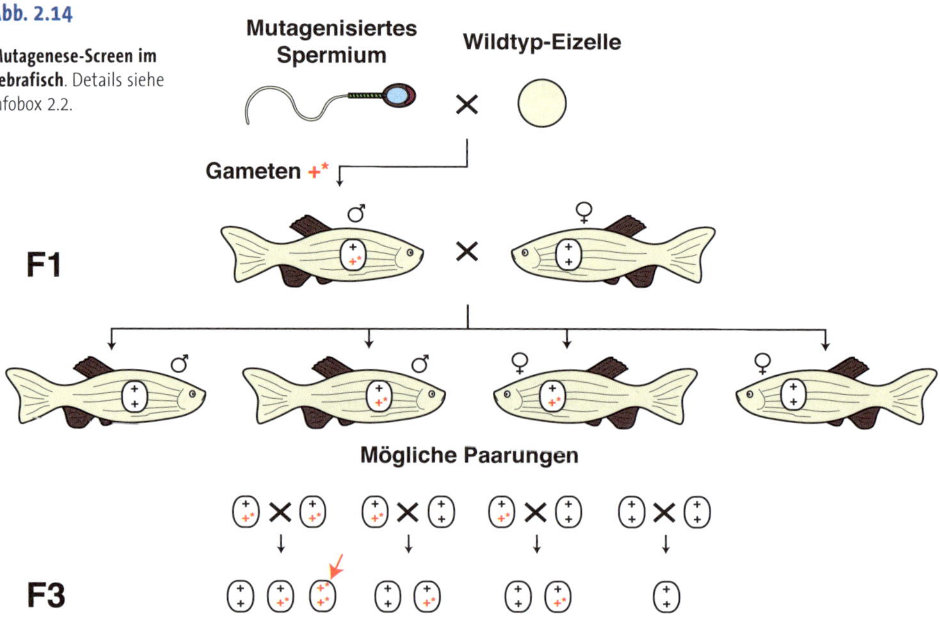

Abb. 2.14

Mutagenese-Screen im Zebrafisch. Details siehe Infobox 2.2.

Flossenregneration im Zebrafisch. Nach Amputation eines Teils der Flosse (2. Tag) kommt es zur Regeneration des verlorenen Flossengewebes (Tage 4 bis 20) (Aufnahmen freundlicherweise zur Verfügung gestellt von Daniel Wehner und Prof. Dr. Gilbert Weidinger, Universität Ulm). **Abb. 2.15**

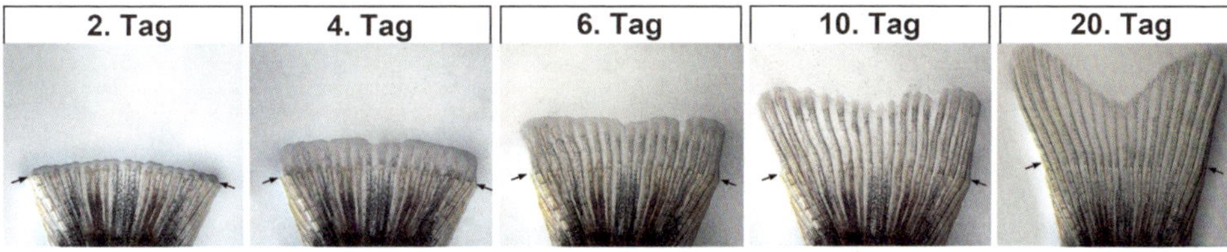

Beim Vergleich der Extremitäten- mit der Flossenregeneration finden sich auch ähnliche molekulare Mechanismen. Die Ausbildung des Blastems beider Regenerationsvorgänge hängt von einem aktiven FGF-Signalweg (Kapitel 1, Abb. 1.5) ab. Die Blockade des FGF-Signalweges führt einerseits zu einer verminderten Zellproliferation und andererseits zu einer Inhibition des Transkriptionsfaktors MsxB (engl. *muscle segment homeobox B*). Während des Regenerationsvorganges sind der FGF-Rezeptor 1 und MsxB in den mesenchymalen Zellen des Blastems exprimiert. Weiterhin konnte durch *antisense* Morpholino-Oligonukleotid-Applikation (Infobox 2.3) gezeigt werden, dass beide für eine erfolgreiche Regeneration essenziell sind.

Die genaue Analyse von Zebrafischmutanten, in denen die Flossenregeneration unterbleibt, ist ein Ansatzpunkt, neue, für den Regenerationsvorgang wichtige Moleküle zu identifizieren. Die Untersuchung der Zebrafischmutante *dob* (engl. *devoid of blastema*) war hierfür ein erster

Infobox 2.3

Antisense Morpholino-Oligonukleotide

Antisense Morpholino-Oligonukleotide sind kurze, ca. 25 Basen lange, chemisch modifizierte Oligonukleotide, die sequenzspezifisch an endogene mRNA-Moleküle oder deren ungespleißte Vorläufer binden. Dadurch blockieren sie Vorgänge wie die Translation oder das Spleißen. Schlussendlich führt dies zu einem Verlust des zugehörigen Proteins. Da es sich dabei lediglich um einen partiellen Verlust handelt, spricht man auch von einem Funktionsverlust oder *knock down*. Diese Technik wird überwiegend für Arbeiten mit *Xenopus laevis* und dem Zebrafisch angewandt. Die Morpholino-Oligonukleotide werden dabei über Mikroinjektion in den frühen Embryo eingebracht. Auch ist die Applikation mithilfe der Elektroporation in Embryonen späterer Entwicklungsstadien oder in adulte Fische (z.B. bei Regenerationsexperimenten) möglich.

Elektroporation: Mithilfe der Elektroporation wird die Zellmembran durch das kurze Anlegen eines elektrischen Feldes permeabel gemacht.

Abb. 2.16

Regneration einer Zebrafischflosse. Wie bei der Extremitätenregeneration entstehen bei der Regeneration einer Flosse zunächst eine Wundepidermis und ein Blastem. Das Auswachsen des neuen Flossengewebes wird durch Zellproliferation gewährleistet. Zellkerne sind blau dargestellt. Zellgrenzen sind durch eine Antikörperfärbung gegen β-Catenin sichtbar gemacht (grün) (Aufnahme freundlicherweise zur Verfügung gestellt von Daniel Wehner und Prof. Dr. Gilbert Weidinger, Universität Ulm).

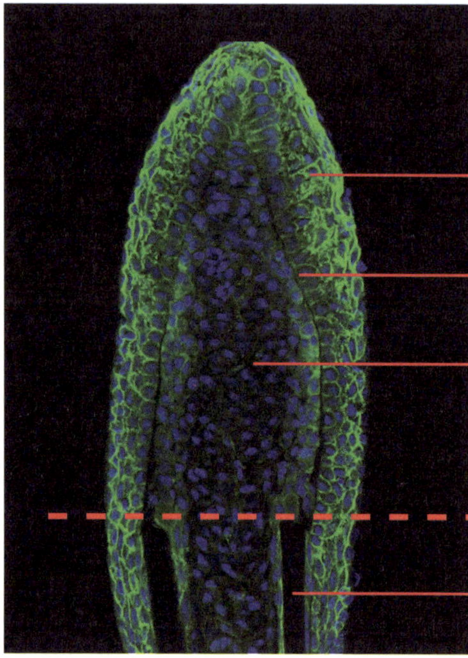

wichtiger Schritt. Dob mutante Fische weisen eine Mutation im *fgf20a*-Gen (engl. *fibroblast growth factor* 20a) auf. Diese Fische bilden zwar ein regenerierendes Epithel, das darunter liegende mesenchymale Blastem wird jedoch nicht angelegt. Während der Regeneration der Flosse zeigt *fgf20a* eine Koexpression mit *msxB*. Ein Vergleich der Regenerationsstudien an der Zebrafischflosse und denen an Extremitäten zeigt, dass beide regenerative Prozesse einem hoch konservierten Mechanismus unterliegen, wobei eine enge Verknüpfung von FGF-Signalen, der msxB-Expression, der Blastembildung und der Zellproliferation deutlich wird. Überraschenderweise konnte auch bei der Regeneration des Schwanzes in *Xenopus* der gleiche Mechanismus gefunden und bestätigt werden.

Neben dem FGF-Signalweg scheinen auch der Aktivin/TGFβ- und der Wnt/β-Catenin-Signalweg (Kapitel 1, Abb. 1.5) während die Flossenregeneration von Bedeutung zu sein. Für letzteren konnte gezeigt werden, dass dieser für die Aktivierung des FGF-Signals notwendig ist und somit in der Signalkaskade der Flossenregeneration oberhalb von FGF20 steht. Unterhalb von FGF20 hingegen konnte eine miRNA, miR133, identifiziert werden. Der FGF-Signalweg inhibiert dabei, möglicherweise indirekt, die Expression von miR133. Letztere selber reprimiert die Expression von mps1, einer Kinase, die für das Fortschreiten des Zellzyklus essenziell ist. Während der Regeneration führt die Hochregulation von FGF20 zu einer Aktivierung von mps1, was letztlich die Proliferation begünstigt. Es konnte außerdem gezeigt werden, dass auch *msxb* (siehe oben) durch miR133 reguliert wird. Im Gegensatz zur mps1-Regulation erfolgt dies wahrscheinlich auf indirekte Weise. Mit diesen Ergebnissen ergibt sich ein erstes Bild von der molekularen Hierarchie, die während der Regeneration besteht.

Die Herzregeneration im Zebrafisch: übertragbar auf den Menschen?

2.4.2

Das Herz ist von zentraler Bedeutung für Lebewesen, die – aufgrund ihrer Körpergröße – auf die Zirkulation ihres Blutes (bei Lebewesen mit offenem Kreislauf als Hämolymphe bezeichnet) angewiesen sind. Im Laufe der Evolution haben sich verschiedene Herztypen mit einer unterschiedlichen Zahl von Kammern ausgebildet. Das humane wie auch das murine Herz besitzt zwei Ventrikel, welche das Blut in die Körperkreisläufe pumpen, einerseits in die Lunge (kleiner Blutkreislauf), andererseits in die Peripherie (großer Blutkreislauf). Die beiden Atrien nehmen das Blut aus beiden Kreisläufen auf und geben es an die Ventrikel weiter. Klappen und Septen verhindern den Rückfluss des Blutes und eine Durchmischung der beiden Blutkreisläufe. Im Vergleich zum Menschen hat der Frosch lediglich einen Ventrikel und zwei Atrien, der Zebrafisch nur einen Ventrikel und ein Atrium.

Die Kontraktion des Herzens wird über das kontraktile Myokard erreicht. Herzmuskelzellen (Kardiomyozyten), die über Desmosomen und *gap junctions* miteinander verbunden sind, bilden ein Netzwerk von Myofibrillen. In den Zwischenräumen dieser Myofibrillen befinden sich kardiale Fibroblasten, die bei Säugern den größten Anteil aller Zellen des Herzens bilden. Sie produzieren eine extrazelluläre Matrix, welche Kardiomyozyten und kardiale Fibroblasten zusammenhält.

Die Kammern des Herzens sind von innen mit einer Schicht Endothelzellen, dem Endokard ausgekleidet, die in direkter Verbindung zu den Endothelzellen des Gefäßsystems stehen. Von außen ist das Herz von einer Zellschicht, dem Epikard, umgeben. Zellen des Reizleitungssystems sorgen für die regelmäßige und kontrollierte Kontraktion des Herzmuskels. Herzkranzgefäße versorgen den Muskel mit Nährstoffen sowie Sauerstoff.

Die Frage, ob der Herzmuskel regenerieren kann, ist natürlich von großem medizinischem Interesse. Beim Myokardinfarkt kommt es aufgrund einer Minderdurchblutung (Hypoxie) zur Nekrose und so zum Untergang von Herzmuskelgewebe, was für die betroffenen Personen

Desmosomen: Scheibenförmige Verbindungen zweier benachbarter Zellen, die intrazellulär mit Intermediärfilamenten verknüpft sind; dienen der Stabilität von Zellen.

Gap junctions: Zell-Zell-Kanäle, die von kanalbildenden Proteinen gebildet werden.

Ventrikel: (Haupt-) Herzkammer

Atrium: Vorhof, Vorkammer

Fibroblasten: Zellen des Bindegewebes, welche die ECM (engl. *extracellular matrix*) produzieren.

Myokardinfarkt: auch Herzinfarkt; beim Herzinfarkt wird ein Herzkranzgefäß (Koronargefäß) durch ein Blutgerinnsel verschlossen, wodurch Teile des Herzmuskels (Myokard) nicht mehr mit Sauerstoff versorgt werden können; es kommt zur Nekrose von Zellen.

Nekrose: Absterben einzelner oder mehrerer Zellen im lebenden Organismus; immer pathologisch.

entweder den Tod bedeutet oder im Falle des Überlebens oft mit lebenslangen Einschränkungen verbunden ist. Der Verlust von Herzmuskelzellen führt bei Säugern zur Bildung von Narbengewebe, in welchem kardiale Fibroblasten vermehrt proliferieren und extrazelluläre Matrix ausbilden. Dies beeinflusst sowohl die Kontraktilität als auch den Herzrhythmus. Herzmuskelzellen hingegen werden Säugern nach einem Infarkt nur in unzureichender Menge nachgebildet.

Zebrafische besitzen die bemerkenswerte Fähigkeit, Teile des Ventrikels, die durch Amputation oder Kälteeinwirkung abgetötet wurden, ersetzen zu können. Nach Amputation können bis zu 20 % des Ventrikels ersetzt werden. In einem erst kürzlich entwickelten genetischen Ablationsmodell konnte sogar eine Schädigung von bis zu 60 % der Herzmuskelzellen regeneriert werden. Interessanterweise zeigen so geschädigte Zebrafische „klinische“ Symptome, die denen einer Herzinsuffizienz beim Menschen sehr ähnlich sind. Durch Regeneration können diese im Zebrafisch jedoch wieder aufgehoben werden.

Wie sieht nun das derzeit gängige Modell der Herzregeneration im Zebrafisch aus? An dieser Stelle muss zunächst einmal verdeutlicht werden, dass das ausgewachsene Herz aus verschiedenen Zelltypen aufgebaut ist. Neben den Kardiomyozyten, Myofibroblasten, endokardialen und epikardialen Zellen (siehe oben) gibt es in höheren Vertebraten wie der Maus oder dem Menschen weitere Populationen von Zellen, denen man den Charakter von gewebeständigen, adulten Stammzellen zuspricht. Im

Abb. 2.17 **Die Regeneration des Herzens im Zebrafisch.** Herzen von ein bis zwei Jahre alten Zebrafischen können regenerieren. Innerhalb von drei Tagen nach Amputation bildet sich ein Gerinnsel in der Wunde. Sieben Tage nach Amputation wird das Blutgerinnsel durch Fibrin (Protein/Faktor der Gerinnungskaskade) ersetzt. Gleichzeitig beginnen bestehende Kardiomyozyten zu proliferieren, wodurch neue Kardiomyozyten entstehen. Am Tag 60 nach der Amputation ist der Ventrikel vollständig regeneriert.

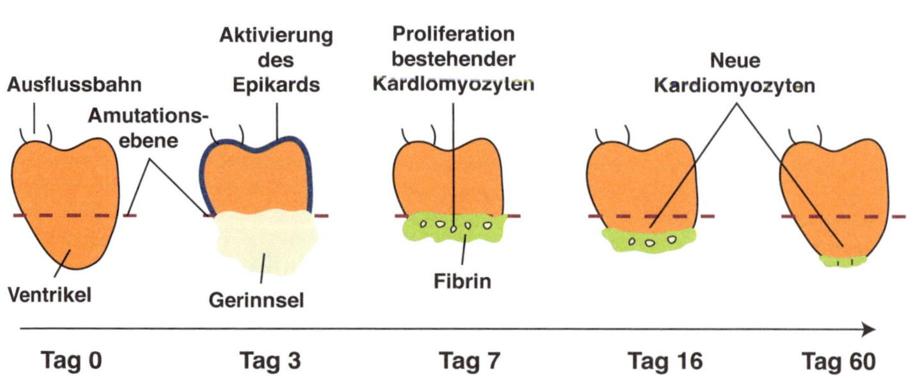

Abb. 2.18

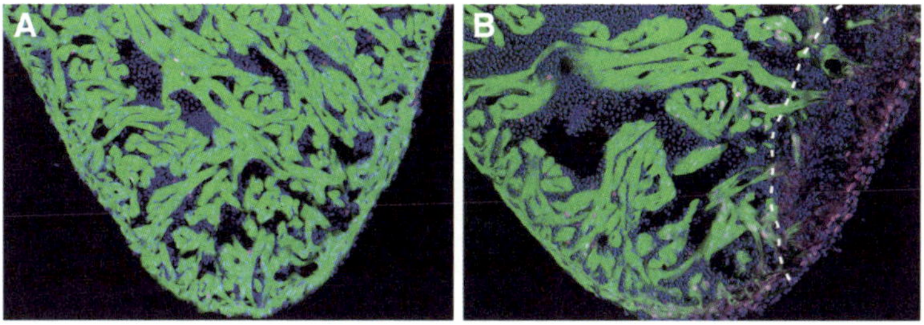

Regeneration eines Zebrafisch-Herzens. A. Querschnitt durch ein ungeschädigtes Herz eines Zebrafisches. **B**. Querschnitt durch ein regeneriertes Zebrafischherz. Die gestrichelte Linie zeigt die Schnittebene an. Herzmuskelzellen sind durch die Verwendung eines transgenen Fisches (cmlc2::GFP) grün dargestellt. Zellkerne sind blau, proliferierende Zellen durch Antikörperfärbung gegen PCNA violett dargestellt (Aufnahmen freundlicherweise zur Verfügung gestellt von Chi-Chung Wu und Prof. Dr. Gilbert Weidinger, Universität Ulm).

Fisch ist ihre Existenz hingegen noch unklar. Bei der Klärung der Frage, wie die Herzregeneration generell verläuft, ist der Ursprung des sich neu bildenden Herzgewebes von zentraler Bedeutung.

Nach Amputation des Ventrikels im Zebrafisch kommt es zunächst durch die Aktivierung der Gerinnungskaskade zu einem Gerinnsel in der Wunde, wodurch diese verschlossen wird (Abb. 2.17). Ein erstes Anzeichen der beginnenden Regeneration ist eine organweite Aktivierung des Epikards. Dabei kommt es zur Expression des Retinsäure produzierenden Enzyms RALDH2 im gesamten Epikard. Die Bedeutung dieser Aktivierung ist unklar. Irrtümlicherweise nahm man aufgrund dieser Beobachtung längere Zeit an, dass epikardiale Zellen durch Proliferation und/ oder Wanderung während der Regeneration die neuen Herzmuskelzellen ausbilden, ähnlich wie es in der embryonalen Entwicklung diskutiert wird. Heute geht man jedoch davon aus, dass die Herzmuskelzellen nahe der Wunde nach einer Verletzung dedifferenzieren. Diese treten wieder in den Zellzyklus ein und reaktivieren Transkriptionsfaktoren wie beispielsweise GATA4, die auch während der embryonalen Herzentwicklung wichtig sind. Schlussendlich wird durch die einsetzende Proliferation das verloren gegangene Herzgewebe ersetzt (Abb. 2.18). Interessanterweise wird die bereits oben erwähnte Kinase msp1 (siehe Kapitel 2.4.1) auch für die Regeneration des Herzens benötigt. Weiterhin wurde eine verstärkte Expression von miR133 im sich regenerierenden Herzmuskel beobachtet. Diese Ergebnisse bestärken die Theorie, dass der allgemeine Regenerationsprozess über einen hoch konservierten, molekularen Mechanismus gesteuert wird. Im Gegensatz zum Säugerherz kommt es bei einer Schädigung des Herzens in Zebrafischen nicht zu einer Narbenbildung.

Abb. 2.19

Schicksalsmarkierung von regenerierenden Kardiomyozyten im Zebrafisch. Um den Ursprung der regenerierten Kardiomyozyten im Zebrafisch zu bestimmen, wurde ein Kreuzungsexperiment durchgeführt. Hierbei wurden *gata4:ERCreER*-Fische mit *βactin2:loxP_DsRed-STOP-loxP-EGFP*-Fischen gekreuzt. Dabei steht *gata4:ERCreER* für die Expression einer 4-Hydroxytamoxifen-induzierbaren Cre Rekombinase unter der Kontrolle des gata4 Promotors (engl. *GATA binding protein 4*).
Die Cre-Rekombinase kann DNA an den sogenannten loxP-Stellen schneiden. In den *βactin2:loxP_DsRed-STOP-loxP-EGFP*-Fischen wird unter der Kontrolle des βactin2-Promotors zunächst dsRed exprimiert, ein roter Fluoreszenzfarbstoff. Alle Kardiomyozyten sind rot markiert.

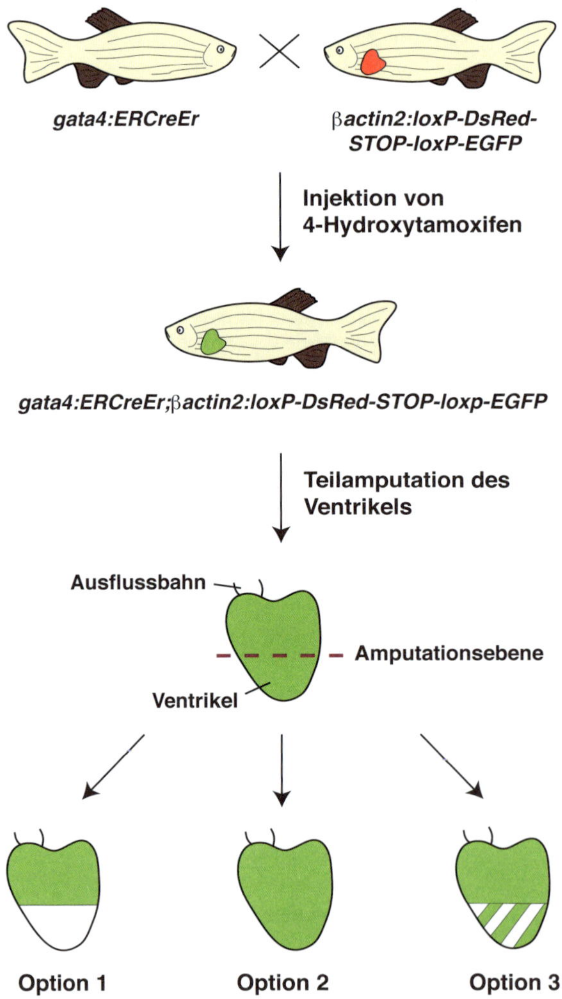

Die *gata4:ERCreER;βactin2:loxP_DsRed-STOP-loxP-EGFP*-Fische, die nach der Kreuzung entstehen, wurden mit 4-Hydroxytamoxifen behandelt. Die aktivierte Cre-Rekombinase entfernt das Gen für dsRed durch Schneiden an den LoxP-Stellen. Nun wird vom βactin2-Promotor GFP exprimiert, wodurch alle Kardiomyozyten grün markiert werden; der rote Farbstoff wird gleichzeitig eliminiert. Anschließend wird ein Teil des Ventrikels amputiert und die Regeneration des Herzens beobachtet.
Es können bis zu drei verschiedene Resultate entstehen.
Option 1: Die regenerierten Kardiomyozyten sind nicht markiert. Dies bedeutet, dass die regenerierten Kardiomyozyten nicht von bestehenden Kardiomyozyten abstammen, sondern von anderen Zellen.
Option 2: Alle neuen Kardiomyozyten sind markiert. Somit stammen sie von bestehenden Kardiomyozyten ab.
Option 3: Das regenerierte Herz wird teils aus markierten, teils aus unmarkierten Kardiomyozyten gebildet.
Es konnte gezeigt werden, dass die zweite Option am wahrscheinlichsten ist.

Um den zellulären Ursprung der während der Herzregeneration neu gebildeten Zellen zu erfahren, haben sich Wissenschaftler den Zebrafisch als ein genetisches Modellsystem zunutze gemacht. In einem Experiment wurde GFP durch Verwendung eines gewebespezifischen Promotors spezifisch in Herzmuskelzellen (myokardiale Zellen) transgener Fische exprimiert. Darüber hinaus wurde die Expression von GFP induzierbar gestaltet. Dies bedeutet, dass die Herzmuskelzellen nur dann grün leuchteten, wenn sie zuvor mit einem entsprechenden Induktor behandelt wurden (Abb. 2.19). Die Wissenschaftler konnten letztendlich beobachteten, dass nach Verletzung des Herzens, Induktion der GFP-Expression und Regeneration des Ventrikels die neu gebildeten Herzmuskelzellen grün leuchteten. Dieses Ergebnis zeigte, dass die neuen Zellen von den ursprünglichen Herzmuskelzellen des Myokards abstammen mussten. Wären die neuen Zellen hingegen von einer anderen Zellpopulation gebildet worden, hätten sie keine grüne Fluoreszenz aufgewiesen. Somit scheiden epikardiale Zellen oder adulte kardiale Stammzellen als Ursprung für die neu gebildeten Herzmuskelzellen im Zebrafisch vermutlich aus.

An dieser Stelle stellt sich nun die wichtige Frage, ob diese Befunde auf Säugetiere oder den Menschen übertragen werden können. Neueste Arbeiten zeigen, dass auch das Herz der Maus in der Lage ist, einen Verlust ventrikulären Gewebes zu ersetzen. Interessanterweise erfolgt auch in der Maus die Regeneration des Herzmuskels durch Proliferation terminal differenzierter Herzmuskelzellen. Allerdings ist diese Fähigkeit auf die erste Lebenswoche nach der Geburt beschränkt. Diese Daten zeigen, dass eine Regeneration des Säugerherzens prinzipiell möglich ist, dass diese Fähigkeit aber im Laufe des Lebens verloren geht. Diese Erkenntnisse ermöglichen jedoch einen neuen Ansatzpunkt, und zwar die Identifizierung derjenigen Moleküle oder molekularen Mechanismen, die diesen Verlust bedingen.

Weiterhin ist man lange Zeit davon ausgegangen, dass ausdifferenzierte Herzmuskelzellen in adulten Säugetieren wie auch dem Menschen nicht proliferieren können. Auch hier zeigen neuere Ergebnisse, dass dies wohl doch der Fall ist. So haben verschiedene Wissenschaftler in unterschiedlichen Organismen nachweisen können, dass sich Herzmuskelzellen mit einer sehr geringen Proliferationsrate teilen. Dies gilt offensichtlich auch für humane Herzmuskelzellen.

Zur Klärung dieser Frage haben sich einige Wissenschaftler die Tatsache zunutze gemacht, dass durch die oberirdischen Atombombentests Anfang der 1960er-Jahre die Erdatmosphäre mit Kohlenstoff 14C kontaminiert wurde. Nach dem Stopp der oberirdischen Tests im Jahr 1963 nahm die ^{14}C-Konzentration in der Atmosphäre schnell wieder ab. Durch den Einbau von ^{14}C in die DNA und aufgrund der langen Halbwertzeit von ^{14}C (ca. 6000 Jahre) lassen sich nun Rückschlüsse auf die Teilungsrate von Zellen ziehen. Aufgrund dieser Befunde geht man davon aus, dass sich menschliche Herzmuskelzellen bei einem 25-Jährigen mit einem *Turnover* von ungefähr 1 % pro Jahr erneuern, bei einem 75-Jährigen noch mit 0,45 %. Dies bedeutet, dass insgesamt weniger als 50 % aller Herzmuskelzellen während eines menschlichen Lebens ausgetauscht werden. Diese niedrige Proliferationsrate könnte erklären, warum eine Reparatur des Herzmuskels und damit ein Ersatz eines geschädigten bzw. abgestorbenen Herzmuskels beim Menschen nicht in nennenswertem Umfang möglich ist.

Die nächste Frage ist nun, ob die Möglichkeit besteht, die Proliferation von adulten Herzmuskelzellen artifiziell anzuregen? Erste positive Hinweise hierzu liefern Experimente aus der Maus und der Ratte. Moduliert man in Herzmuskelzellen die Aktivität des FGF-Signalwegs (siehe Kapitel 1.4.2) und der MAP-Kinase (auch p38 genannt) durch Gabe des Wachstumsfaktors bzw. Applikation spezifischer Inhibitoren, so können Herzmuskelzellen tatsächlich zur Proliferation angeregt werden. *In vitro* führt auch eine Aktivierung des Wnt/β-Catenin-Signalwegs zur vermehrten Proliferation. Diese Resultate erwecken die Hoffnung, dass eines Tages nach einem Herzinfarkt durch die lokale Applikation von pharmakologischen Substanzen oder Wachstumsfaktoren Herzmuskelzellen wieder zur Proliferation angeregt werden können. Zusammenfassend zeigen diese Befunde, dass die Arbeiten im Bereich der Regeneration eine wichtige Basis zur Entwicklung neuartiger, regenerativer Therapiekonzepte für den Menschen darstellen.

2.5 | Die Regeneration in adulten Säugern

Im Vergleich zu Invertebraten und vielen Vertebraten ist die Regenerationsfähigkeit in adulten Säugetieren stark eingeschränkt. Obwohl Säugetiere einen kontinuierlichen *Turnover* in verschiedenen Organen aufweisen (zyklische oder physiologische Regeneration), wie beispielsweise im hämatopoetischen System (Kapitel 5), im Intestinaltrakt (Kapitel 6.4) oder in der Haut (Kapitel 6.3), ist ihre Fähigkeit zur regenerativen Reparation nach Gewebeverlust gering. Als Beispiele sollen hier drei Prozesse genannt werden: Erstens sind Säugetiere befähigt, nach Verbrennungen Hautzellen zu erneuern, zweitens können Knochenbrüche durch die Aktivierung von Osteoblasten ausgeheilt werden und drittens können Leberzellen regeneriert werden, was im folgenden Kapitel näher erläutert werden soll.

Osteoblasten: knochenbildende Zellen

Die Regeneration der Leber

2.5.1

Die Regenerationsfähigkeit der menschlichen Leber wurde bereits in der griechischen Mythologie beschrieben. Der Titan Prometheus wurde von Zeus an einen Felsen im Kaukasus gekettet, wo ihm täglich vom Adler Ethon ein Stück seiner Leber aus dem Leib gerissen wurde (Abb. 2.20). Über Nacht regenerierte diese, um am nächsten Tag wieder dem Adler zum Opfer zu fallen. Letztlich wurde Prometheus vom Helden Herakles von dieser körperlichen Qual erlöst.

Die menschliche Leber ist aus mehreren Lappen aufgebaut, in denen wiederum verschiedene Zelltypen vorkommen, namentlich Hepatozyten, Ito-Zellen, Gangzellen des Gallenganges, Kupffersche Sternzellen (spezialisierte Makrophagen) und Endothelzellen. Führt man eine sogenannte partielle Hepatektomie durch, kann die verkleinerte Leber den Verlust von Zellen durch Proliferation der verbliebenen Zellen kompensieren. Dies hat auch medizinische Bedeutung, da dadurch eine Lebendspende von Teilen der Leber eines Spenders möglich ist. Es wird dabei kein Blastem, wie bei der Regeneration von Planarien oder der Extremitäten, ausgebildet. Auch wächst nicht der zuvor entfernte Leberlappen nach, sondern die übrig gebliebenen Lappen vergrößern sich. Dabei spielt eine Dedifferenzierung der Zellen eine untergeordnete Rolle. Vielmehr führt die Freisetzung von Lipopolysacchariden zur Abgabe von Interleukin 6 und dem *hepatocyte growth factor* (HGF). Diese Faktoren regen die verschie-

Hepatektomie: operative Entfernung der Leber; bei der partiellen Hepatektomie wird nur ein Teil der Leber entfernt.

Abb. 2.20

Darstellung von Zeus, Prometheus und dem Adler Ethon. Quelle: Wikipedia.

denen Zelltypen der Leber zur Teilung an. Eine Blockade der HGF-vermittelten Signaltransduktion durch Inhibition des HGF-Rezeptors c-met unterdrückt die Regeneration. Darüber hinaus können auch Vorläuferzellen in der Leber zur Regeneration beitragen. Dabei handelt es sich um die Ovalzellen, die zu Hepatozyten und Gallengangzellen differenzieren können. Eine der noch großen, ungeklärten Fragen auf diesem Gebiet beschäftigt sich mit der Kontrolle des Größenwachstums während der Regeneration.

Tab. 2.2 **Modelsysteme für regenerative Studien**

	Regenerative Kapazität	alters-abhängig	Transplantation möglich	Genom vollständig sequenziert	Methoden zur Manipulation der Genexpression
Hydra	kompletter Organismus	nein	ja	nein	RNAi, Transgene
Planarien	kompletter Organismus	nein	ja	ja	RNAi
Ascidien (Seescheide)	kompletter Organismus	nein		ja	Morpholino-Oligonukleotide, Transgene
Drosophila	Keimzellen, Mitteldarm	nein	nein	ja	RNAi, Transgene, homologe Rekombination
Zebrafisch	Herz, Retina, Flosse, Leber, Neuralrohr, Haarzellen Innenohr, Seitenlinie	nein	nein	ja	Morpholino-Oligonukleotide, Transgene
Xenopus laevis	Schwanz, Extremitäten, Retina, Linse, Haarzellen Innenohr	ja	ja	nein	Morpholino-Oligonukleotide, Transgene
Molch	Extremitäten, Schwanz, Herz, Linse, Retina, Neuralrohr, Gehirn, Haarzellen Innenohr	nein	ja	nein	Morpholino-Oligonukleotide, Transgene
Axolotl	Extremitäten, Schwanz, Herz, Neuralrohr, Gehirn	nein	ja	nein	Morpholino-Oligonukleotide, Transgene
Hühnchen	Haarzellen Innenohr	ja	ja	ja	Morpholino-Oligonukleotide, Transgene
Maus	Blut, Skelettmuskulatur, Leber, Pankreas, Fingerspitzen, Haut, peripheres Nervensystem, Darmepithel, Keimzellen	ja	ja	ja	Transgene, homologe Rekombination

Zusammenfassung

In den letzten Jahren konnten erstmals grundlegende, molekulare Mechanismen identifiziert werden, die der Regeneration verschiedener Gewebe in unterschiedlichen Organismen zugrunde liegen. Wichtig war dabei die Entwicklung verschiedener Techniken, welche die Untersuchung von Regenerationsvorgängen auch in solchen Organismen erlauben, die mit genetischen Methoden nur unzureichend zugänglich sind. Eine tiefere Analyse dieser Vorgänge wird in Zukunft konservierte Mechanismen aufdecken, die möglicherweise auch neue regenerative Therapieansätze für den Menschen ermöglichen werden. Tabelle 2.2 fasst die verschiedenen Modellsysteme der Regenerationsforschung, die dabei betrachteten Gewebe und die verwendeten Manipulationstechniken zusammen.

Fragen

1. Was versteht man unter dem Begriff reparative Regeneration?
2. Definieren Sie den Begriff *Turnover*?
3. Was bedeutet Morphallaxis, was Epimorphose?
4. Was versteht man unter dem Begriff kompensatorische Regeneration?
5. Was ist ein Blastem? In welchen Prozessen wird ein Blastem gebildet?
6. Was passiert, wenn Sie Retinsäure zu einer regenerierenden Extremität hinzugeben?
7. Welche Organe in Molchen weisen regenerative Eigenschaften auf? Beschreiben Sie diese Regenerationsvorgänge.
8. Aus welchem Keimblatt wird die Linse gebildet? Aus welchem die regenerierende Linse im Molch?
5\. Können humane kardiale Zellen während des adulten Lebens proliferieren? Wie hat man dies untersucht?
10\. Welche Organe in Säugern weisen regenerative Fähigkeiten auf?

Referenzen

ALVARADO, A.S., P.A. TSONIS (2006): Bridging the regeneration gap: genetic insights from diverse animal models. Nat. Rev. Genet. 7, 873–884.

BERMANN, O. und 11 weitere Autoren (2009): Evidence for cardiomyocyte renewal in humans. Science 324, 98–102.

BODE, H.R. (2009): Axial patterning in Hydra. Cold Spring Harb Perspect Biol. 1:a000463.

DINSMORE, C. (2007): A history of regeneration research. Cambridge University Press, Cambridge.

JOPLING C., S. BOUE, J.C. BELMONTE (2011): Dedifferentiation, transdifferentiation and reprogramming: three routes to regeneration. Nat. Rev. Mol. Cell Biol. 12, 79–89.

JOPLING, C., E. SLEEP, M. RAYA, M. MARTÍ, A. RAYA, J.C. BELMONTE (2010): Zebrafish heart regeneration occurs by cardiomyocyte dedifferentiation and proliferation. Nature 464, 606–609.

KIKUCHI, K., J.E. HOLDWAY, A.A. WERDICH, R.M. ANDERSON, Y. FANG, G.F. EGNACZYK, T. EVANS, C.A. MACRAE, D.Y. STAINIER, K.D. POSS (2010): Primary contribution to zebrafish heart regeneration by GATA4(+) cardiomyocytes. Nature 464, 601–605.

KRAGL, M., D. KNAPP, E. NACU, S. KHATTAK, M. MADEN, H.H. EPPERLEIN, E.M. TANAKKA (2009): Cells keep a memory of their tissue origin during axolotl limb regeneration. Nature 460, 60–65.

POSS, K.D. (2010): Advances in understanding tissue regenerative capacity and mechanisms in animals. Nat. Rev. Genet. 11, 710–722.

PORELLO, E.R., A.I. MAHMOUD, E. SIMPSON, J. A. HILL, J.A. RICHARDSON, E.N. OLSON, H.A. SADEK (2011): Transient regeneration potential of the neonatal mouse heart. Science 331, 1078–1080.

REDDIEN, P.W., A.S. ALVARADO (2004): Fundamentals of planarian regeneration. Annu. Rev. Cell Dev. Biol. 20, 725–757.

RINKEVICH, Y., P. LINDAU, H. UENO, M.T. LONGAKER, I.L. WEISMAN (2011): Germ-layer and lineage-restricted stem/progenitors regenerate the mouse digit tip. Nature 476, 409–414.

STOCKUM, D. L. (2006): Regenerative Biology and Medicine. Academic Press.

TANAKA, E.M., G. WEIDINGER (2008): Micromanaging regeneration. Genes Dev. 22, 700–705.

TANAKA, E.M., P.W. REDDIEN (2011): The cellular basis of animal regeneration. Dev. Cell 21, 172–185.

Embryonale Stammzellen zeigen vielfältige Entwicklungsmöglichkeiten

3

Inhalt

Stammzellen zeichnen sich durch ihr Differenzierungspotenzial in verschiedene Zelltypen und eine praktisch unbegrenzte Teilungsfähigkeit aus. Darüber hinaus besitzen sie die Fähigkeit, diesen Stammzellzustand aufrechtzuerhalten. Embryonale Stammzellen besitzen die Differenzierungsmöglichkeiten frühembryonaler Zellen der inneren Zellmasse und können Derivate aller drei Keimblätter ausbilden. Diese Pluripotenz embryonaler Stammzellen kann mit verschiedenen Methoden *in vitro* und *in vivo* getestet werden.

Begriffsklärung: Was ist eine Stammzelle?

3.1

Stammzellen werden über mehrere Eigenschaften charakterisiert, die sie von somatischen Zellen unterscheiden:

somatische Zelle: alle Körperzellen von höheren Organismen mit Ausnahme der Keimzellen und adulter Stammzellen

- Stammzellen liegen in einem undifferenzierten Zustand vor und sind in der Lage, in verschiedene Zelltypen zu differenzieren und zur Bildung verschiedener Gewebe beizutragen. Mit den unterschiedlichen Entwicklungs- und Differenzierungsmöglichkeiten von Stammzellen ist der Begriff der Potenz (engl. *potency*) verbunden (siehe Abschnitt 3.5).
- Stammzellen besitzen eine ausgeprägte, praktisch unbegrenzte Teilungsfähigkeit. Damit verbunden ist eine hohe Telomerase-Aktivität (siehe Infobox 3.1).
- Stammzellen sind in der Lage, die unter Punkt 1 und 2 genannten Fähigkeiten aufrechtzuerhalten. Dies wird gewährleistet, indem durch die Teilung einer Stammzelle mindestens eine Tochterzelle entsteht, die das gleiche Entwicklungspotenzial aufweist wie die Mutterzelle. Dieser Vorgang wird als Selbsterneuerung (engl. *self renewal*) bezeichnet. Zur Aufrechterhaltung des Stammzellcharakters siehe die Abschnitte 3.3 und 3.4.

Infobox 3.1

Der Schutzmechanismus der DNA-Replikation – Telomere und Telomerasen

Während der DNA-Replikation wird der Folgestrang diskontinuierlich über die Okazaki-Fragmente synthetisiert (siehe hierzu verschiedene Lehrbücher der Biochemie). Bei diesem Prozess kommt es am Folgestrang dann zu einem Problem, wenn die Replikationsgabel das Ende eines linearen Chromosomenstrangs erreicht: Dort gibt es auf dem DNA-Strang keinen Platz mehr, um einen RNA-Primer zu synthetisieren, welchen die DNA-Polymerase für den Synthesevorgang eines Tochterstrangs jedoch unbedingt benötigt. Da ohne RNA-Primer bzw. freies 3'OH-Ende die DNA-Polymerase nicht mehr ansetzen kann, würden bei der Replikation nach und nach beide Enden der Chromosomen verkürzt, was erhebliche Probleme nach sich ziehen könnte. Wenn durch den Verlust protein-codierende DNA-Abschnitte oder regulative DNA-Bereiche betroffen sind, kommt es zu einer fehlenden oder fehlerhaften Übersetzung einzelner DNA-Abschnitte, was negative Folgen für die Funktion der Zelle mit sich bringt.

Bakterien haben dieses Problem gelöst, indem sie ihre Erbinformation in Form einer zirkulären DNA speichern, sodass die DNA-Polymerase „im Kreis" synthetisieren kann. Auch Eukaryoten haben eine Strategie gegen dieses Replikationsproblem entwickelt, die Telomere. Telomere sind spezielle, sich wiederholende Sequenzabschnitte (engl. *tandem repeats*) an den Chromosomenenden mit einer Länge von mehreren Tausend Nukleotiden. In höheren Eukaryoten sind die Telomere durch häufig auftretende Thymin- und Guaninbasen charakterisiert. Im Menschen findet man das Sequenzmotif TTAGGG (vom 5'- zum 3'-Ende gelesen) im sich wiederholenden Muster häufig wieder. Bei jeder DNA-Replikation werden nun die Telomere an den Chromosomenenden verkürzt. Wenn die Telomerlänge einen kritischen Wert von ca. 4 kb erreicht, geht die betroffene Zelle in den programmierten Zelltod (Apoptose) über oder es tritt ein Wachstumsstopp ein, auch replikative Senescence genannt. Dadurch wird die Lebenszeit der Zellen begrenzt. Die

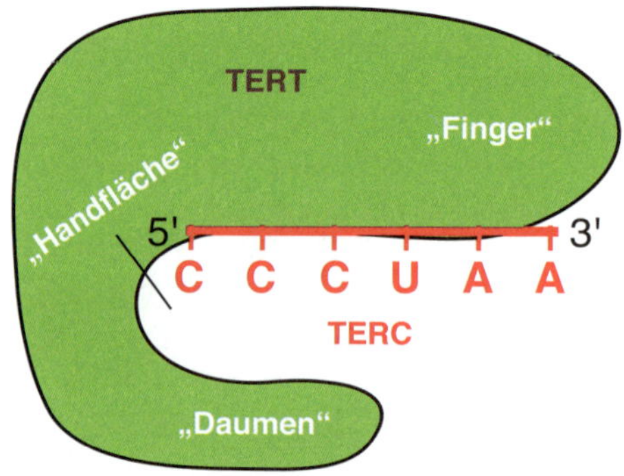

Abb. 3.1

Der Aufbau der Telomerase. Die Telomerase setzt sich aus einem Protein- und einem RNA-Anteil zusammen und ist somit ein Ribonukleoprotein. Der Proteinanteil wird als TERT (engl. *telomerase reverse transcriptase*), der RNA-Anteil als TERC (engl. *telomerase RNA component*) bezeichnet. Der kurze RNA-Strang dient beim Auffüllen von Chromosomenenden (3'-Ende) als Matrize. Der Proteinanteil umfasst das Chromosomenende, wobei die verschiedenen Domänen auch als „Finger", „Handfläche" und „Daumen" bezeichnet werden.

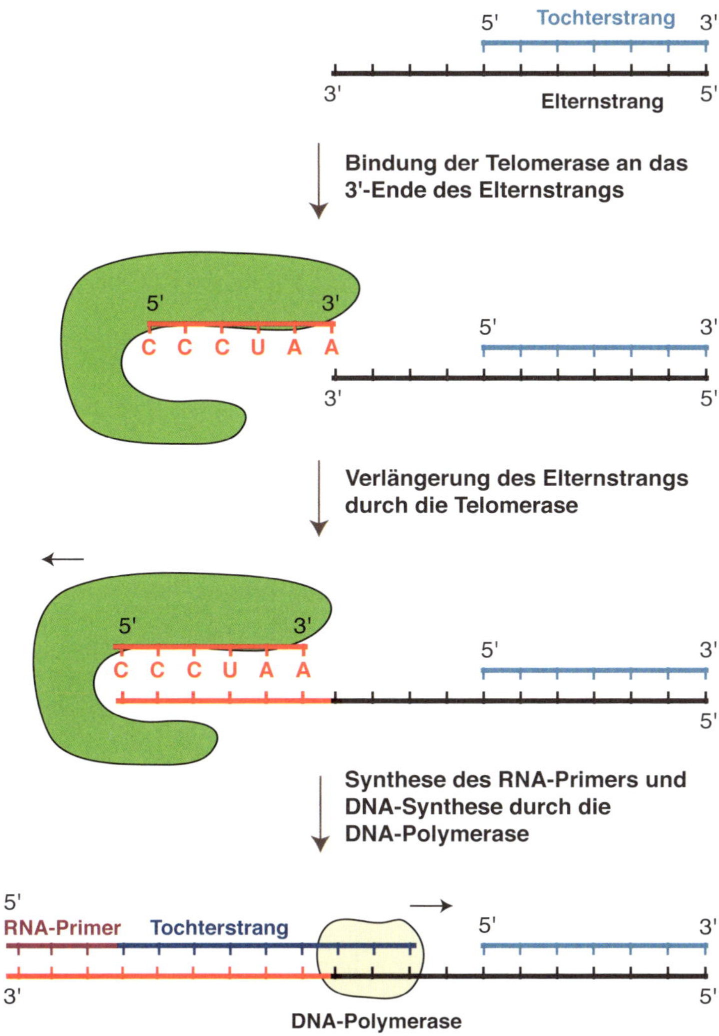

Abb. 3.2

Die Funktion der Telomerase. Die Telomerase ist in der Lage, einen DNA-Strang am 3'-Ende zu verlängern. Dabei bindet sie zunächst an das 3'-Ende des elterlichen DNA-Strangs. Zur Verlängerung wird der RNA-Anteil (rot) der Telomerase als Matrize verwendet. Ist das 3'-Ende des DNA-Strangs verlängert, kann an dieses ein RNA-Primer synthetisiert werden (weinrot), der wiederum zur Anlagerung einer DNA-Polymerase dient (beige). Diese synthetisiert nun einen Tochterstrang (blau) und füllt so das 5'-Ende des Chromosomenendes auf.

Verkürzung der Telomere kann daher auch als ein Mechanismus zur Verhinderung eines Tumors dienen bzw. betrachtet werden.

Um die Chromosomenenden wieder aufzufüllen, besitzen manche eukaryotische Zellen das Enzym Telomerase (Abb. 3.1). Ursprünglich wurde die Telomerase im Wimperntierchen (*Tetrahymena*) 1985 von den beiden Molekularbiologinnen ELIZABETH BLACKBURN und CAROL GREIDER beschrieben. Beide wurden 2009 zusammen mit JOHN SZOSTAK für ihre herausragenden Leistungen in der Telomerforschung mit dem Nobelpreis für Physiologie und Medizin ausgezeichnet. Die Telomerase ist ein Ribonukleoproteinkomplex und setzt sich aus einem Protein- und einem RNA-Anteil zusammen. Der Proteinanteil wird als TERT (engl. *telomerase reverse transcriptase*), der RNA-Anteil als TERC (engl. *telomerase RNA component*) bezeichnet. Die Telomerase arbeitet als reverse Transkriptase und verwendet hierbei ihren eigenen RNA-Anteil als Matrize für das Auffüllen der Chromosomenenden direkt am 3'-Ende (Abb. 3.2). Die Telomerase-Aktivität in Zellen kann über die sogenannte TRAP-Methode (engl. *telomeric repeat amplification protocol*) nachgewiesen werden. Dabei wird die Telomerase aus den jeweiligen Zellen isoliert und ein telomerähnliches Molekül zugegeben, welches dann durch die Telomerase verlängert wird. Im Anschluss folgt eine PCR, die Auskunft über die Aktivität des Enzyms gibt. Bedient man sich hierbei einer quantitativen PCR, kann über die Ausbeute des PCR-Produkts indirekt auf die Enzymaktivität zurückgeschlossen werden. Eine Telomerase-Aktivität konnte bisher nur in Keim-, und Stammzellen nachgewiesen werden. Auch Krebszellen sind durch eine hohe Telomerase-Aktivität gekennzeichnet. In normalen, somatischen Körperzellen ist die Telomerase hingegen nicht aktiv, was letztlich ein essenzieller Grund für die Alterung von Zellen ist.

Grundsätzlich wird zwischen zwei Arten von Stammzellen unterschieden, den embryonalen Stammzellen (engl. *embryonic stem cells*, ESCs) und den adulten Stammzellen (engl. *adult stem cells*, ASCs). Embryonale Stammzellen werden aus frühen Embryonen gewonnen und können in alle drei Keimblätter des Embryos bzw. deren Derivate differenzieren. Demgegenüber stehen adulte Stammzellen, die im ausgewachsenem Organismus vorzufinden und dort hauptsächlich für die Gewebehomöostase notwendig sind. Als Beispiel seien hier die hämatopoetischen Stammzellen des Knochenmarks genannt, die für die ständige Erneuerung von Erythrozyten, Thrombozyten und der Zellen des Immunsystems verantwortlich sind (siehe Kapitel 5).

Homöostase: Erhaltung des physiologischen Gleichgewichts durch Selbsterneuerung

hämatopoetisch: blutbildend

Erythrozyt: Rotes Blutkörperchen, welches für Sauerstofftransport im Körper verantwortlich ist.

Thrombozyt: wird auch als Blutplättchen bezeichnet; die kleinste Blutzelle, welche bei der Blutgerinnung essenziell ist.

Zellen, die zwar die Fähigkeit besitzen, in verschiedene Zelltypen zu differenzieren, jedoch keine Fähigkeiten der Selbsterneuerung aufweisen, werden als Progenitorzellen (engl. *progenitor cell*) bezeichnet. Der Begriff Vorläuferzelle (engl. *precursor cell*) hingegen beschreibt eine Zelle, welche die Eigenschaft hat, sich in einen Zelltyp zu entwickeln und somit ein deutlich beschränkteres Entwicklungspotenzial als eine Progenitorzelle besitzt.

Weiterhin sind die zwei Begriffe Differenzierungspotenzial und Entwicklungspotenzial voneinander abzugrenzen. Dabei beschreibt der Begriff Differenzierungspotenzial die Möglichkeiten einer Zelle, in verschiedene, spezialisierte Zellen zu differenzieren. Der Begriff Entwicklungspotenzial hingegen wird insbesondere dann verwendet, wenn auch die korrekte zeitliche Differenzierung und die dreidimensionale Anordnung verschiedener Zelltypen zur Bildung eines Organismus oder eines Organs hervorzuheben sind.

Mit dem Begriff Potenz wird einerseits das Entwicklungs- und andererseits das Differenzierungspotenzial von Zellen beschrieben. Leider wird in der Literatur keine einheitliche Definition verwendet, sodass sich dieser Begriff entweder auf das Entwicklungs- oder das Differenzierungspotenzial bezieht.

Beschränken wir uns zunächst auf das Entwicklungspotenzial einer Zelle. In Bezug darauf werden die folgenden Begriffe angewandt: Totipotent ist eine Zelle dann, wenn sie in der Lage ist, einen vollkommenen und vollständigen Organismus zu bilden. In diesem Sinne ist nur die Zygote totipotent. Unter Verwendung dieser Definition wurde die Fähigkeit zur Totipotenz bisher für keine der etablierten Vertebratenstammzellen gezeigt. Unter Pluripotenz verstehen wir die Fähigkeit einer Zelle, in die Derivate aller drei Keimblätter zu differenzieren, darüber hinaus auch unter bestimmten Kulturbedingungen in Keimzellen und verschiedene extraembryonale Gewebetypen. Das Beispiel für pluripotente Stammzellen sind embryonale Stammzellen, die aus der inneren Zellmasse des frühen Embryos gewonnen werden. Multipotent sind jene Zellen, welche die Fähigkeit haben, in mehrere (aber nicht alle!) Entwicklungslinien zu differenzieren und damit ein Organ bilden können. Sie weisen jedoch ein sehr viel geringeres Entwicklungspotenzial als pluripotente Stammzellen auf. Das beste Beispiel für multipotente Stammzellen sind hämatopoetische Stammzellen, die in alle Zellen des Blutes differenzieren können (siehe Kapitel 5). Oligopotente Zellen sind solche, die in einige wenige Zelltypen differenzieren können, beispielsweise neurale Stammzellen des Gehirns (siehe Kapitel 6.2). Unipotente Zellen hingegen können sich lediglich in einen Zelltyp eines Gewebes entwickeln. Als Beispiel seien hier die Spermatogonien genannt.

Zygote: befruchtete Eizelle

Keimzelle: Geschlechtszelle, z.B. die Eizelle oder das Spermium

Spermatogonien: Urkeimzellen, die aus der Stammzellpopulation des Hodens hervorgehen und sich zu Spermien entwickeln.

extraembryonal: außerhalb des eigentlichen Embryos gelegen

Wie eingangs erwähnt, beziehen sich manche Autoren jedoch bei der Beschreibung der Potenz ausschließlich auf das Differenzierungspotenzial einer Zelle. In diesem Sinne werden die gerade beschriebenen Begriffe allerdings anders definiert. Dabei beschreibt totipotent die Fähigkeit, in alle Zelltypen des Embryos wie auch Keimzellen und extraembryonales Gewebe zu differenzieren. Pluripotent sind in diesem Fall Zellen, die in die Derivate aller drei Keimblätter differenzieren können (dabei werden Trophoblastzellen oder anderes extraembryonales Gewebe ausgeschlossen). Die Begriffe multi-, oligo- und unipotent werden auch in diesem Sinne identisch wie oben beschrieben definiert. An dieser Stelle wird deutlich, dass die unterschiedliche Verwendung der Begriffe toti- und pluripotent zuweilen zu Verwirrung führen kann. Beispielsweise kann es zu einem Missverständnis kommen, wenn eine Partei von einer totipo-

Tab. 3.1 **Begriffe in Bezug auf das Differenzierungspotenzial von Stammzellen**

Begriff	Definition	Beispiel
totipotent	beschreibt die Fähigkeit einer Zelle, alle Zellen eines Organismus inklusive der Keimzellen und aller extraembryonaler Gewebe zu bilden	in Säugern: nur die Zygote (und Blastomere nach den frühen Furchung)
pluripotent	bezeichnet die Fähigkeit einer Zelle, die Derivate aller Keimblätter zu bilden	embryonale Stammzelle (ES-Zelle)
multipotent	beschreibt die Fähigkeit, verschiedene Zelltypen einer Entwicklungslinie (eines Organs) zu bilden	hämatopoetische Stammzelle
oligopotent	beschreibt die Fähigkeit, wenige Zelltypen eines Gewebes zu formen	neurale Stammzelle
unipotent	bezeichnet die Fähigkeit, einen Zelltyp zu bilden	spermatogene Stammzelle (Spermatogonien)

tenten embryonalen Stammzelle spricht, eine zweite Partei dies jedoch in dem Sinne auffasst, dass auch aus einer embryonalen Stammzelle ein gesamter Organismus entstehen könne. Dies kann bei öffentlichen Diskussionen zu Ängsten in der nicht fachkundigen Bevölkerung führen.

Wir beziehen uns im Laufe dieses Buches bei der Verwendung des Potenzbegriffs und seinen Abstufungen lediglich auf das Differenzierungspotenzial und sprechen beispielsweise von pluripotenten embryonalen Stammzellen.

Tabelle 3.1 gibt einen Überblick über die Begriffe, die im Zusammenhang mit dem Differenzierungspotenzial von Stammzellen verwendet werden.

3.2 | Embryonale Stammzellen

Unter einer Stammzelle mit embryonalen Charaktereigenschaften werden solche Stammzellen verstanden, die neben der Eigenschaft der Selbsterneuerung die Möglichkeit zur Differenzierung in Derivate aller drei Keimblätter des Organismus aufweisen. Sie repräsentieren damit einen frühembryonalen Zustand. Weithin werden drei verschiedenen Zelltypen diese Eigenschaften zugeschrieben: den eigentlichen embryonalen Stammzellen (ES-Zellen), den embryonalen Karzinomazellen (EC-Zellen, engl. *embryonic carcinoma cells*) und den embryonalen Keimzellen (EG-Zellen, engl. *embryonic germ cells*) (Abb. 3.3)

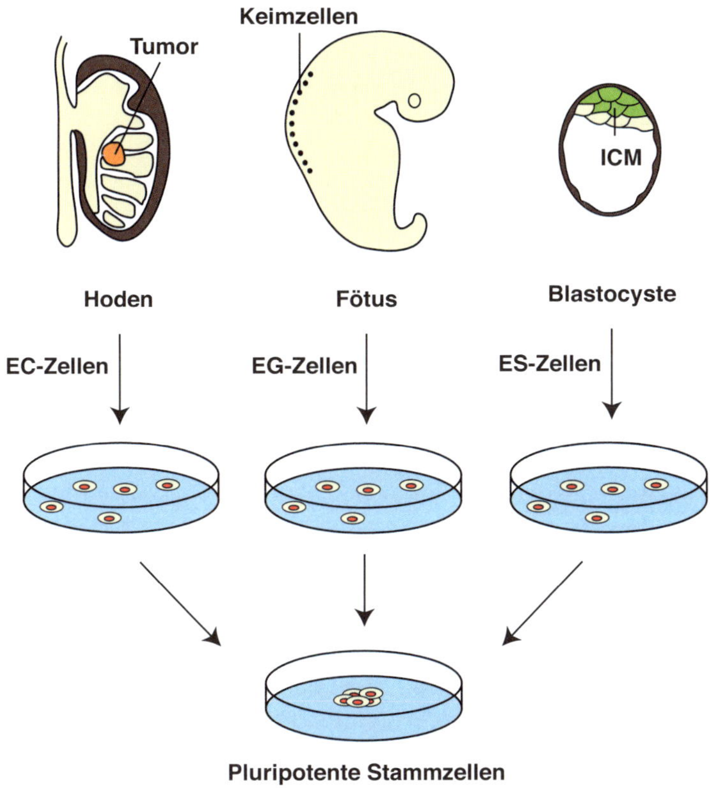

Abb. 3.3

Die Gewinnung von embryonalen Stammzellen. Pluripotente Stammzellen können auf verschiedene Weisen gewonnen werden. Ursprünglich wurden pluripotente Stammzellen aus Tumorzellen des Hodens gewonnen, die als embryonale Karzinomazellen (EC-Zellen, engl. *embryonic carcinoma cells*) bezeichnet wurden. Später konnten pluripotente Stammzellen auch aus den Keimzellen eines Fötus gewonnen werden (EG-Zellen, engl. *embryonic germ cells*). Heute werden embryonale Stammzellen (ES-Zellen) aus der inneren Zellmasse (ICM, engl. *inner cell mass*) früher Embryonen isoliert.

3.2.1 Embryonale Zellen mit Stammzellcharakter: Karzinomazellen und Keimzellen des Embryos

Erstmalig konnten Zellen mit den Eigenschaften embryonaler Stammzellen in sogenannten Teratokarzinomen identifiziert werden. Diese Kenntnis geht auf Experimente in den 1950er-Jahren zurück. Ein Teratokarzinom ist ein bösartiger (maligner) Tumor der Keimzellen. In solch einem Tumor finden sich einerseits Zellen mit Eigenschaften embryonaler Stammzellen, die als embryonale Karzinomazellen (EC-Zellen, engl. *embryonic carcinoma cells*) bezeichnet werden (Abb. 3.3). Andererseits finden sich Derivate aller drei Keimblätter, die sich aus den EC-Zellen gebildet haben. Im Tumor finden sich diese differenzierten Zellen allerdings nicht in einer geordneten Form wieder. Bei der Transplantation von EC-Zellen aus einem Tumor in eine gesunde Maus, beispielsweise unter die Haut oder in die Nierenkapsel, entwickelt sich auch im Empfängertier ein Teratokarzinom. 1964 ließ sich dann erstmalig an einer einzelnen EC-Zelle die beiden Schlüsseleigenschaften embryonaler Stammzellen nachweisen: die Fähigkeit zur Selbsterneuerung und Differenzierung in verschiedene Zelltypen. Damit waren die Grundlagen für die Arbeiten mit embryonalen Stammzellen gelegt.

Anfangs dienten EC-Zellen auch zur Etablierung von Kulturbedingungen, welche eine unbeschränkte Kultivierung von EC-Zellen ohne Differenzierung erlauben. Dabei konnte zunächst das System der Nährzellen, meist als Feederzellen bezeichnet, etabliert werden. Zur Herstellung dieser Feederzellen werden murine, embryonale Fibroblasten entweder mit Röntgenstrahlung oder mit dem Zytostatikum Mitomycin C behandelt, um die Zellen in einen teilungsinaktiven Zustand zu überführen. In der Kulturschale bilden diese dann einen geeigneten Untergrund für das Kultivieren von Stammzellen (Abb. 3.4). Feederzellen sezernieren Wachstumsfaktoren, welche die Differenzierung von embryonalen Stammzellen unterdrücken und so den Stammzellcharakter aufrechterhalten. Waren diese Wachstumsfaktoren zunächst noch unbekannt, so weiß man heute das beispielsweise der *leukemia inhibiting factor* (LIF) ein solcher Differenzierungsinhibitor ist (siehe Kapitel 3.3.3).

Zytostatikum: Natürliche oder synthetisch hergestellte Substanz, die die Zellteilung inhibiert.

Seit Anfang der 1970er-Jahre wurden verschiedene EC-Zelllinien etabliert, die stabil in Kultur gehalten werden können. Auch aus dem Menschen konnten EC-Zellen isoliert und kultiviert werden. Hier hat sich jedoch gezeigt, dass häufig die chromosomale Ausstattung dieser Zellen gestört ist, was dazu führt, dass das Entwicklungspotenzial der Zellen sehr heterogen und häufig sehr eingeschränkt ist.

Die embryonalen Keimzellen (EG-Zellen, engl. *embryonic germ cells*), auch primordiale Keimzellen genannt, stellen das gutartige Gegenstück zu den embryonalen Karzinomazellen dar (Abb. 3.3). Dies konnte bereits 1962 beschrieben werden. Allerdings sollte es noch bis 1992 dauern, bis erstmalig EG-Zellen der Maus in Kultur gebracht werden konnten. Im Vergleich zu embryonalen Stammzellen scheint das Entwicklungspotenzial muriner EG-Zellen jedoch eingeschränkt zu sein, da nach Einbringen der EG-Zellen in Mausembryonen die sich entwickelnden chimären Mäuse (siehe dazu Kapitel 3.5.3) oftmals kleiner waren und Anomalien in der Skelettentwicklung beobachtet wurden. Menschliche EG-Zellen wurden erstmals im Jahr 1998 beschrieben, wobei diese aus abgetriebenen, etwa fünf bis neun Wochen alten Föten isoliert wurden. Die so isolierten EG-Zellen zeigen in Kultur ein eingeschränktes Proliferationsverhalten und können deshalb nicht unbegrenzt in Kultur gehalten werden. Auch aus dem Testis adulter oder neu geborener Mäuse konnten Stammzellen isoliert werden, die als *multipotent germline stem cells* (mGSC) bezeichnet werden.

Föten: Embryonen, welche bereits die inneren Organe ausgebildet haben; Einzahl: Fötus

Testis: Hoden

Gewinnung und Kultivierung muriner embryonaler Stammzellen

3.2.2

Während der Embryogenese sind pluripotente Zellen nur kurzfristig im frühen Embryo vorhanden und bilden dort die innere Zellmasse (engl. *inner cell mass*, ICM) (Abb. 3.3). Bei ungestörter Entwicklung differenzieren sie schnell weiter und bilden während der weiteren Entwicklung alle Derivate des Körpers. Mitte der 1960er-Jahre wurde gezeigt, dass die Implantation von Embryonen der Maus an Stellen außerhalb der Gebärmutter (extrauterin) zur Teratokarzinombildung führt. Diese Analogie zu den embryonalen Karzinomazellen war ein erster Hinweis darauf, dass in frühen Embryonen eine Zellpopulation vorhanden sein muss, die unter bestimmten experimentellen Bedingungen als pluripotente Zelllinie gehalten werden kann.

Die Isolierung und Kultivierung embryonaler Stammzellen (ES-Zellen) der Maus konnte erstmals 1981 unabhängig von zwei Arbeitsgruppen beschrieben werden. Dazu wurden die Zellen des Trophoblasten eines frühen Mausembryos im Blastulastadium (siehe Kapitel 1) zunächst mithilfe zytotoxischer Antikörper, die gegen Trophoblastenantigene gerichtet waren, zerstört. Dieses Verfahren wird als *immunosurgery* bezeichnet. Nach dem Zerstören der Trophoblastzellen werden die verbliebenen Zellen der inneren Zellmasse in Kultur genommen. Dabei wendeten die Wissenschaftler jene Kulturbedingungen an, die sich in den Arbeiten mit EC-Zellen als geeignet erwiesen haben, d.h. die Kultivierung auf teilungsinaktivierten Feederzellen sowie gegebenenfalls in Gegenwart von LIF als differenzierungs-inhibierendem Wachstumsfaktor (Abb. 3.3). Neben dem *Immunosurgery*-Verfahren können die Zellen der inneren Zellmasse auch auf mechanische Weise durch deren Entnahme mittels einer feinen Pipette aus dem Embryo isoliert werden. In späteren Arbeiten konnte gezeigt werden, dass auch aus jüngeren Embryonen bis zurück zum Zwei-Zell-Stadium ES-Zellen generiert werden können.

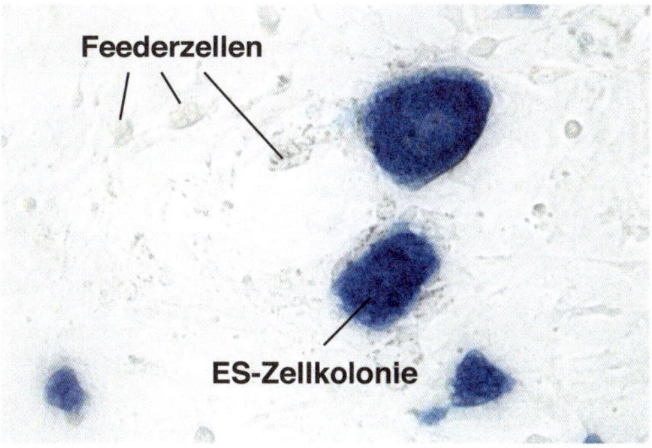

Abb. 3.4

***In-vitro*-Kultivierung von ES-Zellen**. Embryonale Stammzellen können auf einer Feederzellschicht (inaktivierte Fibroblasten aus Mausembryonen) in Kultur gehalten werden. Die Stammzellkolonien können über eine AP-Färbung (alkalische Phosphatase; blau) von anderen Zellen unterschieden werden (Aufnahmen freundlicherweise zur Verfügung gestellt von Purushotama R. Tata, PhD, Universität Ulm).

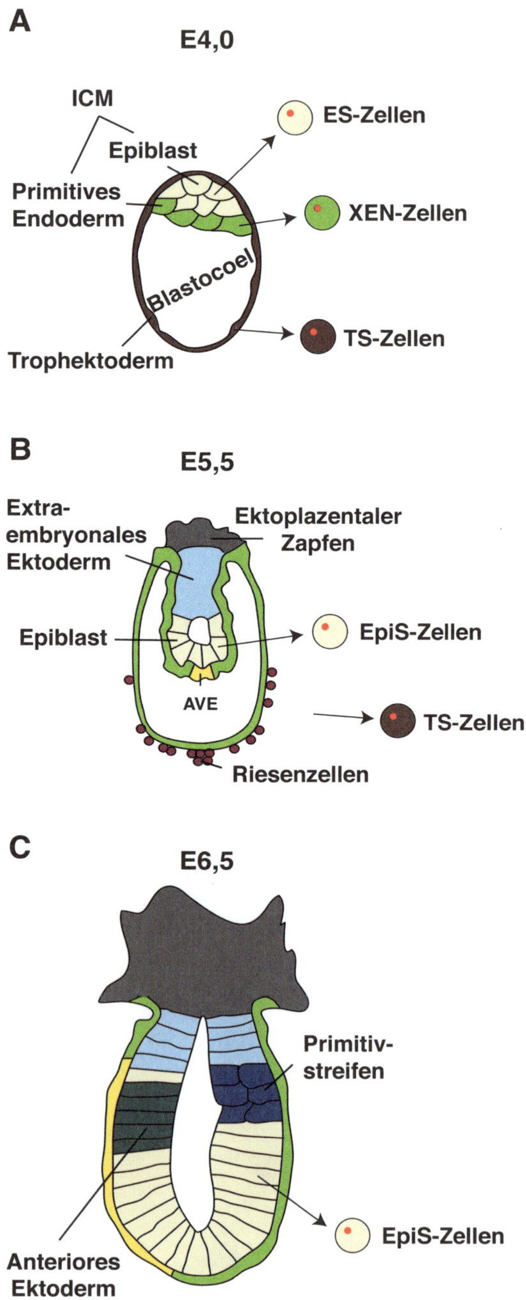

Abb. 3.5

Weitere Stammzellen aus dem Mausembryo. A. Am Embryonaltag 4 (E4,0) besteht die Maus-Blastocyste aus drei Zelltypen, der inneren Zellmasse (eng. *inner cell mass*, ICM) bestehend aus dem primitiven Endoderm (grün) und dem Epiblast (beige) sowie dem Trophektoderm (braun). Aus dem Epiblasten können die ES-Zellen, aus dem primitiven Endoderm die extraembryonalen-endodermalen Stammzellen (XEN-Zellen) und aus dem Trophektoderm die Trophoblast-Stammzellen (TS-Zellen) isoliert werden. Die XEN- und die TS-Zellen können ausschließlich in extraembryonale Zellen differenzieren. **B**. Nach der Einnistung (Implantation) des Embryos können aus dem Epiblasten zwischen E5,5 und E5,75 Epiblast-Stammzellen (EpiS-Zellen) isoliert werden. Zudem können aus dem extra-embryonalen Ektoderm TS-Zellen isoliert werden. **C**. Auch aus dem frühen Gastrula-Embryo (E6,5) können EpiS-Zellen aus dem Epiblasten isoliert werden. AVE, *anterior visceral endoderm*.

Weitere Stammzellen aus frühen Mausembryonen | 3.2.3

Neben den in Kapitel 3.2.2 beschriebenen embryonalen Stammzellen konnten noch weitere Stammzelllinien aus frühen Mausembryonen oder durch Umwandlung aus ES-Zellen gewonnen werden. Dazu gehören die frühen primitiven ektoderm-ähnlichen Stammzellen (EPL-Zellen, engl. *early primitive ectoderm like*) und die Epiblast-Stammzellen (engl. *epiblast stem*, EpiS). Die EpiS-Zellen wurden aus Embryonen kurz nach der Implantation am Tag 5,5 bis 6,5 isoliert (siehe Abb. 3.5). Auch diese Zellen können für lange Zeit in Kultur gehalten werden ohne dass sie ihre Pluripotenz verlieren. Weitere embryonale Stammzellen sind die Trophoblast-Stammzellen (TS-Zellen) und die extraembryonal-endodermalen Stammzellen (XEN-Zellen) (Abb. 3.5), die beide in ihren Entwicklungsmöglichkeiten keinen pluripotenten Zustand, sondern bereits ein eingeschränktes Potenzial aufweisen.

Das Molekulare Netzwerk embryonaler Stammzellen | 3.3

Um den undifferenzierten Zustand embryonaler Stammzellen aufrechtzuerhalten, ist die Aktivität einiger Gene, die für Transkriptions- und Wachstumsfaktoren codieren, und deren Zusammenspiel von essenzieller Bedeutung. Einige wichtige Faktoren sollen in den folgenden Kapiteln vorgestellt werden.

Markergene embryonaler Stammzellen | 3.3.1

Embryonale Stammzellen sind durch die Expression verschiedener Marker charakterisiert, über die der Entwicklungs- und Differenzierungszustand der Zellen bestimmt werden kann. Dazu gehören als Oberflächenmarker die stadienspezifischen embryonalen Antigene SSEA-1, -3

Tab. 3.2: **Wichtige Markergene von Stammzellen**

Name	Charakteristikum
SSEA-1/-3/-4	Oberflächenmarker
TRA1-60 / TRA1-81	Oberflächenmarker
AP	zytoplasmatisches Enzym
Oct4	Transkriptionsfaktor
Nanog	Transkriptionsfaktor
Sox2	Transkriptionsfaktor

und -4 (engl. *stage-specific embryonic antigen*), TRA1-60 und TRA1-81 und als zytoplasmatisches Enzym die alkalische Phosphatase (AP). Der Transkriptionsfaktor Oct4 gilt als universeller Marker embryonaler Stammzellen. Tab. 3.2 gibt einen Überblick über die wichtigsten Marker für Stammzellen embryonalen Charakters.

3.3.2 | Transkriptionsfaktoren

Für die Aufrechterhaltung des Stammzellcharakters sind drei Transkriptionsfaktoren essenziell: Oct4, Nanog und Sox2.

Oct4, auch Pou5f1 (engl. *POU class 5 homeobox 1*) genannt, ist ein Transkriptionsfaktor, der eine Homöodomäne als DNA-Bindemotiv enthält und in der inneren Zellmasse des Embryos exprimiert ist. Bei homozygotem Verlust von Oct4 unterbleibt die Bildung der inneren Zellmasse. Eine zu geringe Menge an Oct4 in Stammzellen resultiert in einer Differenzierung der Stammzellen in Richtung Trophektoderm; eine zu hohe Konzentration an Oct4 hingegen führt zur Differenzierung in Endoderm und Mesoderm. Dies zeigt, dass eine fein regulierte Dosis an Oct4 in Stammzellen wichtig ist. Während der normalen Entwicklung des frühen Mausembryos geht die Expression von Oct4 schnell verloren. Lediglich in den sich entwickelnden Keimzellen findet sich weiterhin Oct4.

Oct4 interagiert direkt mit dem Transkriptionsfaktor Sox2 (engl. *SRY-box containing gene 2*), der eine HMG-Box (engl. *high mobility group box*) als DNA-Bindemotiv enthält. Für die Expression vieler, aber nicht aller Oct4-Zielgene (siehe unten) ist diese Interaktion wichtig. Sox2 wiederum reguliert auch das Expressionsniveau von Oct4. Eine Änderung der Expression von Sox2 in Stammzellen führt ebenfalls zur Differenzierung, entweder in Trophektoderm (wenig Sox2) oder in Keimblattstrukturen (viel Sox2).

Nanog (engl. *Nanog homeobox*) ist wie Oct4 ein Transkriptionsfaktor mit einer Homöodomäne und wird in der inneren Zellmasse des frühen Mausembryos exprimiert. Während der Differenzierung wird seine Expression herunterreguliert. Ursprünglich wurde Nanog unter anderem dadurch identifiziert, dass es bei Überexpression die Selbsterneuerung von Stammzellen unabhängig von externen Zytokinen oder Wachstumsfaktoren wie LIF (siehe Kapitel 3.3) erlaubt. Umgekehrt scheint Nanog aber nicht zwingend notwendig für die Selbsterneuerung zu sein, da auch nanog-defiziente ES-Zellen in Gegenwart geeigneter Wachstumsfaktoren kultiviert werden können. Zu niedrige Mengen an Nanog fördern die Differenzierung von Stammzellen in extraembryonales Endoderm.

Einige Zielgene der genannten Transkriptionsfaktoren konnten durch Chromatin-Immunopräzipitationsexperimente (ChIP) identifiziert werden (siehe Infobox 3.2). Dabei hat sich herausgestellt, dass sich Oct4, Sox2 und Nanog im Zusammenspiel zunächst einmal gegenseitig regulieren und ihre Expression durch diese positive Regulationsschleife aufrechterhalten wird (Abb. 3.6). Weiterhin wurden Bindungsstellen für die genannten Faktoren in den regulativen Bereichen mehrerer hundert weiterer Gene gefunden, sodass man heutzutage davon ausgeht, dass sie kooperativ den Stammzellcharakter aufrechterhalten. So aktivieren sie in Stammzellen weitere, für den undifferenzierten Zustand essenzielle Gene, wobei sie gleichzeitig solche Gene, welche für die Differenzierung während der frühen Embryogenese benötigt werden, reprimieren

Abb. 3.6

Das molekulare Netzwerk in embryonalen Stammzellen. In der pluripotenten Stammzelle sind die Pluripotenz-Transkriptionsfaktoren (TFs) Oct4, Nanog und Sox2 aktiv. Diese TFs regulieren sich gegenseitig in einer positiven Rückkopplungsschleife. Des Weiteren wirken sie auf die Expression weiterer Pluripotenzgene positiv ein. Auch einige miRNAs werden durch Oct4, Nanog und Sox2 aktiv gehalten, wobei der Transkriptionsfaktor TCF3 (engl. *T-cell transcripton factor 3*) beteiligt ist. Diese miRNAs wiederum haben Einfluss auf verschiedene Regulatoren des Zellzyklus und unterdrücken so die Differenzierung. Oct4, Nanog und Sox2 wirken inhibierend auf die Expression von Genen und miRNAs, die für die Differenzierung benötigt werden. Hierbei sind transkriptionelle Repressoren der Polycomb-Gruppe (PcG) beteiligt. In der differenzierten Zelle werden epigenetische Faktoren wie DNA-Methyltransferase (Dnmts) durch Zellzyklusregulatoren gehemmt. Diese wiederum können die Expression von Oct4, Nanog und Sox2 niedrig halten.

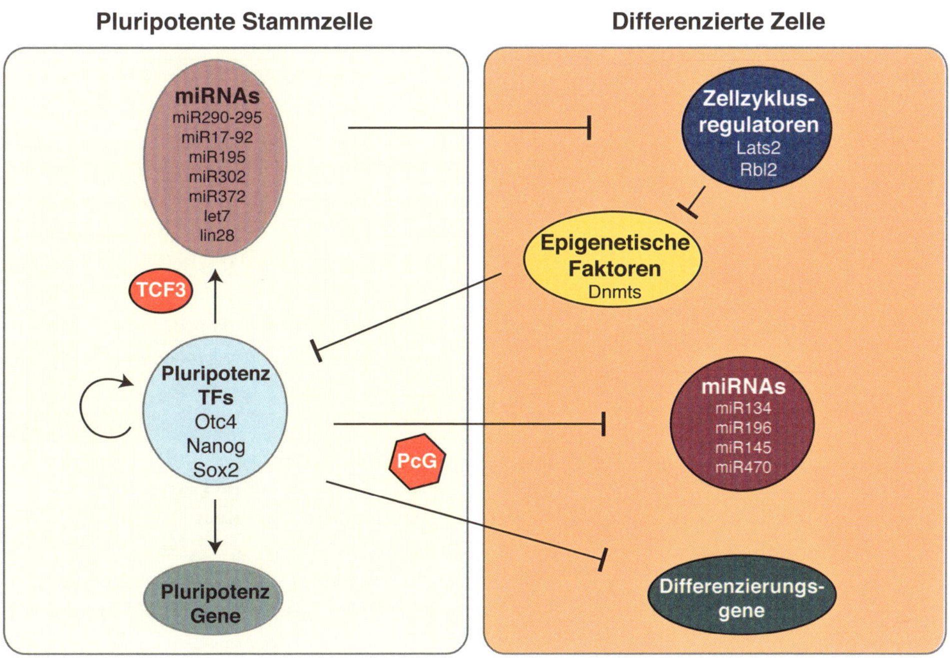

Infobox 3.2

Chromatin-Immunpräzipitation (ChIP)

Mithilfe der Chromatin-Immunpräzipitation (ChIP) können Protein-DNA-Bindungen näher analysiert werden. Dabei werden in einem ersten Schritt die Bindungen zwischen Protein und DNA mit der Chemikalie Formaldehyd fixiert. Daran anschließend werden die Zellen oder Embryonen über Lyse aufgeschlossen. Mittels Ultraschall oder durch Scherkräfte wird das Chromatin in kleinere Fragmente, die aus mehreren hundert Nukleotiden bestehen, fragmentiert. Im Anschluss erfolgt eine Präzipitation der gewünschten Protein-DNA-Komplexe mithilfe eines Antikörpers, der spezifisch das Protein (Antigen) erkennt. Im folgenden Schritt kann die Bindung zwischen Protein und DNA durch Hitze gelöst und die entsprechenden DNA-Fragmente analysiert werden. Dabei werden diese in geeignete Vektoren eingebracht und sequenziert. Auch zum Nachweis von DNA-Methylierungen kann man die ChIP einsetzen. Die in Infobox 3.3 beschriebene Bisulfit-Sequenzierung kann beispielsweise nicht zwischen 5-Methylcytosin und 5-Hydroxymethylcytosin unterscheiden. Seit Kurzem gibt es jedoch die Möglichkeit, 5-Hydroxymethylcytosin über spezifische Antikörper zu detektieren, sodass dadurch der DNA-Methylierungsstatus mithilfe der Chip-Methode bestimmt werden kann.

(Abb. 3.6). Zur Repression dieser Gene interagieren sie mit transkriptionellen Repressoren der Polycomb-Gruppe (PcG). Diese Repressoren beeinflussen in der Folge die Genexpression durch Änderung des Methylierungsmusters von Histonen auf epigenetischer Ebene (siehe dazu das nachfolgende Kapitel 3.4).

Micro-RNAs (miRNAs, *micro* gr. klein) sind kleine RNA-Moleküle, die über Interaktion mit verschiedenen als *RISC* (engl. *RNA induced silencing complex*) bezeichneten Proteinen und nach komplementärer Bindung an mRNA-Moleküle verschiedener Identität deren Stabilität oder Translation meist negativ regulieren. Damit bilden sie in genregulatorischen Netzwerken eine zusätzliche Kontrollebene. In den letzten Jahren konnte eine Reihe von miRNAs in das molekulare Netzwerk muriner embryonaler Stammzellen integriert werden (Abb. 3.6). Einerseits aktivieren Oct4, Sox2 und Nanog, teilweise zusammen mit dem Transkriptionsfaktor TCF3 (engl. *T-cell factor 3*), die Expression verschiedener miRNAs wie miR290-295, miR302, miR372, miR195, miR17-92, let7 und Lin28. Diese wiederum greifen in das Verhalten von ES-Zellen ein, beispielsweise in die Regulation des Zellzyklus (Abb. 3.6). Andererseits reprimieren Oct4, Sox2 und Nanog viele miRNA-Gene, die während der weiteren embryonalen Entwicklung aktiviert werden, welche wiederum Oct4, Sox2 und Nanog in einer Rückkopplungsschleife inhibieren. Dazu gehören miR134, miR296, miR145 und miR470 (Abb. 3.6).

Wachstumsfaktoren

3.3.3

Während man ursprünglich teilungsinaktivierte, murine embryonale Fibroblasten als Feederzellen zur Kultivierung embryonaler Stammzellen der Maus verwendet hat (Kapitel 3.2.1), genügt mittlerweile die einfache Zugabe von heute bekannten Signalmediatoren in das Kulturmedium, um den Stammzellcharakter muriner ES-Zellen aufrechtzuerhalten. Dabei handelt es sich im Wesentlichen um das Zytokin LIF (engl. *leukemia inhibiting factor*), welches an den LIF-Rezeptor und das Transmembranprotein gp130 (engl. *glycoprotein 130*) bindet (Abb. 3.7). Durch die ligandeninduzierte Heterodimerisierung werden zwei verschiedene Signalwege aktiviert. Einerseits kommt es zur Aktivierung des JAK/STAT-Signalwegs, in den die Janus-Kinasen (JAK) und STAT3 (engl. *signal transducer and activator of transcription 3*) involviert sind. In ES-Zellen wird im Rahmen dieses Signalwegs STAT3 phosphoryliert und damit aktiviert, wobei es schlussendlich zur Regulation der Genexpression kommt. Ein wichtiges Zielgen der LIF/STAT3-Signalkaskade ist das oben bereits erwähnte Nanog. Andererseits wird durch LIF-Einwirkung die ERK/MAPK Signalkaskade aktiviert (siehe Abb. 3.7; siehe auch Abb. 1.5 B).

ERK (engl. *extracellular signal regulated kinase*) = **MAPK** (engl. *mitogen activated protein kinase*)

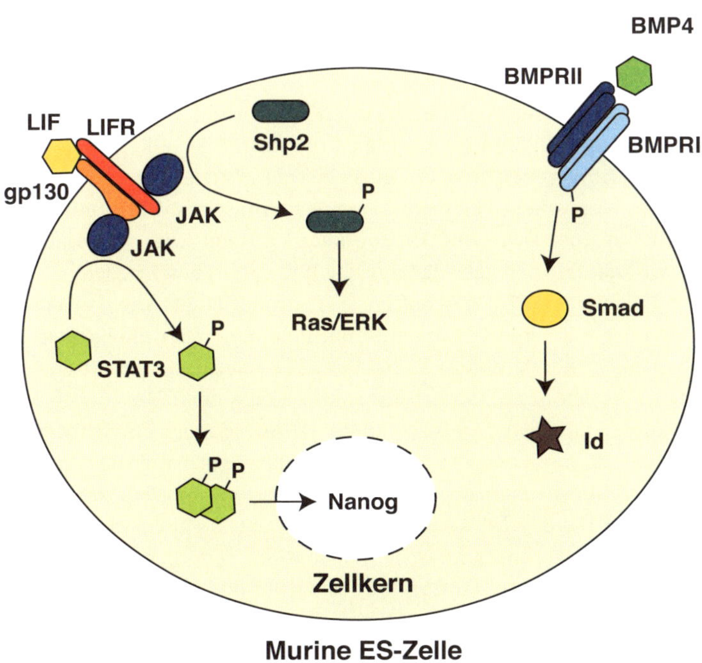

Abb. 3.7

Extrinsische Signale der murinen ES-Zelle. Extrinsische Signale wie Wachstumsfaktoren haben Einfluss auf die Selbsterneuerung und die Differenzierung der murinen Stammzelle. Insbesondere Mitglieder der LIF und BMP4 beeinflussen den undifferenzierten Zustand der Zelle positiv. So bindet LIF an die Rezeptoren gp130 und den LIF-Rezeptor LIFR. Dadurch werden der STAT3- und der Ras/ERK-Weg in der Zelle aktiviert. BMP4 sorgt für die Aktivierung von Id (engl. *inhibitor of differentiation*).

MEK = **MAPKK** (engl. *mitogen activated protein kinase kinase*)

Serum: Blut ohne zelluläre Bestandteile

Diese beiden Zweige der LIF-vermittelten Signaltransduktion scheinen in ES-Zellen jedoch unterschiedliche Wirkungen zu haben, sodass man von einer fein ausbalancierten Signalantwort ausgehen muss. So ist die Aktivierung von STAT3 durch LIF für die Aufrechterhaltung des Stammzellcharakters ausreichend, wenn sich im Kulturmedium zusätzlich Serum befindet. Umgekehrt scheint eine aktivierte ERK/MAPK-Kaskade einen destabilisierenden Effekt auf den Stammzellcharakter zu haben. Eine Inhibition von MEK wirkt sich demnach günstig auf die Selbsterneuerung aus.

Versucht man hingegen, murine ES-Zellen in Abwesenheit von Serum in Kulturmedium zu züchten, so stellt man fest, dass LIF unter diesen Bedingungen nicht ausreichend ist, eine Differenzierung dieser Zellen zu verhindern. Eine Zugabe von BMP4 dagegen kann die fehlende Aktivität aus dem Serum ersetzen (Abb. 3.7). BMP4 induziert dabei die Expression von Transkriptionsfaktoren der Id-Familie (engl. *inhibitor of differentiation*) über eine Aktivierung des Smad-Signalwegs. Auch eine Überexpression von Id-Proteinen alleine ist in Gegenwart von LIF ausreichend, den undifferenzierten Zustand von Stammzellen aufrechtzuerhalten. Gleichzeitig scheint BMP4 auch die MAPK-Kaskade zu inhibieren, ein Effekt, der unabhängig von Smad ist.

3.4 Epigenetik

Das wichtige Charakteristikum des oben skizzierten, in murinen ES-Zellen aktiven molekularen Netzwerks ist die koordinierte Repression von Differenzierungsgenen und die gleichzeitige Aktivierung von Stammzellgenen. Wesentliches Element dieser Steuerung ist die Regulation der Genaktivität über DNA- und Histonmodifikationen. Diese Regulationsform wird häufig auch als epigenetische Regulation beschrieben.

Polymorphismus: Auftreten von Genvarianten (Allelen) in einer Population

Mitose: Zell(kern)-teilung

Meiose: Bildung der Keimzellen, wobei der diploide zum haploiden Chromosomensatz reduziert wird.

Die Epigenetik selbst beschäftigt sich mit der Frage, wie das äußere Erscheinungsbild eines Organismus, der Phänotyp, oder die Eigenschaften von Zellen durch Modifikationen des Chromatins verändert werden kann, ohne dabei Einfluss auf die Basenabfolge der DNA zu nehmen. Mutationen und Polymorphismen in der DNA sind hier also nicht Objekt der Untersuchung. Vielmehr fokussiert die Epigenetik auf die vererbbaren Regulationsmechanismen der Genexpression auf DNA- und Chromatinebene. Dabei wird berücksichtigt, dass zwar (fast) jede Zelle des Organismus die gleiche genetische Information trägt, diese jedoch durch gezielte Veränderungen der Chromatinstruktur nur teilweise nutzt. Man spricht auch von epigenetischen Veränderungen oder epigenetischer Prägung. Epigenetische Genexpressionsmuster können während der Mitose und der Meiose bestehen bleiben. Dies ist gleichbedeutend damit, dass die epigenetischen Veränderungen vererbt werden können.

In Bezug auf die epigenetischen Regulationsmechanismen können wir verschiedene grundlegende Prinzipien unterscheiden. Dabei handelt es sich a) um kovalente Modifikationen der DNA-Basen durch Methylierung oder b) um Modifikationen der Histonproteine, im Wesentlichen Methylierungen und Acetylierungen. Außerdem kann c) eine direkte Umstrukturierung des Chromatins (engl. *chromatin remodelling*) an der epigenetischen Modifikation beteiligt sein. Eine Kombination dieser drei unterschiedlichen Modifikationsarten mit ihren unterschiedlichen Variationen ermöglicht eine Vielzahl komplexer epigenetischer Veränderungen.

Histonproteine: Basische Proteine, um die der DNA-Strang gewunden ist, um die Verpackungsdichte zu erhöhen; die Haupt-Histone sind H1, H2A, H2B, H3 und H4

Die Prozesse der epigenetischen Prägung nehmen Einfluss auf viele zelluläre Prozesse wie die Regulation der Genexpression, die Regulationen von DNA-Protein-Interaktionen oder aber auch die Aktivität von X-Chromosomen. Epigenetische Modifikationen sind auch Grundlage der genomischen Prägung (engl. *genomic imprinting* auch *imprinting*), der Embryonalentwicklung als auch der zellulären Differenzierung. Im Hinblick auf die Stammzellbiologie sind gerade diese Auswirkungen einer epigenetischen Modifikation von Bedeutung. Es sei abschließend darauf hingewiesen, dass eine Störung der epigenetischen Prozesse die Häufigkeit von Erkrankungen wie Tumore oder Autoimmunkrankheiten massiv ansteigen lässt.

genomische Prägung: Beschreibt die Tatsache, dass die beiden Allele eines Gens (mütterlich und väterlich vererbt) unterschiedlich genutzt werden; für ein Gen, welches der genomischen Prägung unterliegt, ist entweder das von der Mutter oder das vom Vater stammende Allel aktiv.

DNA-Methylierung

| 3.4.1

Zum jetzigen Zeitpunkt ist die DNA-Methylierung eine der am besten untersuchten und verstandenen epigenetischen Modifikationen. Die Methylierung von DNA geschieht mithilfe von Methyltransferasen meist an Cytosin-Basen durch die Umwandlung von Cytosin in 5-Methylcytosin (Abb. 3.8). Es werden gehäuft jene Cytosin-Basen methyliert, die in unmittelbarer Nachbarschaft von Guanin-Basen auftreten, und in sogenannten CpG (Cytosin-phosphatidyl-Guanin)-Inseln (engl. *CpG islands*) vorkommen. CpG-Inseln sind DNA-Sequenzabschnitte, die eine erhöhte Dichte an

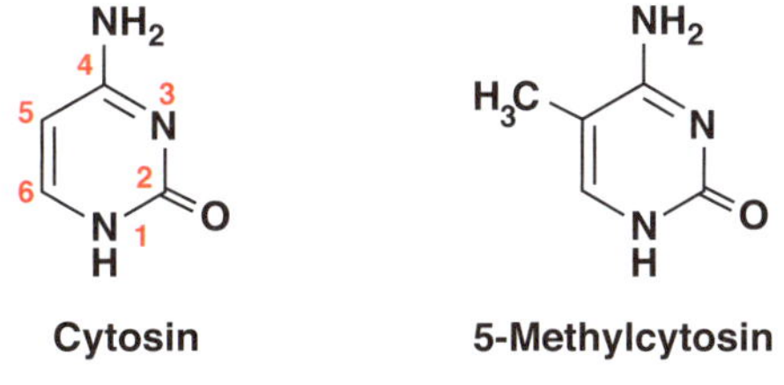

Abb. 3.8

Cytosin und 5-Methylcytosin.

Cytosin- und Guaninresten aufweisen. Eine CpG-Insel besteht aus mindestens 200 Basen, wobei der G- und C-Anteil mehr als 50 % ausmacht. Im Genom von Säugetieren treten CG-Dinukleotide sehr selten auf (ca. 1 % des Genoms). Daraus wird deutlich, dass CpG-Inseln eine erhebliche Abweichung von einer gleichmäßigen Verteilung von CG-Dinukleotiden über das Genom darstellen.

Am häufigsten findet man CpG-Inseln im Promotorbereich von Genen. Dort werden CpG-Inseln zur Regulation der Genexpression genutzt. Für gewöhnlich sind die meisten CpG-Inseln in einer somatischen Zelle nicht methyliert. Nur ca. 6 % der CpG-Inseln weisen Methylmodifikationen auf. Dies ist vom Zelltyp abhängig und während der frühen Entwicklung als auch im späteren differenzierten Zustand zu beobachten. Meist führt die DNA-Methylierung zur Herunterregulation der Genexpression und in Folge dessen zur Gen-Stilllegung (engl. *gene silencing*). Im Gegensatz hierzu führt eine geringe Methylierung zum vermehrten Ablesen der Gene.

In der unmittelbaren Nachbarschaft (ca. 2 kb entfernt) von CpG-Inseln findet man häufig auch Bereiche, die eine niedrigere CG-Dichte (engl. *CpG island shores*) aufweisen, die jedoch auch an der Genregulation beteiligt sind. So finden die meisten gewebespezifischen DNA-Methylierungen an diesen angrenzenden Bereichen statt.

Wie nimmt nun die DNA-Methylierung Einfluss auf die Genexpression? Durch die DNA-Methylierung können Proteine mit einer Methyl-CpG-Bindedomäne (MBD-Proteine) rekrutiert werden, welche wiederum mit transkriptionellen Co-Repressoren oder Chromatin-Remodellingfaktoren interagieren. Weiterhin kann durch eine vermehrte DNA-Methylierung die Chromatinstruktur so beeinflusst werden, dass die Bindung von DNA-Bindeproteinen wie aktivierende Transkriptionsfaktoren behindert wird. Im Gegensatz dazu führt ein unmethylierter Zustand dazu, dass diese aktivierenden Transkriptionsfaktoren vermehrt binden können – es kommt zur verstärkten Expression von Genen. Daraus wird ersichtlich, dass die verschiedenen epigenetischen Veränderungsprozesse wie DNA-Methylierung, Histonmodifikation (Kapitel 3.4.2) und Chromatin-Umstrukturierung (Kapitel 3.4.3) eng miteinander verknüpft sind, wodurch ein komplexes epigenetisches Muster entsteht.

Enzyme, welche die DNA-Methylierung katalysieren, sind die sogenannten DNA-Methyltransferasen (Dnmts) (Abb. 3.6). Sie verwenden S-Adenosyl-Methionin als Methylgruppendonator. In Säugetieren sind bis zum jetzigen Zeitpunkt fünf Mitglieder dieser Proteinfamilie beschrieben: Dnmt1, Dnmt2, Dnmt3a, Dnmt3b und Dnmt3l. Lediglich Dnmt1, Dnmt3a und Dnmt3b besitzen eine funktionelle Methytransferase-Aktivität. Die Dnmts können aufgrund ihrer Funktion in zwei Klassen eingeteilt werden: die *de novo* Dnmts (Dnmt3a und Dnmt3b) und die *maintenance* Dnmts (Dnmt1). Dnmt3a und Dnmt3b sind sowohl während der frühen Embryonalentwicklung als auch in ES-Zellen stark exprimiert. Im Gegensatz dazu sind sie in differenzierten Zellen herunterreguliert. Dnmt1 hingegen wird insbesondere benötigt, um teilweise methylierte DNA, wie sie bei der DNA-Replikation entsteht, vollständig zu methylieren. Deshalb wird dieses Enzym auch verstärkt während der S-Phase des Zellzyklus exprimiert.

Der vollständige Funktionsverlust von Dnmt1 in Mausembryonen führt im Vergleich zu Wildtyp-Mäusen zu einer verzögerten Embryonalentwicklung und zur Entwicklung kleinerer Embryonen. Des Weiteren weisen Dnmt1$^{-/-}$ Embryonen eine geringere DNA-Methylierungsrate auf. Schlussendlich kommt es zum Tod der Embryonen um den Entwicklungstag E 8.5 bis 9. Dnmt3b *knock-out* Mäuse entwickeln sich bis E 9.5 normal, dann jedoch kommt es zu Defekten während der weiteren Entwicklung. Die konditionale Deletion von Dnmt3b in MEFs (engl. *mouse embryonic fibroblasts*) resultiert in einer verminderten DNA-Methylierung. Der vollständige Verlust von Dnmt3a in der Maus führt zu verkümmerten Embryonen und nach ca. einem Monat zum Tod. Der konditionale Funktionsverlust von Dnmt3a als auch der von Dnmt3l wird u.a. von Imprinting-Defekten in der Keimbahn begleitet. Für Dnmt3l wurde gezeigt, dass es die Funktion von Dnmt3a und Dnmt3b unterstützt, indem es mit beiden als auch mit unmethyliertem Histon H3 interagieren kann. Die Deletion von Dnmt2 zeigt keinen offensichtlichen Phänotyp, weder im *In-vitro-* noch im *In-vivo-*System.

konditionale(r) Deletion/Funktionsverlust: Verlust eines Gens in einer genetisch veränderten Maus, der gewebespezifisch und/oder zeitlich reguliert erfolgt.

Imprinting: auch als genomische Prägung bezeichnet

2009 wurde erstmals auch die Methylierung an CHG- oder CHH-Regionen (H steht für die Basen Adenin, Cytosin oder Thymin) in humanen Stammzellen beschrieben. Während der Differenzierung der Zellen nimmt die Methylierung in diesen Regionen kontinuierlich ab. Bei der Generierung von induzierten pluripotenten Stammzellen (iPS-Zellen), auf die wir in Kapitel 8 gesondert eingehen, können diese Modifikationen wieder eingeführt werden. Der molekulare Mechanismus, der dieser Art der DNA-Methylierung zugrunde liegt, ist bisher jedoch noch unverstanden.

Weiterhin wurde nicht nur die Umwandlung von Cytosin in 5-Methylcytosin, sondern auch zu 5-Hydroxymethyl-2'-deoxycytidin beobachtet, die mithilfe der TET-Enzymfamilie (engl. *ten-eleven translocation*) katalysiert wird. Diese Art der Methylierung wurde bisher ausschließlich in undifferenzierten ES-Zellen von Mäusen sowie in Purkinje- und Granularzellen beschrieben.

Purkinjezellen: relativ große Neurone im Kleinhirn

Granularzellen: werden auch als Körnerzellen bezeichnet; relativ kleine, multipolare Neurone im Gehirn

Der DNA-Methylierungsstatus kann über die Bisulfit-Sequenzierung (siehe Infobox 3.3) sowie über die ChiP-Methode (siehe Infobox 3.2) ermittelt werden.

Infobox 3.3

Methoden zum Nachweis der Chromatinmodifikation: Die Bisulfit-Sequenzierung

Mithilfe der Bisulfit-Sequenzierung kann der Methylierungsstatus von DNA bestimmt werden, indem ein gewünschter DNA-Abschnitt sequenziert wird und so die einzelnen methylierten Cytosine ermittelt werden. Wie kann man nun aber bei der Sequenzierung zwischen methylierten und unmethylierten Resten unterscheiden? Diese Methode beruht auf dem Einsatz der Chemikalie Natriumhydrogensulfit, auch Bisulfit genannt. Bisulfit hat die Eigenschaft, unmethylierte Cytosin-Reste in Uracil zu konvertieren, wohingegen methylierte Cytosin-Basen nicht verändert werden. Die Reaktion von Bisulfit und Cytosin geschieht am C5-Atom von Cytosin bei einem niedrigen pH-Wert. Da diese Reaktion nur an einer einzelsträngigen DNA ablaufen kann, wird diese vorher unter Hitze denaturiert. In den folgenden Schritten wird die Cytosin-Bisulfit-Verbindung desaminiert und schließlich zum Uracil desulfoniert. Im Anschluss daran erfolgt eine Amplifikation des gewünschten DNA-Abschnitts mittels PCR (engl. *polymerase chain reaction*) und dem Einsatz von sequenz-spezifischen Primern. Hierbei werden alle zu Uracil konvertierten Basen in Thymin übersetzt. Meist werden zwei aufeinander folgende PCR-Schritte benötigt, um eine ausreichende Menge an Produkt zu erhalten. Im folgenden Schritt wird das PCR-Produkt in einen geeigneten Vektor eingebracht, der Bindungsstellen für Sequenzierprimer enthält. So kann anschließend der DNA-Abschnitt sequenziert und nach methylierten (weiterhin Cytosin-Basen) versus nicht methylierten (jetzt Thymin-Basen) Cytosin-Basen untersucht werden. Siehe dazu auch Abb. 3.9.

3.4.2 Histon-Modifikationen

Ein Nukleosom setzt sich aus acht Histonen zusammen, wobei es normalerweise aus zwei H2A/H2B-Dimeren und einem H3/H4-Tetramer gebildet wird. Um dieses Histon-Oktamer wiederum windet sich der DNA-Doppelstrang. Die einzelnen Nukleosomen werden dann aneinandergereiht. Das Histon H1 gehört hingegen nicht zum Nukleosom und dient als Linker-Histon.

Diese Struktur des Chromatins dient einerseits dazu, den DNA-Doppelstrang auf kleinstem Raum zu kondensieren und so platzsparend unterzubringen. Andererseits führt ein hoher Verpackungsgrad dazu, dass das Ablesen der DNA schwieriger bis unmöglich wird, weil wichtige Bindungsstellen für Proteine, z.B. Transkriptionsfaktoren, nicht zugänglich sind. Mit dem Begriff Euchromatin beschreibt man die aufgelockerten Bereiche des Chromatins, an welchen die Transkription stattfinden kann. Unter Heterochromatin hingegen versteht man die verdichteten, inaktiven Regionen des Chromatins, an welchen keine Transkription ablaufen kann.

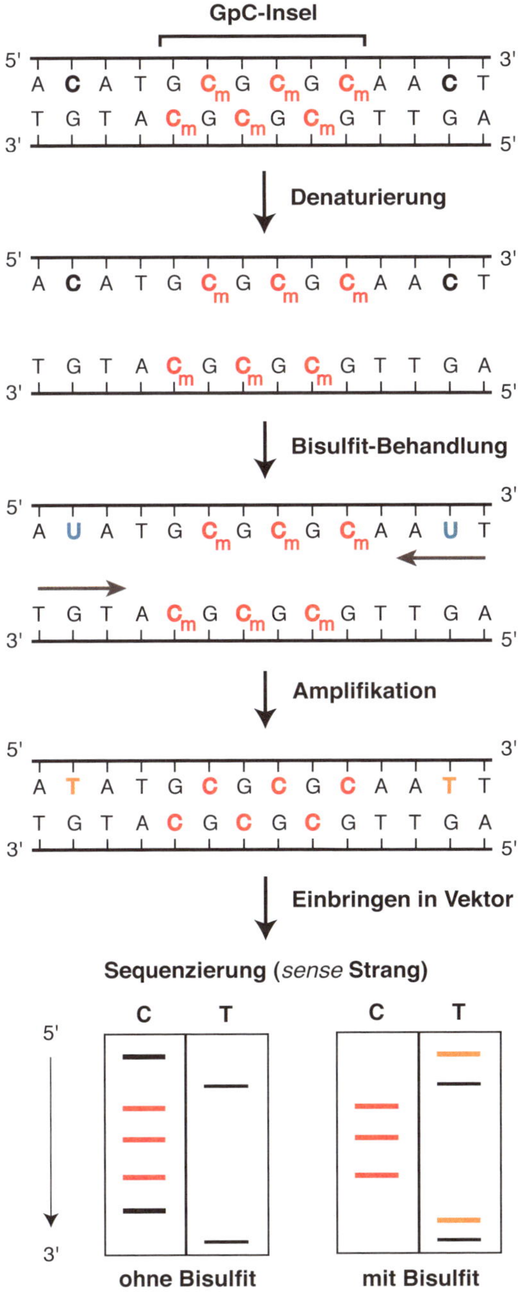

Abb. 3.9

Die Bisulfit-Sequenzierung (Details siehe Infobox 3.3).

Durch verschiedene, posttranslationale Histonmodifikationen kann die Zugänglichkeit der DNA und damit die Bindungsmöglichkeiten für regulative Proteine wie Transkriptionsfaktoren verändert werden. Dabei wird der N-Terminus der Histonproteine modifiziert. Im Wesentlichen handelt es sich hierbei um Veränderungen wie Acetylierungen, Methylierungen, Phosphorylierungen, Ubiquitinylierungen, SUMOylierungen und ADP-Ribosylierungen (siehe dazu die Lehrbücher der Biochemie). Methylierungen und Acetylierungen finden meist an den Aminosäureresten Lysin (K), Histidin (H) und Arginin (R) statt, Phosphorylierungen an Serinen (S). Um die Modifikation von Histonen zu beschreiben, bedient man sich einer Kurzannotation. Eine Methylierung beispielsweise am neunten N-terminalen Lysinrest des Histon H4 wird dann als H4K9me bezeichnet. Eine dreifache Methylierung an dieser Stelle H4K9me3.

Phosphorylierungen an Histonen verringern im Allgemeinen durch die eingeführten negativen Ladungen die Verpackungsdichte des Chromatins. Auch eine Acetylierung führt zu einer erhöhten Negativladung der Histone, wodurch die negativ geladene DNA abgestoßen und das Nukleosom geöffnet wird. Diese Modifikationsart fördert somit die Transkription, da die DNA für RNA-Polymerasen zugänglicher wird. Somit geht Euchromatin mit einer hohen Acetylierungsrate vermittelt durch Histon-Acetyl-Transferasen (HATs) einher. Auch kommt es zu einer dreifachen Methylierung von H3K4, H3K36 und H3K79. Heterochromatin hingegen zeichnet sich durch eine niedrige Acetylierungsrate, die durch Histon-Deacetylasen (HDACs) bewirkt wird, und eine hohe Methylierung von H3K9, H3K27 und H4K20 aus. Aufgrund der hohen Anzahl und den sehr vielen Kombinationsmöglichkeiten aller Modifikationen an den Histonproteinen und deren regulatorischer Implikation spricht man auch vom Histon-Code (siehe Tab. 3.3). Leider ist man auch heute noch nicht in der Lage, diesen komplett zu entschlüsseln bzw. zu interpretieren.

Durch die Methylierung einer Lysinseitenkette können zusätzliche Proteine wie beispielsweise das methyl-bindende Protein MeCB angeheftet werden. Dieses Protein gehört zu den Repressorproteinen. Durch

Tab. 3.3: Histoncode

Chromatinform	Methylierung an	Acetylierungsrate	Transkriptionsaktivität
Heterochromatin (kompakt)	H3K9 / H3K27 / H4K20	niedrig	inaktiv
Euchromatin (offen)	H3K4 / H3K36 / H3K79	hoch	aktiv

Abkürzungen: H, Histon; K, Lysin

die Bindung von MeCP wird die Histon-Konformation geschlossen, was schlussendlich zu einer stärkeren Unterdrückung der Genexpression führt.

Eine dreifache Methylierung des 9. Lysins am Histon H3 (H3K9me3) durch die Histonmethyltransferase (HMT) SUV39H1 (engl. *suppressor of variegation 3-9 homolog 1*) führt zur Bindung von HP1 (Heterochromatin Protein 1). HP1 rekrutiert in der Folge weitere SUV39H1-Proteine, es kommt zu vermehrten Methylierungen an den umliegenden Nukleosomen, wodurch sich weitere HP1-Faktoren anlagern können. Durch eine Dimerisierung von HP1-Faktoren kommt es zu einer Kondensation des an dieser Stelle befindlichen Chromatins, was in der Folge in einer Inaktivierung der Genexpression resultiert, wenn der Promotorbereich eines Gens betroffen ist.

Umgestaltung des Chromatins 3.4.3

Auch die Chromatin-Struktur hat einen entscheidenden Einfluss auf die Aktivität der Gene. Ist die DNA durch viele Nukleosome dicht gepackt, haben Transkriptionsfaktoren oder RNA-Polymerasen keinen Zugang zur DNA, wodurch die Transkription gestört ist. So führt das Vorhandensein von Nukleosomen in der Nähe von Transkriptionsstartstellen zur Unterdrückung der Genexpression, während die Abwesenheit von Nukleosomen die Transkription fördert.

Auf der einen Seite können Nukleosomen einen Einfluss auf das Methylierungsmuster der DNA haben, was u.a. durch den Einbau verschiedener Histone und Histonvarianten in die Nukleosomen gesteuert wird. So führt der Einbau der Histonvariante H2A.Z zu einer Verminderung von DNA-Methylierungen. Auf der anderen Seite kann die Positionierung von Nukleosomen wiederum durch DNA-Methylierungen und Histonmodifikationen gesteuert werden. Außerdem können Proteinkomplexe die Anordnung oder Struktur von Nukleosomen beeinflussen. Diese sogenannten Chromatin-Remodelling-Komplexe besitzen eine ATPase-Domäne und katalysieren dadurch die ATP-Hydrolyse.

Zusammenfassend kann man festhalten, dass die epigenetischen Modifikationen zwar in verschiedene Kategorien eingeteilt werden können, diese sich aber gegenseitig regulieren und somit ein komplexes System bilden.

Epigenetische Modifizierungen in Stammzellen 3.4.4

Die epigenetische Prägung in pluripotenten Stammzellen unterscheidet sich stark von der in differenzierten somatischen Zellen. In ES-Zellen liegen die meisten Abschnitte des Chromatins, anders wie in differenzierten Zellen, als Euchromatin, also in geöffneter Konformation, vor.

Der DNA-Methylierungsstatus in ES-Zellen hängt mit der Dichte von CpG-Inseln im Genom zusammen. Nahezu alle Promotoren, die eine hohe Dichte an CpG-Inseln aufweisen, zeigen ein erhöhtes Vorkommen von H3K4me3, die DNA hingegen ist hypomethyliert. Hierbei handelt es sich im Wesentlichen um Promotorregionen von Pluripotenzmarkergenen wie Oct4 oder Nanog. Dem entgegengesetzt sind Promotorregionen mit einer niedrigen Dichte an CpG-Inseln zum großen Teil methyliert. Diese Promotoren sind insbesondere mit gewebespezifischen Genen assoziiert.

Treten ES-Zellen in die Differenzierung ein, findet eine *De-novo*-Methylierung der Promotoren von Pluripotenzgenen statt, was mit einer Stilllegung der Gene (engl. *gene silencing*) begleitet wird. Die Promotoren der gewebespezifisch exprimierten Gene hingegen werden durch eine Demethylierung in eine aktive Form überführt.

Des Weiteren weisen die Histone in ES-Zellen nur wenige Modifikationen auf. 2007 konnte gezeigt werden, dass u.a. die zwei Histondemethylasen Jmjd1a und Jmjd2c (engl. *jumonji domain containing*) Zielgene des Pluripotenzmarkergens Oct4 darstellen. Diese Histondemethylasen besitzen die Aufgabe, Methylierungen an H3K9 in Promotorregionen von Pluripotenzgenen zu entfernen.

Überraschenderweise wird die Expression von entwicklungsrelevanten Transkriptionsfaktoren und differenzierungsspezifischen Genen in ES-Zellen unterdrückt, obwohl sie zum größten Teil H3K4-Methylierungen (Charakteristikum des Euchromatins, siehe Kapitel 3.4.2) in ihren Promotorbereichen aufweisen. Ihre Expression jedoch wird durch eine weitere Histonmodifikation inhibiert, der Methylierung von H3K27, die durch den Multiproteinkomplex PRC2 (engl. *polycomb group repressive complex 2*) katalysiert wird. Diese Promotoren befinden sich in einem sogenannten bivalenten Zustand. Weiterhin konnte gezeigt werden, dass durch kleine, nichtcodierende RNA-Moleküle (ncRNA, engl. *non-coding RNA*) die Rekrutierung und Stabilisierung von PRC2 unterstützt werden kann. Eine weitere Methyltransferase, PRC1, bindet vorzugsweise an das dreifach methylierte H3K27 (H3K27me3) und hat die Inhibierung der Genrepression durch vermehrte Kondensation des Chromatins als Aufgabe.

Im Laufe der Differenzierung verlieren viele gewebespezifischen Gene im Bereich ihrer Promotoren die Methylierungen an H3K27 (Charakteristikum von Heterochromatin) und erlangen H3K4-Methylierungen (Charakteristikum von Euchromatin). Dadurch werden sie für die RNA-Polymerase II zugänglich und die Gene können abgelesen werden. Pluripotenzmarkergene wie Oct4 oder Nanog hingegen werden durch die Methylierung an H3K9 und H3K27 stillgelegt.

Epigenetische Modifikationen in Stamm- und somatischen Zellen Tab. 3.4:

Promotoren	Stammzelle	somatische Zelle
Pluripotenz-gene	DNA: niedrige Methylierungsrate Histone: allgemein wenig Histonmodifikationen, aber viel H3K4me	DNA: hohe Methylierungsrate Histone: viel H3K9 und H3K27
Differenzie-rungsgene	DNA: hohe Methylierungsrate Histone: viel H3K4me, viel H3K27me (bivalenter Zustand)	DNA: niedrige Methylierungsrate Histone: viel H3K4me

Abkürzung: me = Methylgruppe

Tab. 3.4 gibt einen Überblick über einige epigenetische Modifikationen wie sie in den Promotoren von Stammzellen im Vergleich zu somatischen Zellen vorkommen.

Das Entwicklungspotenzial von Stammzellen | 3.5

Das Entwicklungspotenzial von undifferenzierten ES-Zellen kann durch eine Reihe experimenteller Ansätze bestimmt werden. Im Einzelnen handelt es sich dabei um:

- *In-vitro*-Differenzierungsassay
- Teratom-Bildung
- Bildung chimärer Mäuse
- Keimbahntransmission
- 4n-Komplementationsassay

Der *In-vitro*-Differenzierungsassay | 3.5.1

Entfernt man etwaige Differenzierungsinhibitoren wie Feederzellen oder LIF im Medium, so beginnen murine embryonale Stammzellen spontan mit der Differenzierung. Dabei bilden sie, je nach Kulturbedingungen, Derivate aller drei Keimblätter. Ähnlich reagieren auch die aus Föten gewonnenen embryonalen Keimzellen oder embryonale Karzinom-Stammzellen (Kapitel 3.2.1).

Auf die so beginnende Differenzierung embryonaler Stammzellen haben unterschiedliche Faktoren einen Einfluss. Um dies so reproduzierbar wie möglich zu gestalten, verwenden viele Forscher die sogenannte *Hanging-Drop*-Methode (Abb. 3.10). Dabei werden embryonale Stammzellen dissoziiert und in kleinen Tröpfchen auf den Deckel einer Kulturschale pipettiert. Senkt man diesen Deckel auf eine Kulturschale, so bilden sich am Deckel hängende Tropfen, in denen sich die dissoziierten embryonalen Stammzellen befinden. Auf diesem Wege gelingt es, in jedem hängenden Tropfen eine ungefähr gleiche Anzahl embryonaler Stammzellen einzubringen. Innerhalb kurzer Zeit aggregieren diese Stammzellen und bilden einen Zellhaufen, ein sogenanntes Embryonalkörperchen, auch als *Embryoid Body* bezeichnet. Nach einigen Tagen können diese Embryonalkörperchen aus den hängenden Tropfen in eine Kulturschale überführt und auf geeignete Substrate ausplattiert werden. Verwendet man dabei Kulturschalen geeigneter Größe mit einem kleinen Volumen an Medium, so können jeweils ein bis drei Embryonalkörperchen ausplattiert und trotzdem die Differenzierung einzelner *Embryoid Bodies* verfolgt werden.

Untersucht man in diesen *Embryoid Bodies* die Differenzierung mithilfe von Markergenanalysen (siehe Abb. 3.11) oder Immunhistochemie, so lässt sich zeigen, dass in Gegenwart von normalem fötalen Kälberserum embryonale Stammzellen in alle möglichen Zelltypen differenzieren können. Eine wichtige Frage der Stammzellforschung ist daher, ob es gelingen kann, embryonale Stammzellen zielgerichtet in einen bestimm-

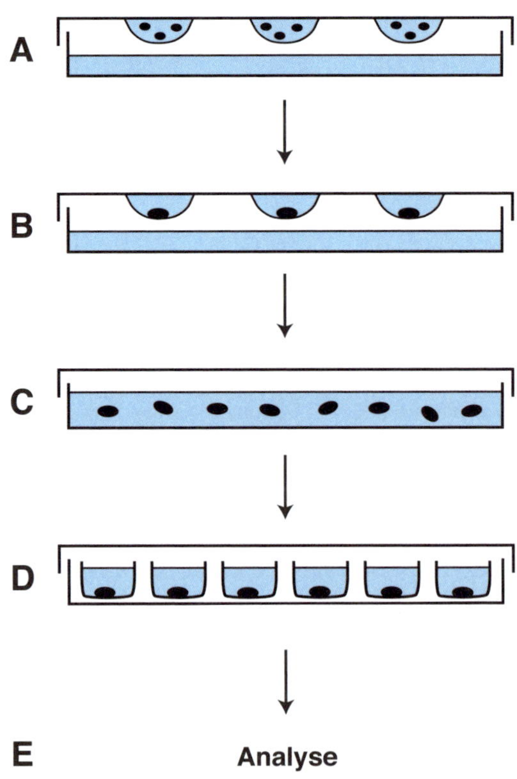

Abb. 3.10

Die *Hanging-Drop*-Methode. A. Für die *Hanging-Drop*-Methode werden dissoziierte ES-Zellen (schwarze Punkte) in Tropfen auf den Deckel einer Kulturschale gebracht. Im Anschluss wird dieser Deckel auf das Unterteil einer Kulturschale gebracht, sodass die Tropfen zum Hängen kommen. **B**. Nach einiger Zeit aggregieren diese ES-Zellen an der Unterseite der Tropfen und formen Embryonalkörperchen (engl. *embryoid bodies*). **C–D**. Zur weiteren Kultivierung und (**E**) Analyse können die Embryonalkörperchen zunächst in einem großen Volumen kultiviert und dann je ein bis drei davon in Kulturschalen mit einem kleinen Volumen überführt werden.

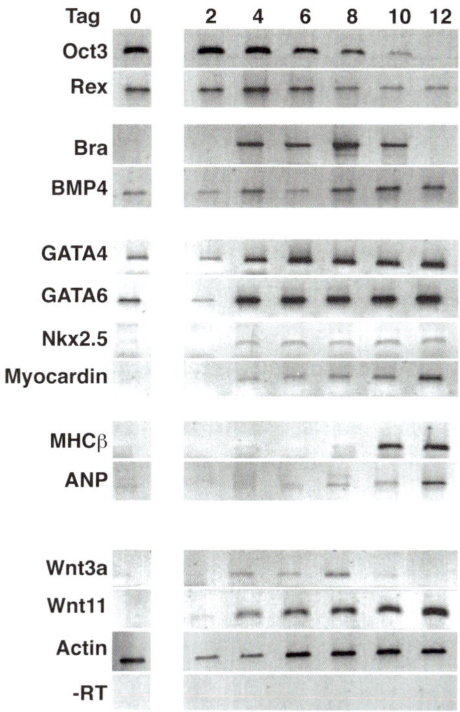

Abb. 3.11

Semiquantitative RT-PCR mit murinen ES-Zellen. ES-Zellen der Maus wurden mithilfe der *Hanging-Drop*-Methode differenziert. Zu verschiedenen Tagen wurde die RNA isoliert und die Expression verschiedener Markergene wie gekennzeichnet mithilfe der semiquantitativen RT-PCR analysiert. Tag 0 bezeichnet den Tag, an dem die Differenzierungsinhibitoren entfernt wurden (Aufnahmen freundlicherweise zur Verfügung gestellt von PD Dr. Petra Pandur, Universität Ulm).

ten Zelltyp zu differenzieren und so mit hoher Ausbeute und Reinheit gewebespezifische Zellen zu züchten. Leider ist dies bisher noch nicht gelungen, da in einzelnen *Embryoid Bodies* grundsätzlich verschiedene Zelltypen generiert werden.

Die Bildung von Teratomen

3.5.2

Die Implantation von embryonalen Stammzellen in Mäuse führt zur Ausbildung embryonaler Teratome, die Derivate aller Keimblätter enthalten können. Somit weist die Bildung dieser Tumore auf die Pluripotenz von ES-Zellen hin. Solche Tumore werden auch als Teratokarzinome bezeichnet.

Teratom: Keimzelltumor, der Derivate aller drei Keimblätter bildet.

Teratokarzinom: bösartige Form des Teratoms

Die Bildung von chimären Mäusen

3.5.3

Die Entwicklungsfähigkeit von ES-Zellen kann weiterhin getestet werden, indem man diese in eine Blastozyste einbringt und untersucht, ob die Zellen in die innere Zellmasse integrieren. Dann können diese Zellen an der weiteren Entwicklung teilnehmen und in die Derivate alle drei

Chimäre: im biologischen Kontext: Organismen mit dem Erbmaterial unterschiedlicher Individuen

Keimblätter differenzieren. Dadurch entsteht also eine chimäre Maus, die sich aus Zellen verschiedenen Ursprungs zusammensetzt (Abb. 3.12). Die Fähigkeit, zur Bildung chimärer Mäuse beizutragen, gibt also einen Hinweis auf die Pluripotenz der zu untersuchenden Zellen.

3.5.4 Keimbahntransmission

Etwas strenger ist der in Kapitel 3.5.3 beschriebene Test, wenn man bei der Bildung chimärer Mäuse die Keimzellen als weiteren Zelltyp hinzunimmt. Man spricht bei der Fähigkeit, zur Bildung von Keimzellen in chimären Mäusen beizutragen, auch von Keimbahntransmission. Ein Test auf Keimbahntransmission muss also nachweisen, dass die zu testenden pluripotenten Zellen die Fähigkeit besitzen, *in vivo* Keimzellen zu bilden. Dafür sind geeignete genetische Marker nötig, die gut zu verfolgen sind, beispielsweise durch eine GFP-Markierung. Diese Integration von ES-Zellen in die Blastozyste mit nachfolgender Keimbahntransmission ist auch die Grundlage für die Herstellung genetisch veränderter Mäuse (Abb. 3.12). Für die Entwicklung dieses Verfahrens haben M.R. Capecchi, Sir M.J. Evans und O. Smithies den Nobelpreis für Physiologie und Medizin 2007 erhalten.

3.5.5 Der 4n-Komplementationsassay

Der strengste Test auf Pluripotenz ist der 4n-Komplementationstest. Dabei injiziert man die zu testenden Zellen in Blastozysten, die einen tetraploiden Chromosomensatz (4n) besitzen. Zur Bildung solcher 4n-Embryonen fusioniert man die beiden Zellen eines Embryos im Zwei-Zell-Stadium durch die sogenannte Elektrofusion, d.h. durch Anlegen einer elektrischen Spannung in einem geeigneten Gerät. Da die tetraploiden Zellen dieser Embryonen keine somatischen Zellen ausbilden können, entwickelt sich der Embryo nur dann weiter, wenn die injizierten Zellen die Zellen der inneren Zellmasse bilden.

tetraploid: Zelle oder Organismus mit vierfachem Chromosomensatz

3.6 Humane ES-Zellen

3.6.1 Gewinnung und Kultivierung humaner ES-Zellen

Die Isolierung der inneren Zellmasse aus humanen Blastozysten wurde erstmalig im Jahre 1994 beschrieben. Hierbei kultivierte man menschliche Embryonen, die im Rahmen von *In-vitro*-Fertilisationen (IVF) überzählig waren und von den Erzeugern für Forschungszwecke gespendet wurden, zunächst auf einer Schicht von menschlichen Epithelzellen aus dem Eileiter. Nach Isolierung der inneren Zellmasse wurde diese auf den bereits beschriebenen Feederzellen und in LIF-haltigem Medium in Kul-

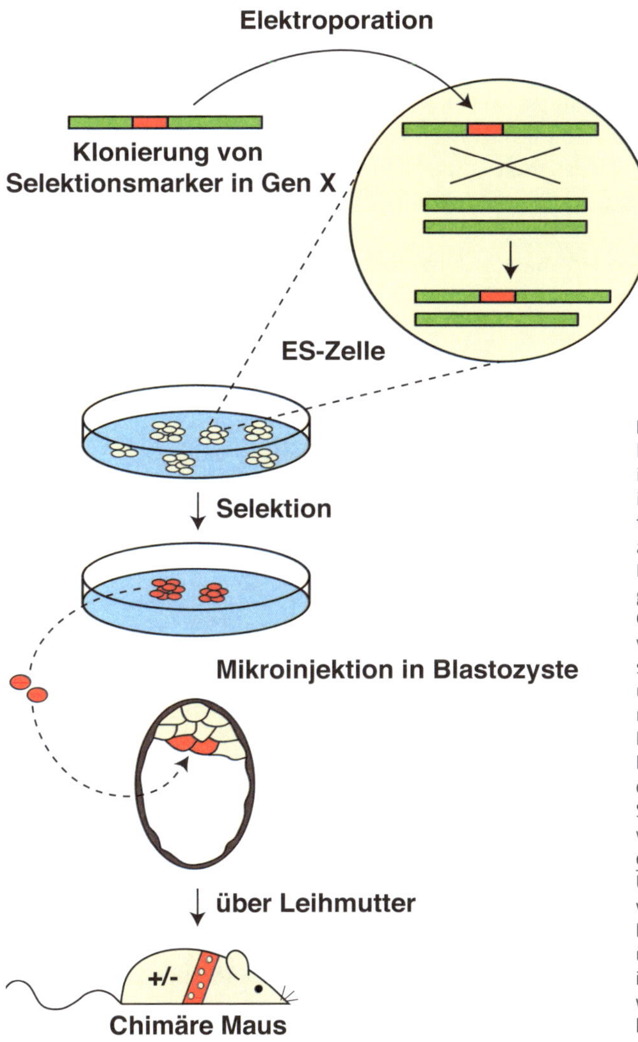

Abb. 3.12

Herstellung chimärer Mäuse. Zur Herstellung chimärer Mäuse werden ES-Zellen in eine Blastozyste injiziert. Die ES-Zellen integrieren in die innere Zellmasse und tragen so zur Bildung des Embryos und der adulten Maus bei (untere Hälfte der Abb.). Diese Methode wird auch zur Herstellung genetisch veränderter Mäuse verwendet. Obere Hälfte der Abb.: Bei der Herstellung von *Knock-out*-Tieren z.B. wird das zu untersuchende Gen (grün) in einem Plasmid über das Einbringen eines Selektionsmarkers (rot) funktionsunfähig gemacht. Das Gen ist im Plasmid von den gleichen DNA-Sequenzen begrenzt, wie sie in der endogenen DNA vorliegen. Im nächsten Schritt bringt man das Plasmid mit dem veränderten Gen durch Elektroporation in embryonale Stammzellen (ES-Zellen) ein. Über homologe Rekombination wird das veränderte Gen in das Genom integriert. Die positiven ES-Zellen (rote Zellen) können über ein gewähltes Selektionsverfahren isoliert und in eine Blastozyste eingebracht werden. Über eine Leihmutter wird schließlich ein chimärer Embryo ausgetragen.

tur genommen. Die dabei etablierten ES-Zellen konnten jedoch nur über zwei Passagen in einem undifferenzierten Zustand gehalten werden. Es ist wohl dieser Tatsache geschuldet, dass diese erste Gewinnung humaner embryonaler Stammzellen (hES-Zellen) weitestgehend unbemerkt blieb.

Erst durch weiter optimierte Kulturbedingungen gelang dann im Jahr 1998 einem Team um den amerikanischen Wissenschaftler J.A. THOMSON die Herstellung humaner ES-Zelllinien aus Embryonen, die ebenso aus *In-vitro*-Fertilisationen stammten. Aus insgesamt 36 eingesetzten Embryonen konnten letztlich fünf stabile Zelllinien etabliert werden, die auf murinen, teilungsinaktiven Fibroblasten als undifferenzierte, pluripotente Zellen gehalten werden konnten. Der Karyotyp dieser Zellen war normal und über längere Zeit in Kultur stabil.

Karyotyp: Gesamtheit aller Chromosomeneigenschaften eines Individuums

Humane ES-Zellen sind ebeso wie murine ES-Zellen durch verschiedene, molekulare Marker charakterisiert (siehe Kapitel 3.3). Zunächst sind

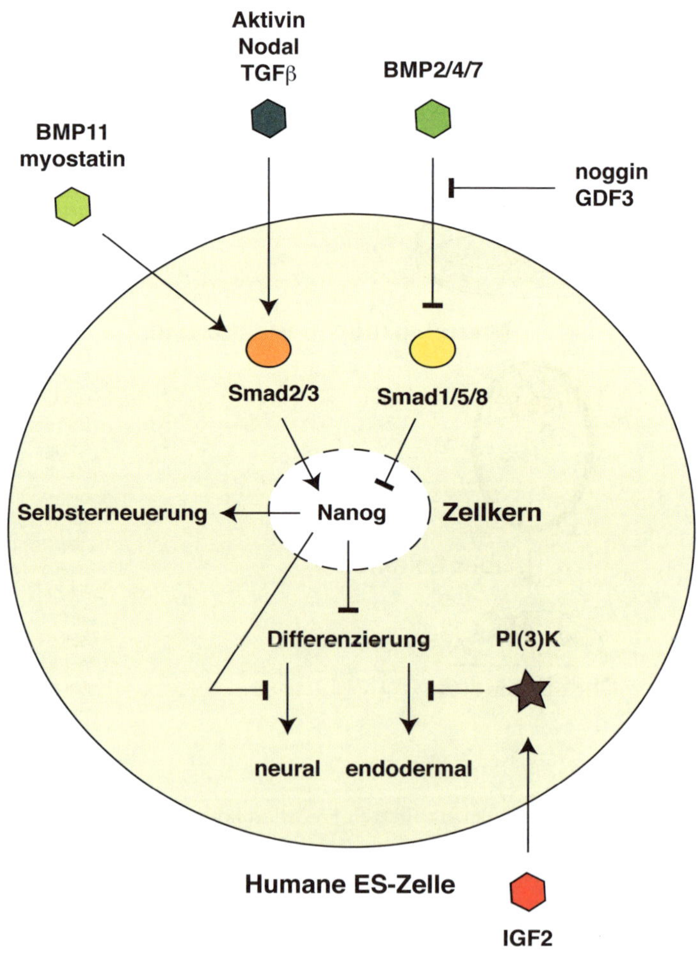

Abb. 3.13

Extrinsische Signale der humanen ES-Zelle. Extrinsische Signale wie Wachstumsfaktoren haben Einfluss auf die Selbsterneuerung und die Differenzierung der humanen Stammzelle. Insbesondere Mitglieder der TGFβ-Superfamilie wie BMPs, Aktivin, Nodal und Myostatin beeinflussen die Expression von Nanog entweder über die Transkriptionsfaktoren Smad2/3 (Aktivierung der Nanog-Expression) oder Smad1/5/8 (Inhibition der Nanog-Expression). Nanog wiederum wirkt positiv auf die Selbsterneuerung und negativ auf die Differenzierung der Stammzelle. Noggin und GDF3 (engl. *growth differentiation factor 3*) wirken antagonistisch auf BMP2/4/7. IGF2 (engl. *insulin-like growth factor 2*) aktiviert PI(3)K (engl. *phosphatidylinositol-3-OH-kinase*) in der ES-Zelle, es kommt zur Inhibition der Differenzierung in endodermales Gewebe.

sie positiv für das Enzym alkalische Phosphatase, was durch eine einfache Substratfärbung dargestellt werden kann. Von den im Kapitel 3.3 genannten Oberflächenmarkern für murine ES-Zellen finden sich auch SSEA4 und SSEA3 auf menschlichen ES-Zellen. SSEA1, welches in murinen ES-Zellen vorkommt, fehlt hingegen in humanen ES-Zellen. Die wichtigen Transkriptionsfaktoren wie Oct4, Nanog oder Sox2, die in die Aufrechterhaltung des Stammzellcharakters eingebunden sind, sind in den humanen ES-Zellen ebenfalls aktiv.

Unterschiede in der Kultivierung zwischen humanen und murinen ES-Zellen

3.6.2

Im Gegensatz zu murinen embryonalen Stammzellen (mES-Zellen) werden humane ES-Zellen (hES-Zellen) nicht durch LIF an der Differenzierung gehindert. Die Komponenten des LIF-Signalwegs wie der LIF-Rezeptor, gp130, oder JAK1/2 sind in hES-Zellen entweder überhaupt nicht oder nur schwach exprimiert. Außerdem findet man in undifferenzierten humanen ES-Zellen nur wenig phosphoryliertes STAT3. Stattdessen benötigen humane ES-Zellen einen aktiven FGF- und Aktivin-Signalweg, um in einem undifferenzierten Zustand zu bleiben (Abb. 3.13). Damit ähneln sie den oben beschrieben Epiblast-Stammzellen der Maus (Kapitel 3.2.3). BMP-Faktoren begünstigen die Differenzierung von humanen ES-Zellen. Man nimmt an, dass FGF zumindest teilweise über eine Inhibition des BMP-Signalwegs wirkt. So induziert FGF die Expression des BMP-Inhibitors Gremlin. Allerdings ist die Inhibition von BMP alleine nicht ausreichend zur Aufrechterhaltung des Stammzellcharakters,

Regulation von Stammzellen durch exogene Signalwege **Tab. 3.5**

Stammzelltypen	ES-Zellen EG-Zellen iPS-Zellen	Epiblast-Stammzellen hES-Zellen
positive Regulation	LIF/Stat3 BMP4 Wnt IGF	TGFβ Activin FGF2 ERK1/2 Wnt IGF
negative Regulation	TGFβ Activin FGF2 ERK1/2	BMP4

Abkürzungen: EG, embryonic germ; ES, embryonic stem; hES, human embryonic stem; iPS, induced pluripotent stem sodass weitere Funktionen von FGF angenommen werden müssen. Die Expression von FGF selber hängt von Aktivin ab und FGF induziert die Expression von TGFβ1. Diese beiden Signalwege (FGF und Aktivin/TGFβ1) regulieren sich also gegenseitig und inhibieren gleichzeitig die Aktivität von BMP (siehe auch Tab. 3.5).

3.7 | Zielgerichtete Differenzierung von embryonalen Stammzellen

Wie in Kapitel 3.5.1 besprochen, führt eine Kultivierung von ES-Zellen in Abwesenheit von differenzierungsinhibierenden Faktoren wie LIF oder Feederzellen zur spontanen Differenzierung. Verwendet man in diesen Versuchen serumhaltiges Medium, treten dabei jedoch zwei grundlegende Probleme auf. Durch die Einwirkung verschiedener, nicht genau bekannter Wachstumsfaktoren aus dem Medium entsteht dabei grundsätzlich eine Mischung verschiedener Zelltypen. Darüber hinaus ist die Reproduzierbarkeit dieses Versuchs häufig durch die unterschiedliche Zusammensetzung verschiedener Chargen an Serum beeinträchtigt.

Ein Ziel der zielgerichteten Differenzierung von ES-Zellen ist daher das Lenken der Differenzierung in Richtung eines bestimmten Zelltyps und damit die Anreicherung dieser Zellen in der Kultur. Dies kann einerseits durch das Einbringen spezifischer Transkriptionsfaktoren erfolgen, die eine bestimmte Entwicklungslinie begünstigen. Andererseits kann die Zugabe definierter Wachstumsfaktoren zu den Kulturen die Differenzierung beeinflussen. Um die Bedingungen des Experimentes möglichst genau zu charakterisieren, werden die Versuche in der Regel in serum-

Abb. 3.14 **Zielgerichtete Differenzierung von kardialen Zellen.** Ein Behandlungsschema zur zielgerichteten Differenzierung von Herzmuskelzellen aus humanen ES-Zellen ist abgebildet. Das Protokoll wurde von der Arbeitsgruppe um G. Keller entwickelt (Yang et al. [2008]: Nature 453, 524–529). Abkürzungen: bFGF, basic fibroblast growth factor; BMP, bone morphogenetic protein; Dkk, Dickkopf; VEGF, Vascular endothelial growth factor.

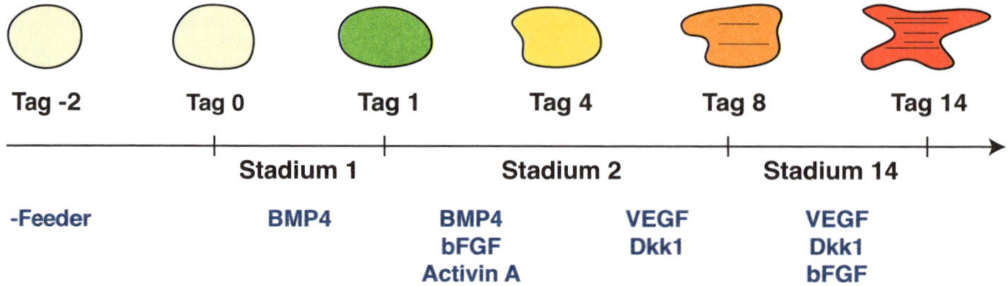

Abb. 3.15 Zielgerichtete Differenzierung von Neuronen. Ein Behandlungsschema zur zielgerichteten Differenzierung von Neuronen aus humanen ES-Zellen ist abgebildet. Das Protokoll wurde von der Arbeitsgruppe um M. STOJKOVIC entwickelt (ERCEG et al. [2008]: PlosOne 3, e122). Abkürzungen: bFGF, basic fibroblast growth factor; RA, retinac acid. GRM und TESR1 sind verschiedene Kuturmedien.

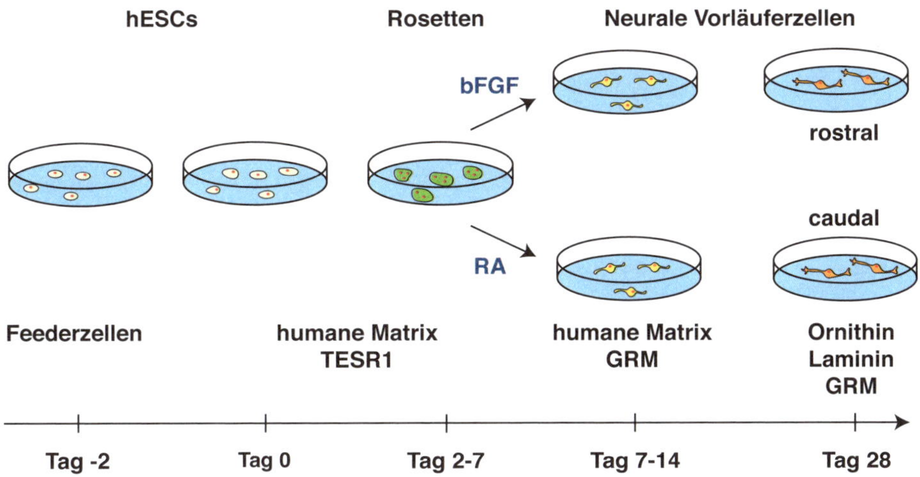

freien Medien mit definierter Zusammensetzung durchgeführt. Dabei ist die Kombination verschiedener Wachstumsfaktoren, die Dauer des Einwirkens und die Konzentration der einzelnen Faktoren von Bedeutung (siehe Abb. 3.14). Diese Bedingungen zu identifizieren, ist ein wichtiges Ziel der Stammzellbiologie. Dabei versucht man, diese aus der Kenntnis der normalen Entwicklung des Embryos abzuleiten.

Auch andere Bedingungen haben Einfluss auf die Differenzierung. So können ES-Zellen als Aggregate in *Embryoid Bodies* oder als Monolayer in Kulturschalen mit unterschiedlichen Komponenten der extrazellulären Matrix als Untergrund kultiviert werden (Abb. 3.15). Auch eine Kombination beider Methoden ist möglich, indem die ES-Zellen zunächst als *Embryoid Body*, später nach Dissoziation als Monolayer kultiviert werden. Bei der Differenzierung in *Embryoid Bodies* spielt auch die Anzahl der ES-Zellen pro Aggregat eine Rolle. Diese Ausführungen verdeutlichen, dass die zielgerichtete Differenzierung von vielen Parametern abhängt, die es im Detail zu entschlüsseln gilt. Trotzdem ist es auch heute noch nicht möglich, durch die Wahl der Kulturbedingungen eine ES-Zellkultur zu 100 % in einen bestimmten Zelltyp zu differenzieren.

3.8 | Embryonale Stammzellen als Therapieoption: auftretende Probleme

Die geradezu uneingeschränkte Differenzierungsmöglichkeit embryonaler Stammzellen ermöglicht zumindest theoretisch vielfältige Einsatzmöglichkeiten in der Therapie. Dabei stellt man sich vor, einen gewünschten Zelltyp in der Kulturschale durch zielgerichtete Differenzierung embryonaler Stammzellen zu erzeugen. Die so generierten Zellen könnten dann in Patienten transplantiert werden, um den Verlust körpereigener Zellen zu kompensieren. Arbeiten in der Grundlagenforschung haben gezeigt, dass dabei jedoch viele Probleme auftreten, die einen effektiven Einsatz embryonaler Stammzellen in der Klinik zum jetzigen Zeitpunkt noch nicht ermöglichen. Dazu gehören:

- Bei der Implantation differenzierter ES-Zellen in Mäuse beobachtet man in fast allen Fällen in der Folge die Ausbildung eines Tumors. Dieser entsteht durch ES-Zellen, die noch in ihrem undifferenzierten und pluripotenten Zustand verblieben sind und sich durch die Expression funktioneller Telomerase auszeichnen. Diese Beobachtung weist nochmals auf die Ähnlichkeiten von embryonalen Stammzellen und Tumorzellen hinsichtlich ihrer unbegrenzten Proliferationsfähigkeit hin (siehe auch Infobox 3.1).
- Die Isolierung eines definierten Zelltyps aus differenzierten Stammzellen ist eine technische Herausforderung. Hier sollte in Erinnerung gerufen werden, dass bei der Differenzierung embryonaler Stammzellen in der Regel verschiedene Zelltypen entstehen. Eine Aufreinigung kann über spezifische Oberflächenmarker erfolgen, falls diese bekannt sind. Auch kann in genetisch veränderten ES-Zellen die Expression eines Selektionsmarkers unter die Kontrolle eines gewebespezifischen Promotors gestellt werden. Differenzierte Stammzellkulturen können anschließend mit zytotoxischen Substanzen behandelt werden, wobei nur differenzierte Zellen des gewünschten Zelltyps aufgrund des gebildeten Selektionsmarkers überleben. Für den Einsatz in der Klinik ist dieses zweite Verfahren allerdings wenig geeignet, da man auf genetisch veränderte Stammzellen zurückgreifen müsste, die in die Patienten implantiert werden müssten.
- Transplantierte Zellen müssen darüber hinaus im Zielgewebe strukturell integriert werden. Diese Thematik sei an Herzmuskelzellen kurz angerissen. So führt die Transplantation *in vitro* generierter Kardiomyozyten in einen geschädigten Herzmuskel in der Maus häufig zu Herzrhythmusstörungen, da die beiden Population von Herzmuskelzellen, die transplantierten und die Zellen des Empfängerherzens,

mit einer unterschiedlichen Frequenz kontrahieren oder die Kontraktionen nicht synchronisiert erfolgen.

- Darüber hinaus kann es bei der Implantation differenzierter ES-Zellen zu Abstoßungsreaktionen kommen, da das Immunsystem des Empfängertieres (oder des Patienten) die Zellen als körperfremd erkennt und bekämpft (siehe dazu auch Kapitel 5.7.1). Diese aus der Transplantationsmedizin bekannte Problematik müsste also auch bei ES-Zell-basierten Therapieansätzen beachtet werden. Dies hat dazu geführt Verfahren zu entwickeln, welche die Generierung patienteneigener ES-Zellen ermöglichen. Auf diese Methoden gehen wir in den Kapiteln 7 und 8 detaillierter ein. Die Problematik einer Immunantwort wird auch noch in einem anderen Zusammenhang deutlich. Der Verlust von β-Zellen des Pankreas im Rahmen eines *Diabetes mellitus* Typ I beruht auf einer Autoimmunerkrankung, bei der die β-Zellen durch das Immunsystem als vermeintlich fremd erkannt und bekämpft werden. In diesem Falle würde also die Implantation *in vitro* generierter β-Zellen nur einen kurzen Erfolg bringen, da diese dann in der Folge ebenfalls vom Immunsystem als fremd erkannt und angegriffen werden würden. Hier gibt es Überlegungen, diese β-Zellen mit neuartigen Biomaterialien einzukapseln. Diese müssen allerdings so konzipiert sein, dass sie einerseits für kleine Moleküle wie Glukose und Insulin durchlässig, andererseits aber für größere Moleküle wie Antikörper oder gar Zellen des Immunsystems undurchlässig sind.

Diese Ausführungen zeigen, dass für einen routinemäßigen Einsatz von Stammzellen in der Therapie noch ein weiter Weg gegangen werden muss und zahlreiche Probleme zu lösen sind. Dies hat dazu geführt, dass die Forschung einerseits die Verwendung adulter Stammzellen für Therapiezwecke untersucht (siehe dazu die nachfolgenden Kapitel 4 bis 6), andererseits müssen Methoden entwickelt werden, patienteneigene embryonale Stammzellen zu generieren, bei denen zumindest die Problematik der Abstoßungsreaktion in den Hintergrund tritt. Auf diese Aspekte gehen wir in den Kapiteln 7 und 8 im Detail ein.

3.9 Ethische Problematik bei der Verwendung humaner ES-Zellen

Die Gewinnung und Verwendung humaner embryonaler Stammzellen in der Forschung und langfristig auch in der Therapie wirft über die im letzten Absatz diskutierten Probleme hinaus vielfache ethische Fragen auf. Für die Gewinnung humaner embryonaler Stammzellen aus der inneren Zellmasse müssen menschliche Embryonen getötet werden. Ist dieses Verhindern menschlichen Lebens gerechtfertigt? Schließlich will man aus den Ergebnissen dieser Forschung langfristig neue Therapiekonzepte entwickeln. Handelt es sich bei einem nicht implantierten Embryo überhaupt um ein menschliches Wesen, wird er sich doch ohne Mutter niemals dahingehend entwickeln? Auch zu diesem Punkt gibt es weltweit verschiedene Ansichten. Außerdem müssen zur Gewinnung humaner ES-Zellen menschliche Embryonen vorhanden sein. Was, wenn diese gezielt zur Herstellung von humanen ES-Zellen gezeugt werden? Auf diese Aspekte wollen wir im abschließenden Kapitel 9 im Detail eingehen.

Zusammenfassung

extrinsisch: von außen kommend

intrinsisch: von innen kommend

Embryonale Stammzellen sind über verschiedene molekulare und zelluläre Eigenschaften charakterisiert. Dazu gehört ihr Entwicklungs- und Differenzierungspotenzial in Derivate aller drei Keimblätter. Die Potenz embryonaler Stammzellen kann über verschiedene experimentelle Ansätze mit unterschiedlicher Aussagekraft untersucht werden. Neben der Pluripotenz ist die Fähigkeit zur Selbsterneuerung entscheidend. Zur Aufrechterhaltung dieses Zustands ist unter dem Einfluss extrinsischer Faktoren ein Netzwerk sich gegenseitig regulierender intrinsischer Transkriptionsfaktoren wie Oct4, Nanog und Sox2 in embryonalen Stammzellen etabliert. Diese aktivieren einerseits stammzellspezifische Gene und reprimieren gleichzeitig wichtige Differenzierungsgene. Diese Aktivierung und Repression ist durch charakteristische Methylierungsmuster regulatorischer DNA-Abschnitte und der in diesem Bereich zu findenden Histone gekennzeichnet. Die unlimitierte Proliferationsfähigkeit embryonaler Stammzellen wird unter anderem durch die Aktivität der Telomerase bedingt. Weiterhin zeichnen sich embryonale Stammzellen durch die Expression verschiedener, definierter Oberflächenmarker aus. Für den Einsatz in der Klinik ist allerdings noch eine Vielzahl von Herausforderungen zu meistern.

Fragen

1. Beschreiben Sie den Begriff der Potenz und erläutern Sie die Bedeutung von totipotent, pluripotent, multipotent, oligopotent und unipotent. Berücksichtigen Sie dabei die Begriffe Differenzierungspotenzial und Entwicklungspotenzial.
2. Nennen Sie die wichtigsten Markergene embryonaler Stammzellen und ihre Charakteristika.
3. Welche Merkmale müssen erfüllt werden, damit von embryonalen Stammzellen gesprochen werden kann? Welche Zellen erfüllen diese Merkmale?
4. Wie werden die Begriffe Differenzierungspotenzial und Entwicklungspotenzial definiert und voneinander abgegrenzt?
5. Nennen Sie die vier unterschiedlichen Stammzellarten, die aus dem frühen Mausembryo gewonnen werden können.
6. Wie werden die Enden von Chromosomen in Stammzellen geschützt? Beschreiben Sie Aufbau und Wirkmechanismus des beteiligten Enzyms.
7. Welche epigenetischen Modifikationsarten kennt man? Erläutern Sie diese.
8. Durch welche Methoden kann man die Potenz von Stammzellen untersuchen?
9. Unter welchen Bedingungen können murine ES-Zellen kultiviert werden, unter welchen humane ES-Zellen?
10. Was versteht man unter einer zielgerichteten Differenzierung von ES-Zellen? Welche Parameter nehmen Einfluss auf die Differenzierung von ES-Zellen?

Referenzen

BADURA-LOTTER, G. (2005): Forschung an embryonalen Stammzellen. Campus Verlag, Frankfurt.

CHAMBERS, I., S.R. TOMLINSON (2009): The transcriptional foundation of pluripotency. Development 136, 2311–2322.

HEINEMANN, T. (2005): Klonen beim Menschen. Walter De Gruyter, Berlin.

MARTINEZ, N.J., R.I. GREGORY (2010): MicroRNA gene regulatory pathways in the establishment and maintenance of ESC identity. Cell Stem Cell 7, 31–35.

PERA, MF, P.P.L. TAM (2010): Extrinsic regulation of pluripotent stem cells. Nature 465, 713–720.

TISCORNIA, G., J.C. IZPISUA BELMONTE (2010): MicroRNAs in embryonic stem cell function and fate. Genes Dev. 24, 2732–2741.

YU, J., J.A. THOMSON (2008): Pluripotent stem cell lines. Genes Dev. 22, 1987–1997.

4 | Adulte Stammzellen: ein Überblick

Inhalt

Adulte Stammzellen sind in den regenerativen Geweben adulter Organismen lokalisiert. Wie die embryonalen Stammzellen besitzen adulte Stammzellen die Fähigkeit, sich selbst zu erneuern und unter bestimmten Bedingungen in verschiedene Zelltypen auszudifferenzieren. Im Gegensatz zu den embryonalen Stammzellen sind adulte Stammzellen jedoch nur multi-, oligo- oder unipotent. Die adulten Stammzellen sind in Stammzellnischen vorzufinden, in welchen ihr Stammzellcharakter durch den Einfluss verschiedener intrinsischer und extrinsischer Signale aufrechtgehalten wird. In diesem Kapitel konzentrieren wir uns auf die einführende Beschreibung solcher Stammzellnischen.

Adulte Stammzellen sind in den meisten regenerativen Geweben adulter Organsimen vorzufinden. Jede adulte Stammzelle besitzt einerseits die Fähigkeit, sich selbst zur erneuern (Selbsterneuerung, engl. *self renewal*), andererseits kann sie in die unterschiedlichen Zelltypen ihres Ursprungsgewebes differenzieren. Während embryonale Stammzellen als pluripotent gelten, sind adulte Stammzellen nur multi-, oligo- oder unipotent (Begriffsdefinitionen siehe Kapitel 3.1). In den letzten Jahren konnten durch die Etablierung verschiedener, hoch entwickelter Methoden wie das Markieren von Zellen mit anschließender Beobachtung ihres Schicksals (engl. *lineage tracing*) und die Transplantation von Gewebe oder Zellen aus einem Spender- in einen Empfängerorganismus viele Einblicke in das Verhalten adulter Stammzellen gewonnen werden.

Insbesondere für klinische Zwecke verspricht sich eine Reihe von Wissenschaftlern und praktizierenden Ärzten viel von der Forschung mit adulten Stammzellen, da sie embryonalen Stammzellen gegenüber einige Vorteile aufweisen (Kapitel 3.8, 3.9 und 4.3). Im Gegensatz zu embryonalen Stammzellen sind adulte Stammzellen ethisch unbedenklich, da sie aus Geweben oder Organen adulter Organismen inklusive dem Menschen gewonnen werden können. Ein weiterer Vorteil der adulten Stammzellen ist das Ausbleiben der Tumorbildung nach dem Einbringen in einen Empfängerorganismus. So erhoffen sich viele Mediziner, dass in Zukunft adulte Stammzellen zur autogenen (auch autolog genannt) Behandlung einer Vielzahl von degenerativen, traumatischen oder erblichen Erkrankungen eingesetzt werden können. Denn die Gefahr einer Gewebsabstoßung durch das Wiedereinbringen körpereigener Zellen ist herabgesetzt bzw. nicht existent. Siehe dazu auch die nachfolgenden Kapitel 5 und 6.

autogen/autolog: Spender und Empfänger ist dieselbe Person; vom selben Organismus stammend

Trauma: Schädigung eines Gewebes, in der Regel durch einen mechanischen Einfluss

Allerdings stehen diesen Vorteilen, wie wir sehen werden, auch Nachteile gegenüber. So ist insbesondere das Differenzierungspotenzial adulter Stammzellen gegenüber embryonalen deutlich eingeschränkt.

Das Konzept der Stammzellnische | 4.1

Adulte Stammzellen benötigen eine definierte Umgebung im Organismus, in der ihr Stammzellcharakter aufrechterhalten wird. Diese besondere Umgebung wird als Stammzellnische bezeichnet. Die Hypothese der Stammzellnische wurde erstmals von RAY SCHOFIELD im Jahr 1978 aufgestellt. Seiner Hypothese nach sind mehrere dieser Nischen an definierten Orten des Organismus lokalisiert. Für verschiedene adulte Stammzellen sollen demnach also verschiedene Stammzellnischen existieren. In diesen Nischen erneuern sich Stammzellen selbst, während es nach dem Auswandern der Stammzellen aus der Nische zu deren Differenzierung kommt. Diese verschiedenen Prozesse werden durch bestimmte Gegebenheiten und Bedingungen in der Stammzellnische reguliert. Diese Hypothese konnte *in vivo* erstmals im Fadenwurm *Caenorhabditis elegans* und in der Fruchtfliege *Drosophila melanogaster* bestätigt werden.

Nische: anatomische Struktur innerhalb eines Organismus, bestehend aus zellulären und nicht zellulären Komponenten; integriert lokale und systemische Faktoren, die auf Stammzellen einwirken

systemisch: Faktoren, die im ganzen Körper wirken, da sie durch den Blutkreislauf übertragen werden.

Heute kennt man, wie wir in diesem Kapitel sehen werden, auch verschiedene Stammzellnischen in Vertebraten und Säugern. In der Stammzellnische werden verschiedene Vorgänge reguliert, beispielsweise das Überleben, die Selbsterneuerung oder die Proliferation von Stammzellen bzw. die Aufrechterhaltung ihres Stammzellcharakters. Hierbei spielen drei Hauptmechanismen eine wichtige Rolle: Erstens führt der Kontakt zwischen den Stammzellen und den umliegenden Zellen zur Verankerung der Stammzellen in der Nische, zweitens wirken Signale aus der Nische auf die Stammzellen ein und drittens, durch eine definierte räumliche Beziehung der Stammzellen zu den umliegenden, unterstützenden Zellen können die Stammzellen polarisiert werden. Dadurch werden asymmetrische Zellteilungen der Stammzellen ermöglicht. Dieser letzte Aspekt ist auch deshalb von Bedeutung, weil bei einer asymmetrischen Zellteilung eine Tochterzelle entsteht, die weiterhin den Charakter einer Stammzelle aufweist, während die zweite Tochterzelle in die Differenzierung eintreten kann.

4.1.1 Die Komponenten der Stammzellnische

Bei Betrachtung dieses Konzepts der Stammzellnische wird deutlich, dass insbesondere den die Stammzellen umgebenden Zellen eine besondere Rolle zukommt, da sie entweder durch die Sekretion von Signalmolekülen oder das Präsentieren von Oberflächenmolekülen wie Cadherinen und Integrinen regulierend auf die Stammzellen einwirken. Die genaue Zusammensetzung der Nische variiert dabei je nach Typ der adulten Stammzellen und dem Gewebe, in dem die Nische lokalisiert ist. Eine Stammzellnische kann also aus verschiedenen Komponenten (Abb. 4.1) zusammensetzt sein, deren Aufgaben in den folgenden Abschnitten kurz erläutert werden sollen:

- Die Stammzellen selbst.

Abb. 4.1

Die Stammzellnische: Ein Modell. In der Stammzellnische konnten fünf zelluläre Hauptkomponenten identifiziert werden: die Stammzellen, die Stromazellen, die extrazelluläre Matrix (ECM), die Blutgefäße und die Neuronen. Als nicht zelluläre Komponente nimmt das extrazelluläre Milieu Einfluss. Die Stromazellen präsentieren einerseits Zelladhäsionsmoleküle, wodurch sie die Verankerung der Stammzellen in der Nische unterstützen, zum anderen geben sie Signalmoleküle an die Umgebung oder an die Stammzellen ab, die Einfluss auf das Verhalten der Stammzellen haben. Die ECM bildet ein stabiles Netzwerk, welches den Anker der Stammzellen in der Nische darstellt. Die Blutgefäße sorgen für die Versorgung der Stammzellen mit Sauerstoff. Außerdem können über die Blutgefäße Moleküle sowohl zur als auch von der Stammzellnische transportiert werden. Die letzte zelluläre Komponente stellen die Neuronen dar. Sie nehmen durch die Sekretion von Signalmolekülen Einfluss auf Stammzellen.

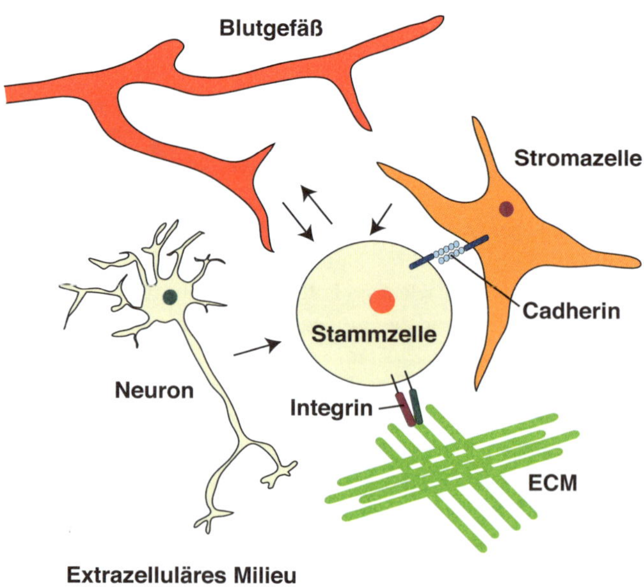

- Stromazellen: Die Stromazellen (u.a. Fibroblasten) unterstützen die Stammzellen durch die Expression von Zelladhäsionsmolekülen und die Sekretion löslicher Faktoren. Die Zelladhäsionsmoleküle sorgen für die Verankerung der Stammzellen in der Nische. Die sezernierten Faktoren haben Einfluss auf den Charakter und das Schicksal der Stammzellen.
- Extrazelluläre Matrix: Die Proteine der ECM (engl. *extracellular matrix*) bilden ein stabiles Netzwerk, welches als Anker der Stammzellen in der Nische dient.
- Endothelzellen der Blutgefäße: Das endotheliale Netzwerk versorgt die Stammzellnische mit Nährstoffen und systemischen Signalen aus anderen Organen und Geweben. Außerdem können durch die Blutgefäße Zellen im Rahmen des *Homings* (siehe Kapitel 4.2) zu oder von der Nische weg transportiert werden.
- Neurone: Neurone können Signale abgeben, die das Verlassen der Stammzellen aus der Stammzellnische und deren Differenzierung bewirken.
- Extrazelluläres Milieu: Der pH-Wert, die Konzentration extrazellulären Calciums oder die Sauerstoffkonzentration nehmen ebenfalls Einfluss auf die Stammzellen.

Lösliche Faktoren in der Stammzellnische 4.1.2

Lösliche Faktoren, die von den Zellen innerhalb der Stammzellnische sezerniert werden, können zu den Stammzellen diffundieren und durch Bindung an entsprechende Rezeptoren eine Signalkaskade in den Stammzellen auslösen. Somit können diese Faktoren Einfluss auf den Charakter und das Schicksal der adulten Stammzellen ausüben. Signalwege, die hierbei eine Rolle spielen, sind u.a. der kanonische Wnt-, der FGF- und der BMP-Signalweg (Kapitel 1, Abb. 1.5 und 1.6). Weiterhin haben sich Faktoren wie ANG1 (Angiopoietin 1), IGF (engl. *insulin like growth factor*), VEGF (engl. *vascular endothelial growth factor*) und PDGF (engl. *platelet derived growth factor*) als relevant herausgestellt.

Je nach Gewebetyp können die genannten Signalwege und Faktoren ganz unterschiedliche Effekte haben, auch wenn die intrazellulären Signalkaskaden hoch konserviert sind. So wirkt beispielsweise der Wnt/β-Catenin-Signalweg (Kapitel 1, Abb. 1.5) in der Stammzellnische des Darms (Kapitel 6.4) positiv auf die Selbsterneuerung und die Proliferation der Stammzellen. In der Haut (Kapitel 6.3) hingegen unterstützt der gleiche Signalweg die terminale Differenzierung bestimmter Stammzellen. Auch der BMP-Signalweg (Kapitel 1, Abb. 1.6) hat in verschiedenen Nischen unterschiedliche Wirkungen. So ist der BMP-Signalweg in der hämatopoetischen Stammzellnische wichtig für die Osteoblastenbildung und kontrolliert somit die Anzahl von bestimmten Stammzellen, den LT-HSCs (engl. *long term hematopoetic stem cells*; siehe dazu Kapitel 5.5.1). Im zentralen Nervensystem führt die Inhibition von BMP zur Differenzierung der Stammzellen in Richtung eines neuronalen Schicksals (Kapitel 6.2).

Neben den sezernierten Proteinen wirken auch kleine Moleküle wie Ionen, Sauerstoff und reaktive Sauerstoffspezies (ROS, engl. *reactive oxygen species*) auf die adulten Stammzellen ein. Im hämatopoetischen System beispielsweise findet man lokal erhöhte Ca^{2+}-Konzentrationen, welche die Lokalisierung der HSCs an den Osteoblasten im Endosteum fördern (Kapitel 5.5.1). Die HSCs weisen hierfür einen Ca^{2+}-sensitiven Rezeptor (CaR) auf.

Endosteum: innere Knochenhaut

4.1.3 Zell/Zell-Interaktionen innerhalb der Stammzellnische

Stromazellen und die ECM bilden zusammen ein stabiles Netzwerk, in welchem die Stammzellen eingebettet sind. Dabei regulieren sie den Erhalt des Stammzellcharakters durch die Lokalisierung der Stammzellen in der Nähe der für die Selbsterhaltung notwendigen Signalmoleküle. Für die Etablierung von Zell-Zell-Kontakten sind Zelladhäsionsmoleküle wie Cadherine oder Integrine von entscheidender Bedeutung (Abb. 4.1).

Cadherin-Moleküle, die sowohl auf den Stammzellen als auch auf den umliegenden Zellen exprimiert sind, bewirken über eine homophile Interaktion den Kontakt der Zellen zueinander. HSCs beispielsweise werden durch N-Cadherine in unmittelbarer Nähe der Osteoblasten gehalten (Kapitel 5.5.1, Abb. 5.6). Die Notwendigkeit von N-Cadherin bei der Regulation des Schicksals von HSCs konnte jedoch bisher nicht gezeigt werden.

homophile Interaktion: Interaktion von zwei identischen Molekülen

heterophile Interaktion: Interaktion von zwei verschiedenen Molekülen

Neben den Cadherinen besitzen auch verschiedene Integrine eine wichtige Aufgabe in der Adhäsion von Zellen in der Stammzellnische. Ein Beispiel sind die β1-Integrine. Diese werden auf der Oberfläche verschiedener adulter Stammzellen präsentiert, beispielsweise auf HSCs und den Stammzellen der Haut. Während der Funktionsverlust von β1-Integrin keine Auswirkung auf das Verhalten von Knochenmarkstammzellen hat, führt dessen Deletion in der Haut zu einer Störung der Proliferation der Stammzellen. Weitere Komponenten der ECM, die bei der Zelladhäsion eine Rolle spielen, sind beispielsweise Tenascin-C (Knochenmark und ZNS) und Osteopontin (Knochenmark).

4.1.4 Mechanische Einflüsse in der Stammzellnische

Auch die mechanische Beschaffenheit des umliegenden Gewebes und der extrazellulären Matrix hat einen Einfluss auf das Differenzierungsschicksal von Stammzellen. Hierbei sind Steifheit und Elastizität des Gewebes von Bedeutung. 2006 konnte eine amerikanische Arbeitsgruppe in einem *In-vitro*-System zeigen, dass mesenchymale Stammzellen (Kapitel 5.8) auf einem elastischen Untergrund, ähnlich dem Gewebe aus dem Gehirn, ein neurales Entwicklungsschicksal eingehen. Im Gegensatz dazu führte das Kultivieren dieser Zellen auf einem eher festen Untergrund zur Differenzierung in Osteoblasten. Das Wachstum auf einem Untergrund mittlerer Elastizität veranlasste die mesenchymalen Stammzellen, sich zu Skelettmuskelzellen zu differenzieren.

Migration adulter Stammzellen | 4.2

Eine regulierte und zielgerichtete Wanderung von Stammzellen durch den Organismus (engl. *stem cell trafficking*) ist sowohl während der gesamten Embryogenese als auch für die Homöostase und die Regeneration von Organen und Geweben im adulten Organismus entscheidend und notwendig. Hierbei unterscheidet man zwei grundlegend verschiedene Prinzipien, das *Homing* und die interstitielle Migration.

Das *Homing* ist ein Prozess, bei dem die Stammzellen über die Blutbahn im Organismus verbreitet werden. *Homing* heißt wörtlich übersetzt Rückkehr. Im Zusammenhang mit adulten Stammzellen sind darunter zwei verschiedene Prozesse zu verstehen. Einerseits benennt der Begriff *Homing* die Rückkehr von Stammzellen in ihre Nische, beispielsweise nach einer Übertragung von hämatopoetischen Stammzellen im Rahmen eines Experimentes in zuvor letal bestrahlte Mäuse (siehe Kapitel 5.3). Andererseits können adulte Stammzellen durch extrinsische Signale aus einer Stammzellnische mobilisiert werden und in ein geschädigtes Gewebe einwandern. Da auch dieser Prozess nicht wahllos erfolgt, sondern verschiedene Stammzellen definierte Gewebe bevorzugen, spricht man auch in diesem Zusammenhang von *Homing*.

Haben Stammzellen ihr Zielgewebe erreicht, interagieren sie mit den dortigen mikrovaskulären Endothelzellen. Eine Besonderheit der migrierenden Zellen ist hierbei, dass sie die gewebespezifischen Merkmale der Zielzelle erkennen und so fest an diese binden, damit sie vom Blutstrom nicht mitgerissen werden. Anschließend passieren sie die Endothelschicht und wandern in das Zielgewebe ein. Am besten wurde dieser Prozess anhand hämatopoetischer Stammzellen untersucht, aber auch mesenchymale Stammzellen und endotheliale Progenitorzellen wenden diese Art der Migration an (Kapitel 5). Während die Verteilung der Zellen über die Blutbahn häufig passiv verläuft, erfolgt nach Übertritt in das Gewebe die extravaskuläre Migration aktiv durch Chemotaxis. So können Stammzellen ihr Zielgewebe auch auf größere Distanz erreichen.

Interstitien: extrazelluläre Zwischenräume in Geweben und Organen

Bei der interstitiellen Migration im Gewebe erkennen und folgen die Stammzellen einem extravaskulärem Leitsignal und migrieren nicht über die Blutbahn, sondern durch Interstitien. Im Gegensatz zum *Homing* migrieren die Zellen dabei durch aktive, amöboide Bewegungen.

4.3 | Therapieansätze mit adulten Stammzellen

Bevor wir uns in den nachfolgenden Kapiteln ausgewählten adulten Stammzelltypen zuwenden, soll kurz erläutert werden, unter welchen Umständen adulte Stammzellen Anwendung in der Therapie finden bzw. eingesetzt werden könnten. Adulte Stammzellen weisen im Vergleich zu embryonalen Stammzellen eine Reihe von Vorteilen aber auch Nachteilen auf. Zu den Vorteilen gehören, wie schon anfangs berichtet, ihre ethische Unbedenklichkeit, das geringe Risiko der Tumorentstehung nach Implantation und die geringere Neigung zu Abstoßungsreaktion, insbesondere wenn Spender und Empfänger dieselbe Person darstellen (autologe Transplantation). Aufgrund dieser Vorteile rücken adulte Stammzellen immer stärker in das Interesse von Wissenschaftlern, die neuartige Therapieansätze etablieren wollen. Um in der regenerativen Medizin einsatzfähig zu sein, müssen adulte Stammzellen prinzipiell eine Reihe von Kriterien erfüllen:

- Eine ausreichende Anzahl von Zellen muss verfügbar sein (im Bereich von einigen Millionen bis Milliarden Zellen).
- Die Isolation der Zellen muss einfach und unschädlich für den Spender sein.
- Die *Ex-vivo*-Kultivierung in der Kulturschale muss möglich und zugleich möglichst einfach umsetzbar sein.
- Gegebenenfalls muss die Differenzierung der Zellen zielgerichtet möglich und außerdem reproduzierbar sein.
- Die Transplantation / Implantation muss sicher und effektiv sein.

Natürlich weisen adulte Stammzellen gegenüber embryonalen Stammzellen auch einige Nachteile auf. Sie zeigen ein sehr viel engeres Differenzierungspotenzial *in vivo*. Außerdem können sie sehr viel schlechter in Kultur gehalten werden. Auch ist ihre Isolierung aus dem Körper zum Teil recht schwierig oder am Patienten sogar unmöglich. Meist kommen sie auch in zu geringer Zahl vor.

Die derzeitigen Therapieansätze mit adulten Stammzellen und die Überlegungen für einen weitergehenden Einsatz werden in den folgenden Kapiteln im Detail aufgeführt.

Zusammenfassung

Adulte Stammzellen sind wie auch die embryonalen Stammzellen durch bestimmte Merkmale charakterisiert. Sie können sich einerseits selbst erneuern, andererseits sind sie befähigt, in unterschiedliche Zelltypen zu differenzieren. Um den Stammzellcharakter aufrechterhalten zu können, müssen sie in definierten Orten innerhalb des Organismus lokalisiert sein, den sogenannten Stammzellnischen. In diesen Nischen werden Vorgänge wie Selbsterneuerung, Proliferation und das Überleben der Stammzellen reguliert. Allgemeine zelluläre Komponenten der Stammzellnische sind die Stammzellen selbst, die unterstützenden Stromazellen, Proteine der extrazellulären Matrix, Blutgefäße und Neurone. Weiterhin wirken sezernierte Moleküle, Zell/Zell-Interaktionen und mechanische Einflüsse auf die adulten Stammzellen ein. Stammzellen können nach Mobilisation ihre Nischen verlassen und durch die Wirkung von extrazellulären Signalen zu verletzten Geweben gelangen. Hierbei unterscheidet man das *Homing* von der interstitiellen Migration. Aufgrund verschiedener Vorteile stehen adulte Stammzellen bei der Etablierung neuer Therapieansätze im Fokus des Interesses.

Fragen

1. Was ist eine Stammzellnische? Welchen Zweck erfüllt sie?
2. Nennen Sie generell die zellulären Komponenten einer Stammzellnische. Welche Funktionen haben die einzelnen Komponenten?
3. Welche extrinsischen Signale wirken auf adulte Stammzellen innerhalb einer Stammzellnische?
4. Definieren Sie die Begriffe *Homing* und interstitielle Migration.
5. Welche Vorteile sehen Sie bei der Verwendung von adulten Stammzellen im Vergleich zu embryonalen Stammzellen hinsichtlich eines Einsatzes in der regenerativen Medizin?

Referenzen

LI, L., H. CLEVERS (2010): Coexistence of quiescent and active adult stem cells in mammals. Science 327, 542–545.

JONES, D.L., A.J. WAGERS (2008): No place like home: anatomy and function of the stem cell niche. Nature Reviews 9, 11–21.

MESHORER, A., K. PLATH (2010): The cell biology of stem cells. Advances in experimental medicine and biology. Springer Science and Business Media, LLC, Landes Bioscience, 965.

SCADDEN, D.T. (2006): The stem-cell niche as an entity of action. Nature 441, 1075–1079.

5 | Adulte Stammzellen des Knochenmarks

Inhalt

Das Knochenmark enthält verschiedene adulte Stammzelltypen wie die hämatopoetischen Stammzellen, die mesenchymalen Stammzellen und die endothelialen Vorläuferzellen. Die Stammzellnische des Knochenmarks besteht prinzipiell aus zwei Zonen, der Osteoblastenzone und der vaskulären Zone. Hämatopoetische Stammzellen werden heute bei der Behandlung verschiedener Leukämieformen routinemäßig angewandt. Auch für mesenchymale Stammzellen zeichnen sich erste Einsatzgebiete ab, da sie ein großes Differenzierungspotenzial aufweisen. Auch endotheliale Vorläuferzellen besitzen einen hämatopoetischen Ursprung. Sowohl mesenchymale Stammzellen, als auch endotheliale Vorläuferzellen weisen ein einzigartiges *Homing*-Verhalten auf, wodurch sie gezielt durch den Organismus zu verletzten Geweben migrieren können.

5.1 | Die Stammzellen des Knochenmarks

Im Knochenmark (Infobox 5.1) sind verschiedene Stammzelltypen zu finden, wobei die hämatopoetischen Stammzellen (engl. *haematopoietic stem cells*, HSCs) am besten untersucht sind. Weiterhin findet man im Knochenmark auch mesenchymale Stammzellen (engl. *mesenchymal stem cells*, MSCs) (Kapitel 5.8) und endotheliale Stamm- oder Vorläuferzellen (Kapitel 5.9). Die hämatopoetischen Stammzellen bilden alle Zellen des Blutes, während sich die mesenchymalen Stammzellen zu Knochen-, Knorpel-, Fett- und Bindegewebe wie auch epithelialen und neuronalen Zellen entwickeln können. Endotheliale Vorläuferzellen stellen die Vorläuferzellen für Blutgefäße dar.

Die Hypothese, dass alle Zelltypen des Bluts kontinuierlich aus Stammzellen generiert werden, geht ins Jahr 1909 und auf den russischen Histologen Alexander A. Maximow (1874–1928) zurück. Diese Hypothese konnte dann erstmals 1961 von Ernest A. McCullough (1926–2011)

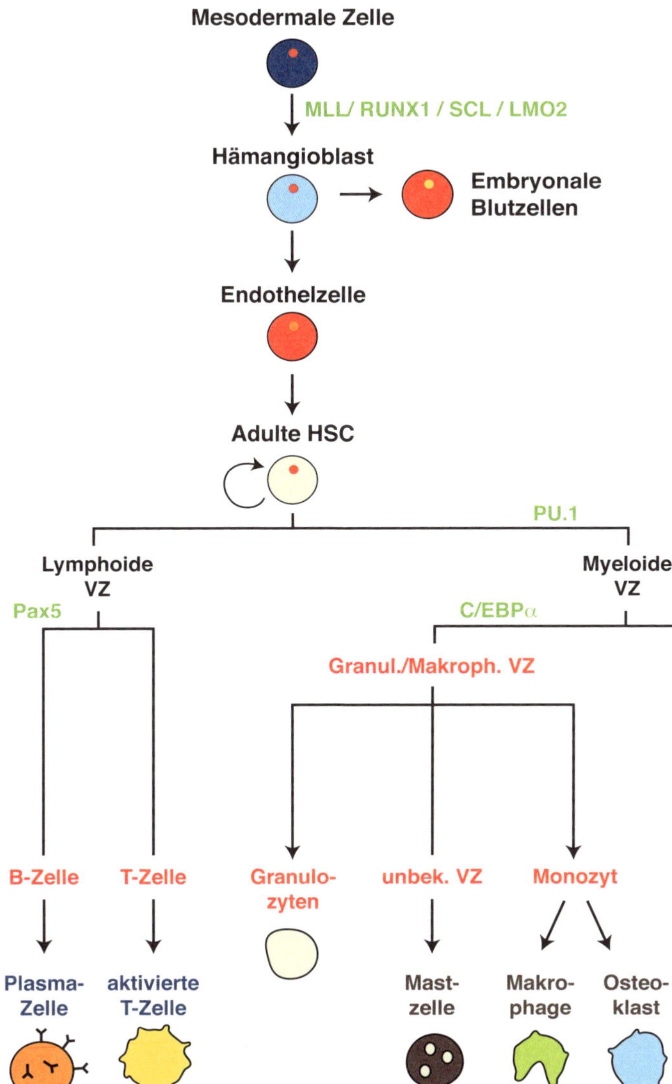

Abb. 5.1

Schematische Übersicht über die Blutbildung. Im Embryo entsteht der Hämangioblast (Vorläufer der hämatopoetischen und endothelialen Zellen) im mesodermalen Keimblatt. Dabei spielen die Transkriptionsfaktoren MLL, RUNX1, SCL und LMO2 eine wichtige Rolle. Aus dem Hämangioblasten entwickeln sich einerseits die embryonalen Blutzellen, andererseits die Endothelzellen. Die adulten HSCs (engl. *hematopoietic stem cells*) entwickeln sich aus Endothelzellen der ventralen Aorta. Im adulten Organismus leiten sich alle Zellen des Blutes von hämatopoetischen Stammzellen ab, die sich im Knochenmark befinden und die Fähigkeit aufweisen, sich selbst zu erneuern.

Im ersten Schritt der Differenzierung entstehen einerseits lymphoide, andererseits myeloide Vorläuferzellen (VZ). Die Entwicklung in myeloide Vorläuferzellen wird durch PU.1 gefördert. Aus den lymphoiden Vorläuferzellen entstehen Plasma- und T-Zellen, wobei die B-Zellentwicklung über Pax5 gesteuert wird. Die myeloiden Vorläuferzellen werden nochmals in die Granulozyten/Makrophagen- und die Megakaryozyten/Erythrozyten-Vorläuferzellen geteilt. Die Entwicklung in Megakaryozyten/Erythrozyten-Vorläuferzellen geschieht unter dem Einfluss von GATA1, die der Granulozyten/Makrophagen-Vorläuferzellen durch C/EBPα. Die Zellen mit schwarzer Beschriftung befinden sich im Knochenmark, die mit roter Beschriftung im Blut, die mit brauner Beschriftung in anderen Geweben.

und JAMES TILL bestätigt werden, die die Existenz dieser blutbildenden Stammzellen zeigten. In ihren Experimenten transplantierten sie Zellen des Knochenmarks in Mäuse, in denen durch Bestrahlung mit Röntgenstrahlung (siehe dazu mehr in Kapitel 5.3) das Immunsystem und die Vorläuferzellen des Bluts zerstört worden waren. Dabei beobachteten sie die Bildung von Zellkolonien in der Milz, in denen sich verschiedene Zelltypen des Bluts wieder fanden.

Waren diese ersten Experimente noch mit einer Mischung verschiedener unbekannter Zelltypen durchgeführt worden, so wurde in den darauf folgenden Jahren versucht, die Identität dieser Zellen genau zu bestimmen. Im Jahr 1988 schließlich konnten hämatopoetische Stammzellen dann erstmals von IRVING WEISSMAN isoliert werden. Anhand dieser Zellen konnte zudem gezeigt werden, dass HSCs tatsächlich in der Lage sind, in alle Zellen des Bluts, in myeloide und lymphoide Zelltypen, zu differenzieren (Abb. 5.1). Ob sie sich auch in nichthämatopoetische Zellen entwickeln können, wird derzeit noch kontrovers diskutiert. Adulte HSCs machen nur einen Bruchteil des gesamten Knochenmarks aus. Sie sind lediglich im Knochenmark, in geringen Mengen im zirkulierenden Blut und bei der Geburt auch im Nabelschnurblut zu finden.

Infobox 5.1

Das Knochenmark

Das Knochenmark füllt die sogenannte Markhöhle des Knochens sowie die Zwischenräume des schwammartig aufgebauten Knochens (*Substantia spongiosa*) aus (siehe Abb. 5.2). Man unterscheidet zwischen dem roten Knochenmark, im dem die Blutbildung aus hämatopoetischen Stammzellen stattfindet, dem gelben Knochenmark, in dem überwiegend Fett gespeichert wird, und dem weißen Knochenmark, in welchem der Fettan-

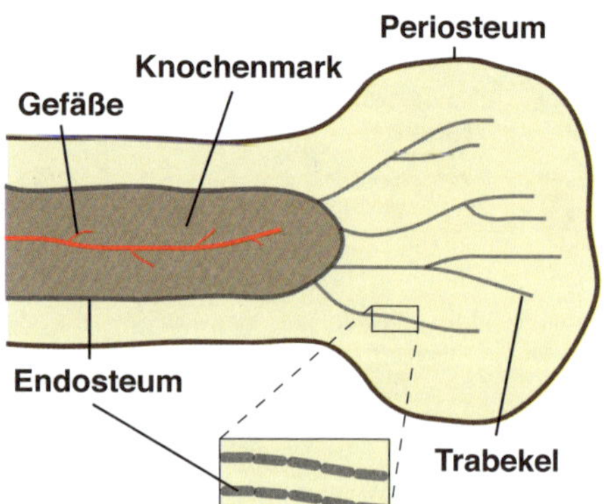

Abb. 5.2

Schematischer Aufbau eines Oberschenkelknochens. Gezeigt ist eine schematische Darstellung eines Knochens. Im Inneren des Knochens befindet sich das Knochenmark, das vom Endosteum, der inneren Knochenhaut, umgeben ist. Eine Unterscheidung in rotes, gelbes und weißes Knochenmark ist in dieser Darstellung nicht möglich. Das Innere des Knochenmarks ist sehr reich an Gefäßen. Der gesamte Knochen wird vom Periosteum, der äußeren Knochenhaut, ummantelt. Die Trabekel sind feine Knochenbälkchen, die in ihrer Gesamtheit aufgrund ihres schwammartigen Aufbaus auch als *Substantia spongiosa* bezeichnet werden.

teil geringer und der Wasseranteil höher ist. Während man beim Neugeboren das rote Knochenmark in fast allen Knochen vorfindet, ist dies beim Erwachsenen nur noch in manchen Knochen der Fall, wie beispielsweise dem Becken und den rumpfnahen Enden der Oberschenkel- und Oberarmknochen. Der Begriff des Knochenmarks muss klar vom Begriff des Rückenmarks abgegrenzt werden, welches Teil des zentralen Nervensystems ist.

Herkunft hämatopoetischer Stammzellen | 5.2

Bezüglich der Bildung des Blutsystems müssen wir zwei verschiedene Phasen unterscheiden, die embryonale und die adulte Hämatopoese. Die embryonale Hämatopoese in der Maus beginnt mit der Spezifizierung der Hämangioblasten im Primitivstreifen. Die Hämangioblasten wandern in den Dottersack, um dort die sogenannten Blutinseln zu bilden. Die äußeren Zellen der Blutinseln entwickeln sich zu Endothel-, die inneren zu Blutzellen.

Hämatopoese: Blutbildung

Hämangioblast: gemeinsame Vorläuferzelle von Endothel- und Blutzellen

Ob auch die adulten HSCs im Dottersack gebildet werden, ist bis heute nicht vollständig geklärt. Zunehmend argumentieren Daten aus *In-vivo*-Experimenten in verschiedenen Modellsystemen jedoch dagegen. Der Großteil der endgültigen, definitiven und damit der späteren adulten HSCs entsteht in der sogenannten AGM-Region. Neueste Daten zeigen, dass die HSCs aus Endothelzellen der ventralen Aorta entstammen. Weitere Quellen für adulte HSCs sind möglicherweise die Nabelschnur- und Vitellinarterien als auch die Plazenta. Die Reifung und Vermehrung der HSCs geschieht zunächst hauptsächlich in der fetalen Leber. Die fetalen HSCs sind hoch proliferativ und durchlaufen eine Vielzahl von symmetrischen Zellteilungen. Dadurch wird zunächst ein größerer Pool multipotenter Zellen mit der Eigenschaft zur Selbsterneuerung gebildet. Noch vor der Geburt wandern die fetalen HSCs schlussendlich ins Knochenmark ein, wo sich die Stammzellnische der adulten HSCs befindet. Der Zellzyklus der HSCs verlangsamt sich in der Stammzellnische unter dem Einfluss des dort herrschenden Milieus stark.

AGM-Region: Abkürzung für Aorta, Gonade und Mesonephros; diese Region setzt sich aus der dorsalen Aorta, dem umliegendem Mesenchym und den Urogenitalleisten zusammen.

Plazenta: Gewebe in der Gebärmutter während der Schwangerschaft; versorgt den Embryo

Identifizierung hämatopoetischer Stammzellen | 5.3

Um HSCs zu identifizieren, konnten bis heute einige Tests etabliert werden, wobei die Funktionalität und Aktivität der Zellen untersucht wird. Dabei kommen Tests zum Einsatz, welche einerseits *in vivo*, andererseits *in vitro* durchgeführt werden können.

Hämatopoetische Stammzellen sind in der Lage, alle Zellen des Blutsystems zu bilden (Abb. 5.1). Hier setzt der *In-vivo*-Nachweis des Stammzellcharakters von HSCs an. Bestrahlt man Mäuse mit Röntgenstrahlen einer Dosis von mehr als 10 Gray, verlieren die Stammzellen die Fähigkeit, Blutzellen zu bilden. In der Folge verstirbt die Maus. Man spricht in diesem Zusammenhang von letal bestrahlten Mäusen. Bringt man nun HSCs intravenös in eine letal bestrahlte Maus ein, so kommt es zu einer Repopulation des Knochenmarks (siehe diesbezüglich zum Begriff des *Homings*, Kapitel 4.2) durch die transplantierten Stammzellen. Somit wird der vorangegangene Verlust an Blutzellen durch die Stammzellen ausgeglichen, die Maus überlebt. Um diesen *In-vivo*-Test zu überstehen, müssen HSCs die Fähigkeit zur Langzeit-Repopulation (engl. *long-term repopulation*, LTR, siehe Kapitel 5.4) hinsichtlich aller Zelltypen des Blutes aufweisen. Außerdem wird die Fähigkeit zur Koloniebildung (engl. *colony forming unit*, CFU) in der Milz untersucht. Man kann also festhalten, dass durch diesen funktionellen Test die Möglichkeit der Selbsterneuerung als auch die der Multipotenz einer Zellpopulation untersucht wird. Wird dieser Assay sehr streng durchgeführt, dann behalten die HSCs ihre Eigenschaften auch nach mehrmaliger Transplantation über mehrere Empfängertiere bei (Serientransplantation, engl. *serial transplantation*). Andererseits wurden auch *In-vitro*-Tests etabliert, u.a. der LTC-IC-Assay (engl. *long-term culture initiating cell*) und der CAFC-Assay (engl. *cobblestone area-forming cell*).

5.4 | Molekulare Signatur und Reinigung hämatopoetischer Stammzellen

HSCs können aufgrund ihrer Eigenschaften und molekularen Signatur in drei Unterpopulationen aufgeteilt werden. Die Zellen mit der besten Eigenschaft zur Langzeit-Repopulation sind die LT-HSCs (engl. *long-term haematopoietic stem cells*). Eine weitere Unterpopulation sind die ST-HSCs (engl. *short-term haematopoietic stem cells*), die lediglich ein begrenztes Potenzial zur Selbsterneuerung aufweisen. Die dritte Klasse sind die MPPs (engl. *multipotential progenitors*). Auf molekularer Ebene weisen die drei Subpopulationen sowohl Ähnlichkeiten als auch Unterschiede auf (Abb. 5.3). Alle drei Subpopulationen zeigen noch keine Hinweise auf einsetzende Differenzierung in verschiedene Entwicklungslinien (engl. *lineages*). Sie tragen auf der Oberfläche keine typischen Oberflächenmarker wie sie auf differenzierten hämatopoetischen Zellen wie Erythrozyten oder Leukozyten vorzufinden sind und reagieren dementsprechend nicht mit einem Mix verschiedener Antikörper, der genau diese Oberflächenantigene detektiert. Man sagt in diesem Zusammenhang auch, die HSCs seien *lineage negative*, kurz Lin^-.

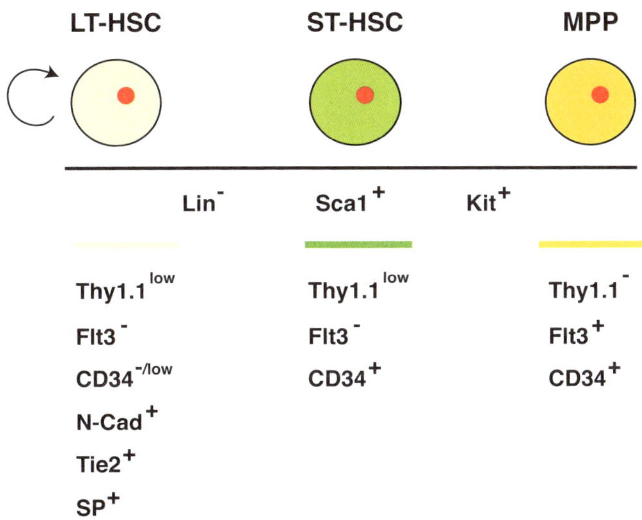

Abb. 5.3

Die molekulare Signatur der hämatopoetischen Stammzellen. Aufgrund ihrer Eigenschaft können HSCs in drei Subpopulationen eingeteilt werden: Die LT-HSCs (engl. *long-term haematopoietic stem cells*), die ST-HSCs (engl. *short-term haematopoietic stem cells*) und die MPPs (engl. *multipotential progenitors*). Diese Subpopulationen können auf molekularer Ebene unterschieden werden (Details siehe Haupttext). Aufgrund der Expression von Sca1 und Kit und der Abwesenheit von Differenzierungsmarkern (engl. *lineage negative*), werden die Zellen auch als LSK-HSCs ($Lin^-/Sca1^+/Kit^+$) bezeichnet.

Außerdem weisen alle drei Populationen eine hohe Expression von Sca1 (engl. *stem cell antigen 1*) und des Tyrosinkinaserezeptors Kit (auch c-kit) auf. Aufgrund dieser Merkmale wird diese Population der hämatopoetischen Zellen als LSK ($Lin^-/Sca1^+/Kit^+$)-HSCs bezeichnet. Die LSK-HSCs umfassen ca. einen Anteil von 0,5 % des gesamten Knochenmarks. Um alle Kriterien des *In-vivo*-Langzeit-Repopulationsassays zu erfüllen, müssen mindestens 100 dieser Zellen in eine letal bestrahlte Maus (Kapitel 5.3) eingeführt werden, obgleich schon eine einzige HSC in alle hämatopoetischen Entwicklungslinien differenzieren kann.

Hoechst 33342: fluoreszierender Farbstoff, der durch die Zellmembran dringt und an DNA bindet; die Analyse dieser Färbung kann entweder unter dem Fluoreszenzmikroskop oder in der fluoreszenzbasierten Durchflusszytometrie vorgenommen werden.

Ein Merkmal, durch welches sich die LT-HSCs von den anderen beiden Unterpopulationen unterscheiden, ist u.a. die Expression des Zelladhäsionsmoleküls N-Cadherin und des Thyrosinkinaserezeptors Tie2 ($N\text{-}Cad^+/Tie2^+$). Des Weiteren wird die LT-HSC-Population auch als *side population* bezeichnet, da sie negativ in der Hoechst-Färbung ist (SP, *side population*). Diese Zellen besitzen die Eigenschaft, den Hoechst-Farbstoff aus den Zellen zu schleusen. Auf molekularer Ebene wird dies durch die Expression von membranständigen Transporterproteinen erreicht, die eine sogenannte *ATP-binding cassette* aufweisen. Dazu gehören unter anderem Mdr1 (engl. *multiple drug resistance 1*) oder abcg2 (engl. *ATP-binding cassette, subfamily G, member 2*). Der Anteil der LT-HSCs am gesamten Knochenmark beläuft sich lediglich auf etwa 0,02 %.

ATP-binding cassette: ATP-bindende Proteindomäne

Murine als auch humane HSCs werden meist durch die fluoreszenzbasierte Durchflusszytometrie (FACS) aufgereinigt. Die Aufreinigung geschieht unter Einsatz unterschiedlicher Antikörper, welche die charakteristischen Merkmale der einzelnen Subpopulationen erfassen (siehe Infobox 5.2). Diese Methode kann auch zur Quantifizierung einzelner Zellpopulationen verwendet werden.

Infobox 5.2

Abb. 5.4

Fluoreszenzbasierte Durchflusszytometrie

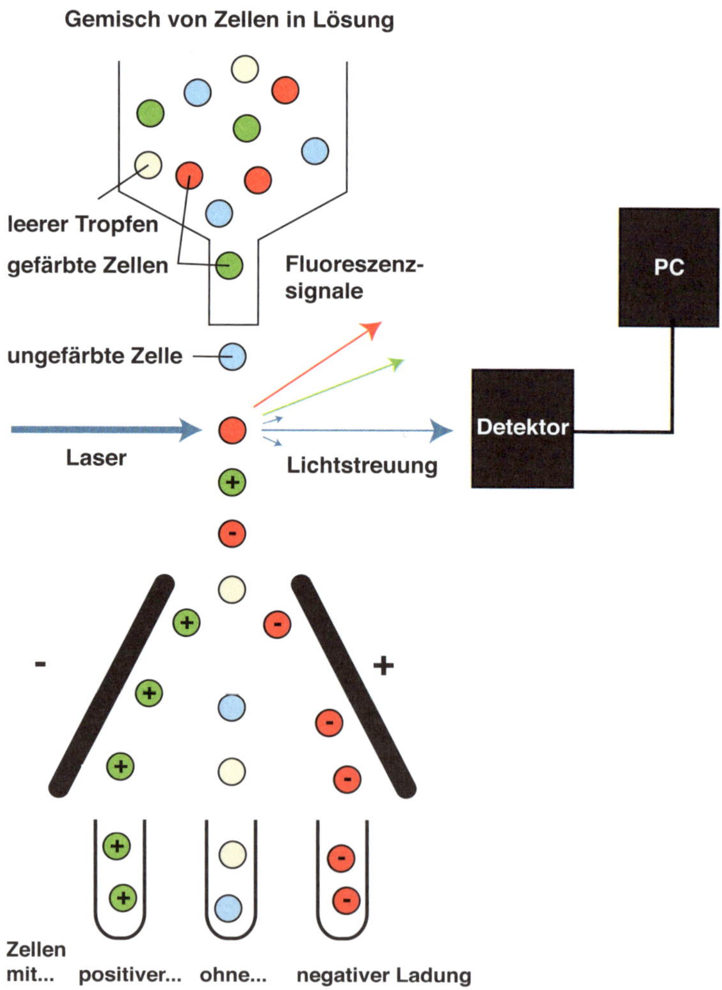

Fluoreszenzbasierte Durchflusszytometrie

Mithilfe der fluoreszenzbasierten Durchflusszytometrie kann ein Zellgemisch entweder auf das Vorhandensein verschiedener Zelltypen hin analysiert oder ein bestimmter Zelltyp aus diesem Gemisch isoliert werden. Diese Methode wird auch häufig als FACS (engl. *fluorescence activated cell sorting*)-Analyse bezeichnet, wobei der Begriff FACS eine geschützte Handelsmarke der amerikanischen Firma *Becton, Dickinson and Company* darstellt. Bei dieser Methode kommen definierte, mit einem Fluoreszenzfarbstoff gekoppelte Antikörper zum Einsatz, die spezifisch an zelltypspezifische Proteine (oft Oberflächenmoleküle der CD-Klasse [engl. *cluster of differentiation*]) binden und somit einen bestimmten Zelltyp markieren. Nach der Markierung durch diese Antikörper wird das Zellgemisch durch eine Düse gepresst, sodass vereinzelte Tropfen, die maximal eine Zelle enthalten, einen Laserstrahl passieren können (Abb. 5.4).

Das Laser-Licht regt den Fluoreszenzfarbstoff am Antikörper zur Fluoreszenz an. Die Fluoreszenz wiederum wird durch einen Fotomultiplier detektiert und gemessen. Je nach Messwert werden die Tropfen elektrisch aufgeladen, mithilfe elektrischer Platten mehr oder weniger stark abgelenkt und so in verschiedene Sammelgefäße sortiert. Somit werden die durch den Antikörper markierten Zellen von den unmarkierten getrennt. Tropfen, die Zellklumpen enthalten, werden durch Entstehung einer diffusen Lichtstreuung erkannt und in einen Abfallbehälter geleitet. Um das Sortieren der Zellen noch weiter zu differenzieren, lassen sich unter Verwendung verschiedener Antikörper auch mehrere Marker gleichzeitig in einer Messung detektieren; die dabei verwendeten Fluoreszenzfarbstoffe müssen sich dann in der Wellenlänge des emittierten Lichts unterscheiden. Dieses Verfahren kann bis zu 10000 Zellen pro Sekunde analysieren und sortieren. Eine Computersoftware stellt die erhaltenen Messergebnisse grafisch dar – meist in Form eines Achsendiagramms als Dot-Plot (Abb. 5.5).

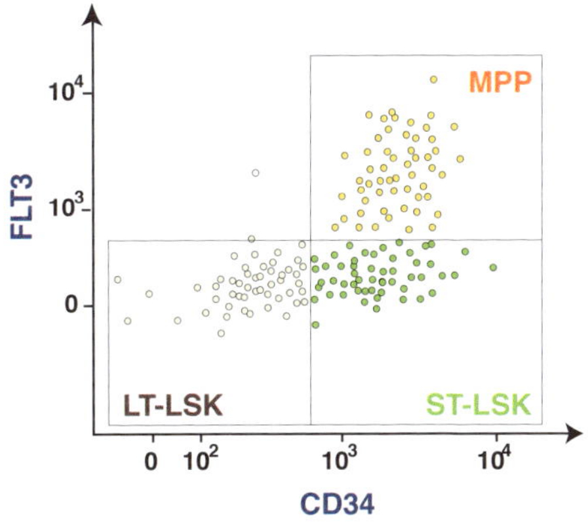

Abb. 5.5

Dot-Plot-Darstellung einer fluoreszenzbasierten Durchflusszytometrie. Die fluoreszenzbasierte Durchflusszytometrie analysiert ein Zellgemisch entweder auf verschiedene Zelltypen hin oder isoliert einen bestimmten Zelltyp aus diesem Gemisch. Dargestellt ist das Ergebnis einer fluoreszenzbasierten Durchflusszytometrie zur Analyse von Zellen aus dem Knochenmark. Die LT-HSCs sind negativ für CD34 wie auch FLT3 (links unten). ST-HSCs sind negativ gegen FLT3, aber positiv gegen CD34 (rechts unten). MPPs sind positiv für FLT3 und CD34 (rechts oben). Jeder Punkt spiegelt eine einzelne Zelle wider. Auf den Achsen ist die relative Fluoreszenzintensität logarithmisch aufgetragen. FLT3, engl. *fms-like tyrosine kinase receptor 3*.

5.5 | Die Stammzellnische hämatopoetischer Stammzellen

Die HSCs sind im Knochenmark in den im letzten Kapitel besprochenen Stammzellnischen zu finden; diese beeinflussen das Schicksal der Stammzellen. Für die Stammzellnische der HSCs wurden in den letzten Jahren unterschiedliche Modelle aufgestellt, wobei der genaue Mechanismus bis heute noch nicht vollständig aufgeklärt ist. Daher wollen wir hier lediglich die grundlegenden Prinzipien skizzieren.

Offensichtlich befinden sich im Knochenmark zwei Bereiche, in denen Stammzellen in einer Nische angeordnet sind, die Osteoblastenzone auf der Innenseite der Knochenoberfläche und die zentrale Markzone im Inneren des Knochens. In letzterer spielen insbesondere Gefäße eine zentrale Rolle, weshalb man in diesem Zusammenhang auch von der vaskulären Zone spricht. Ob diese beiden Zonen zwei unterschiedliche Nischen darstellen oder lediglich zwei Bereiche innerhalb einer Nische sind, ist bis heute nicht abschließend beantwortet. Die beiden Stammzellzonen sind jedenfalls nicht getrennt voneinander zu betrachten. Beide kommunizieren wie nachfolgend dargestellt miteinander und die hämatopoetischen Stammzellen können sich von einer Zone zur anderen bewegen. Im Folgenden wollen wir auf die molekularen Aspekte dieser beiden Zonen im Detail eingehen.

5.5.1 | Die Osteoblastenzone

Endosteum: innere Knochenhaut

Periosteum: Bindegewebe, das die äußere Oberfläche der Knochen bildet

Osteoblasten: Vorläuferzellen des Knochens

Osteoklasten: mehrkernige Zellen zum Abbau von Knochensubstanz; entstehen aus mononukleären Zellen des hämatopoetischen Systems

Stromazellen: setzen sich aus Fibroblasten, Fettzellen sowie anderen Zellen zusammen

Osteoblasten bilden einen wesentlichen Anteil des Endosteums (Abb. 5.2) und damit der Osteoblastenzone (Abb. 5.6). Weitere, hier lokalisierte Zellen sind die Osteoklasten und Stromazellen. Alle drei aufgezählten Zelltypen üben einen Einfluss auf die HSCs aus, wobei eine Vielzahl von Hinweisen darauf hindeutet, dass die Zellen der Osteoblastenzone die Stammzellen in einem Ruhezustand halten. Das heißt, dass die Stammzellen überwiegend in der G0-Phase des Zellzyklus gehalten werden. Es konnte gezeigt werden, dass sich die HSCs in der Osteoblastenzone in der Maus durchschnittlich nur alle 145 Tage teilen. Diese Population an Stammzellen wird auch als ruhende (engl. *quiescente*) Stammzellen bezeichnet und repräsentiert die oben besprochenen LT-HSCs (Kapitel 5.4). Weiterhin unterstützt die Osteoblastenzone auch die Selbsterneuerung von HSCs.

Die Tatsache, dass Osteoblasten Einfluss auf die Anzahl hämatopoetischer Stammzellen nehmen, konnte über genetische Studien gezeigt werden. Der BMP-Signalweg (Kapitel 1, Abb. 1.6) beispielsweise ist essenziell für die Bildung von Osteoblasten. Durch Manipulation dieses Signalwegs, kann es zu einer erhöhten Anzahl von N-Cadherin positiven Osteoblasten kommen, was wiederum von einer erhöhten Anzahl an LT-HSCs in der Osteoblastenzone begleitet wird. Umgekehrt führt ein Verlust der

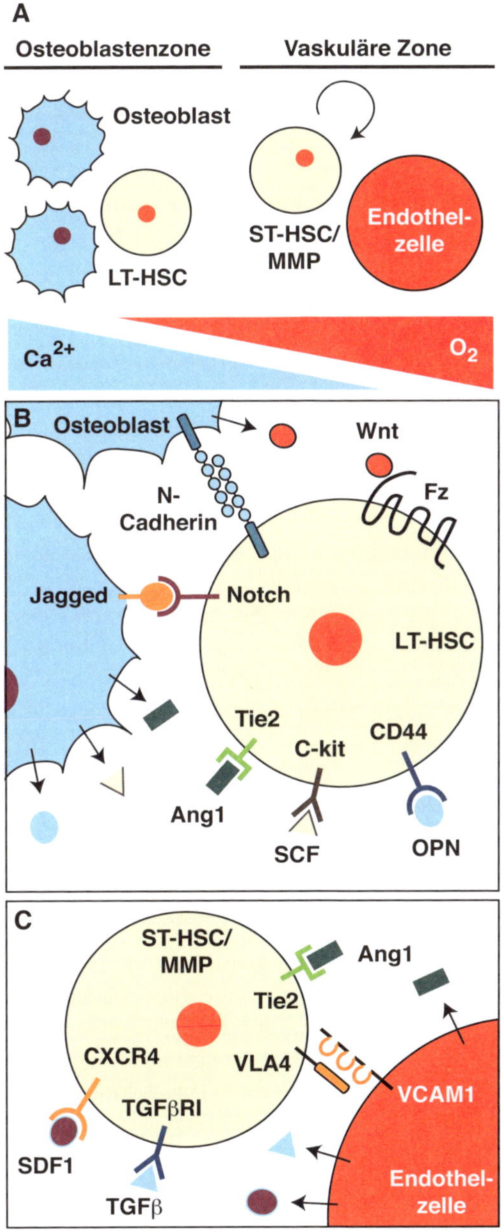

Abb. 5.6

Modell der Stammzellnische hämatopoetischer Stammzellen. A. Die Stammzellnische des hämatopoetischen Systems kann in zwei Hauptzonen eingeteilt werden, die Osteoblastenzone und die vaskuläre Zone. Die Osteoblastenzone befindet sich auf der inneren Knochenoberfläche, die vaskuläre Zone im Inneren des Knochenmarks. Die zelluläre Hauptkomponente der Osteoblastenzone sind die Osteoblasten, die der vaskulären Zone die Endothelzellen der Blutgefäße, die das Knochenmark versorgen. In der Osteoblastenzone werden die HSCs durch den Einfluss unterschiedlicher Moleküle in einem ruhenden Zustand (engl. *quiescence*) (siehe B) gehalten (G_0-Phase des Zellzyklus). Des Weiteren ist hier die lokale Ca^{2+}-Konzentration hoch, in Richtung vaskulärer Zone fällt die Ca^{2+}-Konzentration ab. In der vaskulären Zone werden die HSCs durch den Einfluss verschiedener Faktoren (siehe C) in einem aktiven Zustand gehalten, wodurch sie sich selbst erneuern, proliferieren und differenzieren können. Des Weiteren existiert, ausgehend von den Blutgefäßen, ein O_2-Gradient im Knochenmark. **B.** Die Faktoren der Osteoblastenzone bewirken einen ruhenden Zustand der HSCs, sodass hier hauptsächlich die LT-HSCs vorzufinden sind. Hierbei spielen der Jagged/Notch und der kanonische Wnt-Signalweg eine entscheidende Rolle. Lösliche Faktoren wie Ang1 (Angiopoietin 1), SCF (engl. *stem cell factor*) und OPN (Osteopontin) werden von den Osteoblasten sezerniert und binden an ihre Rezeptoren auf den HSCs, was in der Folge diverse Signalkaskaden auslöst. Durch N-Cadherin kommt es zur direkten Interaktion von Osteoblasten und HSCs. **C.** In der vaskulären Zone bewirken verschiedene Faktoren, dass die HSCs einen aktiven Zustand erlangen und beibehalten. Hier sind demnach die ST-HSCs und MMPs lokalisiert. Die Blutgefäße des Knochenmarks exprimieren verschiedene Zelladhäsionsmoleküle (engl. *cell adhesion molecules*, CAMs), u.a. VCAM1 (engl. *vascular cell adhesion molecule 1*), welches mit dem Integrin Dimer VLA4 (engl. *very late antigen 4*) auf den HSCs interagiert. Lösliche Moleküle wie Ang1 (Angiopoietin 1), SDF1 (engl. *stromal cell-derived factor 1*) und TGFβ (engl. *transforming growth factor β*), die von den Endothelzellen produziert werden, und deren Rezeptoren Tie2 (Thyrosinkinase Rezeptor), TGFβR (TGFβ-Rezeptor) und CXCR4 (engl. *chemokine [C-X-C motif] receptor 4*) lösen die entsprechenden Signalkaskaden in den HSCs aus.

Parathormon: Hormon der Nebenschilddrüsen; reguliert den Calciumstoffwechsel

homophile Interaktion: Interaktion von zwei identischen Molekülen

Osteoblasten auch zu einem Verlust an HSCs. Osteoblasten reagieren ebenfalls auf den Einfluss des Parathormons bzw. des parathormonähnlichen Peptids. Die Überexpression eines konstitutiv-aktiven Parathormon-Rezeptors in Osteoblasten führt nicht nur zu einer Zunahme von Osteoblasten, sondern auch von HSCs. Beide Befunde zeigen, dass die Osteoblasten einen großen Einfluss auf die Anzahl von HSCs in der Nische haben.

Für einige Zelladhäsionsmoleküle und sezernierte Faktoren wurde eine Rolle in der Bildung von HSCs und deren Aufrechterhaltung gezeigt (Abb. 5.6). Das Zelladhäsionsmolekül N-Cadherin wird sowohl auf der Zellmembran der Osteoblasten, als auch der Zellmembran der HSCs exprimiert (Abb. 5.6 B). Die homophile Interaktion dieses Zelladhäsionsmoleküls sorgt für den direkten Kontakt zwischen Osteoblasten und HSCs. Man beachte, dass lediglich die LT-HSCs positiv für N-Cadherin sind (siehe Abb. 5.3) und daher nur die LT-HSCs eine hohe Affinität zur Osteoblastenzone besitzen. Eine vermehrte Expression von N-Cadherin auf den Osteoblasten führt zu einer verstärkten Adhäsion zwischen HSCs und Osteoblasten und somit zu einer erhöhten Immobilität der Stammzellen. Interessant in diesem Zusammenhang ist die Beobachtung, dass nicht alle Osteoblasten für N-Cadherin positiv sind, was für eine funktionelle Diversität der Osteoblasten spricht. Die N-Cadherin positiven Osteoblasten besitzen eine spindelförmige Morphologie und werden daher auch als SNO-Zellen (engl. *spindle shaped, N-cadherin+ osteoblast*) bezeichnet.

Ein enger Kontakt zwischen Osteoblasten und HSCs wird auch durch die Interaktion des Notch-Rezeptors (Kapitel 1, Abb. 1.6) möglich, der auf der Oberfläche der HSCs zu finden ist, mit seinem Liganden Jagged, der zur Delta-Familie gehört und auf den Ostoblasten präsentiert wird (Abb. 5.6 B). Die Expression von Jagged auf den Ostoblasten scheint dabei unter der Kontrolle des Parathormons zu stehen. Aktiviertes Notch verhindert die Differenzierung der Stammzellen und ist damit für die Selbsterneuerung der HSCs in der Osteoblastenzone essenziell.

Überdies scheinen Wnt-Liganden (Kapitel 1, Abb. 1.5) für die LT-HSCs in der Osteoblastenzone wichtig zu sein (Abb. 5.6 B). Eine osteoblastenspezifische Überexpression des Wnt-Inhibitors Dkk1 (Kapitel 1, Abb. 1.5) führt dazu, dass LT-HSCs vermehrt proliferieren. Gleichzeitig wird die Fähigkeit zur Repopulation bei serieller Transplantation deutlich eingeschränkt.

Weitere sezernierte Moleküle der Osteoblastenzone sind Angiopoietin 1 (Ang1), SCF (engl. *stem cell factor*) und Osteopontin (OPN). Diese werden von den Osteoblasten produziert und binden an ihre Rezeptoren Tie2, c-Kit und CD44 auf den HSCs (Abb. 5.6 B). Für Angiopoietin 1 konnte gezeigt werden, dass die Bindung an Tie2 zu einer intrazellulären Aktivierung des PI3K/Akt-Signalwegs in den HSCs führt, ein Signalweg, der für das Überleben von Zellen notwendig ist. SCF ist demgegenüber an der Selbsterneuerung von HSCs beteiligt. Osteopontin ist ein saures Glykoprotein mit anti-proliferativer Wirkung auf die HSCs.

Auch die lokale Calciumionen-Konzentration spielt in der Osteoblastennische eine Rolle (Abb. 5.6 A). Beim Einwandern der Stammzellen aus der fetalen Leber in das Knochenmark und insbesondere in die Osteoblastennische messen die HSCs wahrscheinlich die lokale Calciumionen-Konzentration mithilfe eines Calciumsensors. Dabei handelt es sich um einen Rezeptor der Zellmembran, der in die Klasse der sieben Transmembran-Proteine gehört und als Calcium-Rezeptor (CaR) fungiert. In Mäusen, in denen dieser Rezeptor spezifisch in HSCs ausgeschaltet wurde, ist zwar die Anzahl von HSCs in der Leber und ihr Einwandern in das Knochenmark normal, die HSC-Population innerhalb der Osteoblastenzone ist jedoch deutlich reduziert.

Zugleich ist die Sauerstoffkonzentration in der Osteoblastenzone im Vergleich zur vaskulären Zone deutlich geringer (Abb. 5.6 A). Die Bedingungen in der Osteoblastenzone sind also hypoxisch. Man vermutet, dass dies für die LT-HSC besonders vorteilhaft ist, da die Bildung reaktiver Sauerstoffspezies dadurch deutlich verringert ist. Letztere haben generell eine schädigende Wirkung auf Zellen.

Hypoxie: Mangel an Sauerstoff

Die vaskuläre Zone

5.5.2

Die vaskuläre Zone oder auch zentrale Knochenmarkzone der hämatopoetischen Stammzellnische befindet sich im Inneren des Knochenmarks und weist eine Vielzahl von Blutgefäßen auf (Abb. 5.6). Die Blutgefäße sorgen für eine sauerstoff- und nährstoffreiche Umgebung und scheinen an der aktiven Zellproliferation und Reifung der Stammzellen beteiligt zu sein. Erste Hinweise, dass Endothelzellen für die hämatopoetische Stammzellnische von Bedeutung sein könnten, kamen mit der Beobachtung auf, dass Endothelzellen aus dem Dottersack oder der AGM-Region das Überleben und die Expansion von HSCs in der Kulturschale ermöglichen. Interessanterweise ist dieser Einfluss eine spezifische Fähigkeit von Endothelzellen des Knochenmarks, was auf eine besondere „molekulare Ausstattung" dieser Zellen hinweist. Diese spezifischen Endothelzellen des Knochenmarks werden auch als BMECs (engl. *bone-marrow sinusoidal endothelial cells*) bezeichnet.

Ein wichtiges lösliches Molekül der vaskulären Nische ist SDF1 (engl. *stromal cell-derived factor 1*), welches auch als CXCL12 (engl. *chemokine [C-X-C motif] ligand 12*) bezeichnet wird. SDF1 wird von den Endothelzellen des Knochenmarks sezerniert (Abb. 5.6 C) und ist in diesem Zusammenhang wohl das bisher am besten untersuchte Zytokin. HSCs ihrerseits exprimieren den Rezeptor für SDF1, CXCR4 (engl. *chemokine [C-X-C motif]*

Zytokine: Wachstumsfaktoren oder Mediatoren; dazu gehören fünf Hauptgruppen wie Interleukine, Interferone, Chemokine, kolonie-stimulierende Faktoren und Tumornekrosefaktoren *receptor 4*). SDF1 ist sowohl an der Mobilisierung von HSCs aus der Osteoblastenzone als auch am *Homing* von HSCs beteiligt. Bei der Mobilisierung werden auch proteolytische Enzyme wie die Matrixmetalloproteinase 9 (MMP9) und die Cystein-Protease Cathepsin K benötigt.

Ruhende LT-HSCs, die aus der Osteoblastenzone in die vaskuläre Zone wandern, werden in der vaskulären Zone zur Proliferation und letztlich auch zur Differenzierung angeregt. Dies geschieht unter dem lokalen Einfluss von Wnt- und FGF-Proteinen. Die Funktion des kanonischen Wnt-Signalwegs (Kapitel 1, Abb. 1.5) ist allerdings in diesem Kontext bis zum heutigen Tag noch nicht abschließend geklärt, da verschiedene Arbeitsgruppen widersprüchliche Beobachtungen gemacht haben.

In *In-vitro*-Studien konnte gezeigt werden, dass die konstitutive Aktivierung von β-Catenin zu einer Zunahme hämatopoetischer Stammzellen in Langzeitkulturen führt. *In vivo* hingegen scheint weder die Inhibition noch die Aktivierung von β-Catenin einen Einfluss auf die Selbsterneuerung von HSCs zu haben. Möglicherweise wirken Wnt-Proteine hier lediglich synergistisch mit anderen Faktoren.

Im Gegensatz zu den ruhenden Stammzellen der Osteoblastenzone proliferieren die HSCs der vaskulären Zone deutlich schneller. Hier befinden sich also die stärker proliferierenden HSC-Populationen, die ST-HSCs und die MPPs (siehe Abb. 5.3).

Des Weiteren sind die Endothelzellen der Blutgefäße in der vaskulären Zone einzigartig in Bezug auf die Expression von Zelladhäsionsmolekülen wie VCAM1 (engl. *vascular cell adhesion molecule 1*), ICAM1 (engl. *intercellular adhesion molecule 1*), E- (engl. *endothelial*) und P- (engl. *platelet*) Selektin. Dadurch werden die ST-HSCs einerseits in der vaskulären Zone verankert, andererseits erlauben diese den Übertritt von HSCs und bereits in die Differenzierung eingetretener Zellen in die Blutzirkulation.

Selektine: Zelladhäsionsmoleküle, Glykoproteine auf Endothelzellen, Blutplättchen oder Leukozyten

Interessanterweise können zirkulierende HSCs und MMPs in ihre Stammzellnische im Knochenmark zurückkehren, um den dortigen Pool wieder aufzufüllen (*Homing*). Auch hier erwiesen sich Zelladhäsionsmoleküle wie Integrine und Selektine auf den HSCs sowie VCAM1 auf den Endothelzellen als unabdingbar. Ihr peripheres Zielgewebe erreichen die Stammzellen über die Blutbahn, zur Stammzellnische zurück migrieren sie über das Lymphsystem.

5.6 | Differenzierung hämatopoetischer Stammzellen

Da funktionelle Blutzellen relativ kurzlebig sind, müssen diese durch terminale Differenzierung aus HSCs ständig erneuert werden. Die Differenzierung von HSCs in reife Blutzellen wie Erythrozyten oder Lymphozyten ist ein Prozess, der schon in zahlreichen Studien analysiert wurde. Verschiedene Wachstumsfaktoren und Zytokine sind in diesen komplexen Prozess involviert. Diese steuern die Expression und Aktivität definierter Transkriptionsfaktoren, welche jeweils für eine spezifische Entwicklungslinie wichtig sind.

Für die initiale Bildung von fetalen HSCs sind insbesondere die Transkriptionsfaktoren MLL (engl. *mixed lineage-leukemia*), RUNX1 (engl. *runt-related transcription factor 1*), SCL/TAL1 (engl. *stem cell leukemia/T-cell acute leukemia 1*) und LMO2 (engl. *LIM domain only 2*) essenziell (Abb. 5.1). In Abwesenheit von einem der Faktoren, RUNX1, SCL/TAL1 oder LMO2, ist die Blutbildung gestört; es kann keine Blutzelle gebildet werden. Demgegenüber führt die Überexpression von SCL/TAL1 oder LMO2 in mesodermalem Gewebe zu einem hämatopoetischen Schicksal.

Differenzierungspotenzial von hämatopoetischen Stammzellen durch den Einfluss verschiedener Wachstumsfaktoren. Gezeigt ist die Wirkung verschiedener Wachstumsfaktoren und Zytokine auf die Differenzierung hämatopoetischer Stammzellen in verschiedene Derivate. Verwendete Abkürzungen: Epo, Erythropoietin; G-CSF, engl. *granulocyte colony stimulating factor*; GM-CSF, engl. *granulocyte macrophage colony stimulating factor*; IL, Interleukin; M-CSF, engl. *macrophage colony stimulating factor*; SCF, engl. *stem cell factor*; SDF1, engl. *stromal cell-derived factor 1*; TPO, engl. *thrombopoetin*. **Abb. 5.7**

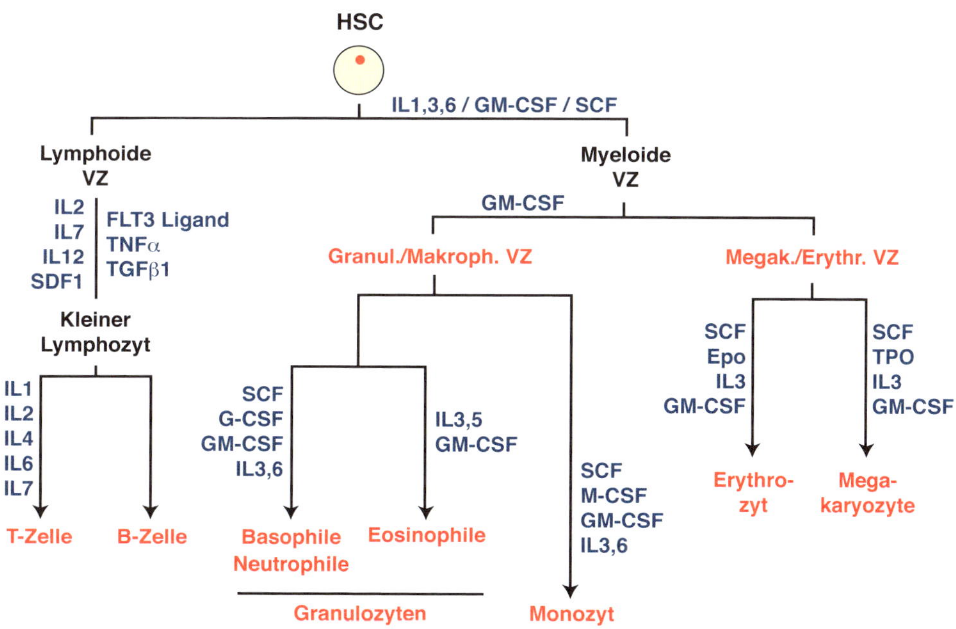

Während diese Transkriptionsfaktoren für die Spezifizierung der HSCs wichtig sind, scheinen sie für deren Überleben und Proliferation keine große Rolle zu spielen. SCL/TAL1 beispielsweise wird zwar für die embryonale Entwicklung von HSCs benötigt, beeinflusst das Verhalten adulter HSCs jedoch nicht.

Für die terminale Differenzierung in die verschiedenen Blutzellen sind neben den genannten noch weitere Transkriptionsfaktoren notwendig (Abb. 5.1). PU.1 beispielsweise induziert die Entwicklung der myeloiden Vorläuferzellen aus HSCs. GATA1 fördert die Entwicklung der Megakaryozyten/Erythrozyten-Vorläuferzellen aus den myeloiden Vorläuferzellen. Im Gegensatz dazu ist das CCAAT/Enhancer-Bindeprotein α (C/EBPα) in den myeloiden Granulozyten-Vorläuferzellen exprimiert und für dessen Entwicklung unentbehrlich, während es für die Makrophagenbildung nicht benötigt wird. Pax5 (engl. *paired box protein 5*) ist für die Entwicklung der B-Zellen entscheidend.

Aber nicht nur die Aktivität der einzelnen Transkriptionsfaktoren an sich ist essenziell, auch deren Konzentration zu ganz bestimmten Zeitpunkten der Entwicklung. So bewirkt eine hohe Konzentration von PU.1 eine Bildung von Makrophagen, eine niedrige Konzentration hingegen die Bildung von B-Zellen.

Die Steuerung der Differenzierung in der Kulturschale kann im Wesentlichen mithilfe extrazellulärer Wachstumsfaktoren und Zytokinen erfolgen. Dabei wird die Differenzierung in eine bestimmte Richtung durch eine Kombination verschiedener Zytokine und deren jeweilige Konzentration bestimmt. Zu diesen Faktoren gehören einzelne Interleukine, das Erythropoetin oder G-CSF (engl. *granulocyte-colony stimulating factor*) und GM-CSF (engl. *granulocyte macrophage colony stimulating factor*). Einen Überblick, wie einzelne Faktoren die Differenzierung von HSCs beeinflussen, gibt uns Abb. 5.7.

5.7 Klinische Anwendung hämatopoetischer Stammzellen

5.7.1 Das Problem der Gewebeverträglichkeit

autolog/autogen: Spender und Empfänger ist dieselbe Person; vom selben Organismus stammend

allogen: Spender und Empfänger sind unterschiedliche Personen

Die effektivste und meist angewandte klinische Methode in der regenerativen Medizin ist derzeit die Knochenmarktransplantation zur Bekämpfung von Erkrankungen des hämatopoetischen Systems. Bei der Knochenmarktransplantation werden hämatopoetische Stammzellen von einem Spender auf einen Empfänger übertragen. Dies kann entweder autolog oder allogen erfolgen.

Autologe Transplantationen werden dann vorgenommen, wenn die Gefahr der sekundären Schädigung des hämatopoetischen Systems durch eine Chemotherapie oder Bestrahlung eines Krebspatienten besteht. Hierzu werden dem Patienten vor der Therapie gesunde HSCs entnommen, die Behandlung durchgeführt und die vorher entnommenen HSCs wieder in den Patienten eingebracht. Im eigentlichen Sinne ist die autologe Transplantation eine Reimplantation, da dem Spender die Zellen zurück implantiert werden. Da Spender und Empfänger dieselbe Person darstellen, muss das Immunsystem des Patienten vor der Implantation der HSCs nicht unterdrückt werden. Die autologe Transplantation wird auch als myeloablative Therapie bezeichnet und kann unter anderem bei Bekämpfung eines Neuroblastoms angewandt werden.

Allogene Knochenmarktransplantationen werden hauptsächlich bei bestimmten Leukämien oder malignen Lymphomen durchgeführt. Bei der allogenen Transplantation sind Spender und Empfänger unterschiedliche Personen. Dabei werden zum Empfänger HLA-identische oder kompatible Spender benötigt. Dies können Verwandte, aber auch nicht verwandte Personen sein. Die HLA-Merkmale (humane Leukozyten Antigene, siehe Infobox 5.3) werden mithilfe serologischer, biochemischer und molekulargenetischer Tests bestimmt. Je ähnlicher die HLA-Merkmale von Spender und Empfänger sind, umso geringer ist die Gefahr der Abstoßung des transplantierten Gewebes oder der transplantierten Zellen. Zur Absicherung der Histokompatibilität wird zudem ein Test durchgeführt, bei welchem die Leukozyten von Spender und Empfänger gemischt und auf ihre Proliferation hin untersucht werden. Kompatible Zellen zeigen keine erhöhte Proliferationsrate.

Findet man keinen kompatiblen Spender in der Verwandtschaft, muss die Suche ausgeweitet werden. Hierbei ist die Knochenmarkspenderdatei eine große Hilfe. Für die Vermittlung geeigneter Knochenmarkspender betreiben zahlreiche Organisationen wie die Deutsche Knochenmarkspenderdatei eine weltweite Datenbank. Hierfür können sich Freiwillige registrieren und HLA-typisieren lassen. Dabei muss entweder eine Blut- oder Speichelprobe abgegeben werden, anhand derer die wichtigsten Gewebemerkmale bestimmt und dokumentiert werden.

Derzeit sind etwa 15,3 Millionen Menschen weltweit registriert, wodurch für ca. 70 % der Patienten, die keinen kompatiblen Spender in der eigenen Verwandtschaft besitzen, ein geeigneter Spender gefunden werden kann.

Da bei der allogenen Knochenmarktransplantation Spender und Empfänger unterschiedliche Personen und die HLA-Merkmale nie 100 % identisch sind, muss das Immunsystem des Empfängers zunächst zerstört oder so stark unterdrückt werden, dass die eingeführten Zellen nicht abgestoßen werden. Man spricht in diesem Zusammenhang davon, dass der Patient konditioniert werden muss (Infobox 5.4).

myeloablative Therapie: Zerstörung des hämatopoetischen Systems zu Therapiezwecken mit anschließender Implantation von HSCs

Neuroblastom: Tumor bei Kindern, der vom sich entwickelnden Neuralgewebe ausgeht; frühe neurale Zellen, sogenannte Neuroblasten, verbleiben in einem undifferenzierten Stadium und bilden Tumore.

Histokompatibilität: Gewebeverträglichkeit

Leukämie: Erkrankung des Blutsystems; zeichnet sich aus durch eine vermehrte Bildung der Leukozyten, die sich im Knochenmark und peripheren Blut ausbreiten.

Lymphom: Vergrößerung eines Lymphknotens; kann beispielsweise durch einen bösartigen Tumor bedingt sein.

Lymphknoten: Teil des Abwehrsystems eines Organismus; filtert die Lymphe (Gewebewasser)

Infobox 5.3

HLA-Merkmale

Wesentliches Problem bei allogenen Zell- oder Gewebetransplantationen ist die Tatsache, dass das Immunsystem zwischen körpereigenen und körperfremden Zellen unterscheidet und körperfremde Zellen meist eliminiert. Von besonderer Bedeutung für diesen Abstoßungsprozess sind im Menschen die HLAs, die humanen Leukozytenantigene, die auch als Haupthistokompatibilitätskomplex (engl. *major histocompatibility complex*, MHC) beschrieben werden. Dieser Komplex fasst eine Gruppe von Genen/Proteinen zusammen, die für die Immunerkennung und für die Gewebeverträglichkeit bei Gewebetransplantationen essenziell sind. Die MHC-Proteine werden in verschiedene Klassen (I–III) eingeteilt, von denen die Klassen I und II für das spezifische Immunsystem am wichtigsten sind. Für die Abstoßungsreaktionen sind die MHC-Klasse-I-Proteine von besonderer Bedeutung. Diese sind jeweils für ein Individuum charakteristisch und werden als Antigene auf fast allen (kernhaltigen) Zellen des Körpers präsentiert und kennzeichnen diese Zellen somit als körpereigene Zellen. $CD8^+$ T-Killerzellen sind so selektioniert, dass sie diese Zellen als körpereigen erkennen können. Werden nun in einen Körper Zellen mit einer anderen MHC-I-(HLA) Ausstattung transplantiert, erkennen die T-Killerzellen diese als körperfremd und beginnen, diese Zellen mit einer Immunreaktion zu bekämpfen.

Nur der Vollständigkeit halber sei erwähnt, dass körpereigene Zellen, die mit einem Virus befallen sind, virale Proteine als Teil des MHC-I-Komplexes auf der Zelloberfläche präsentieren, sodass auch in diesem Fall das Immunsystem zuschlagen kann.

MHC-II-Proteine sind in die normale antigen-vermittelte Immunabwehr unter Beteiligung der $CD4^+$ T-Helferzellen involviert.

Infobox 5.4

Konditionierung von Patienten

Um eine allogene Transplantation durchführen zu können, muss der Empfänger zuerst konditioniert werden, d.h. sein Immunsystem muss so stark unterdrückt werden, dass die eingeführten Zellen vom Empfängerorganismus nicht abgestoßen werden. Dies geschieht durch Chemotherapie und/oder Bestrahlung des Empfängerorganismus. Dies kann über zwei Methoden geschehen: Einerseits über die ablative, andererseits über die nichtablative Methode. Bei der ablativen Methode werden die Zellen durch eine hoch dosierte zytotoxische Chemotherapie und/oder durch Ganzkörperbestrahlung vernichtet. Obwohl diese Methode viele unerwünschte Nebenwirkungen mit sich bringt, gehört sie momentan noch zur klinischen Norm. Ein Nachteil ist, dass dabei nicht nur das Knochenmark und das Blut, sondern auch andere Organe angegriffen werden. Daher wird diese Methode für gewöhnlich nur bei ansonsten gesunden Menschen, die jünger als 55 sind, angewandt. Im Gegensatz zur ablativen Methode ist das nichtablative Verfahren wesentlich schwächer, da hierbei das Immunsystem nur soweit geschwächt werden soll, dass fremde Zellen nicht abgestoßen werden.

zytotoxisch: zellzerstörend

Die Gewinnung hämatopoetischer Stammzellen

5.7.2

In der Vergangenheit wurden verschiedene Techniken etabliert, sodass es heute möglich ist, HSCs aus dem Knochenmark, dem peripheren Blut oder auch dem Nabelschnurblut zu gewinnen.

Die klassische Methode für die Gewinnung von HSCs ist die Entnahme aus dem Knochenmark. Hierfür wird dem Spender unter Vollnarkose etwa ein Liter Blut-Knochenmark-Gemisch aus dem Becken mithilfe von Punktionsnadeln entnommen. Anschließend werden die HSCs isoliert und für die Implantation aufgereinigt. Die Regeneration des Knochenmarks des Spender dauert zwei Wochen.

Alternativ können HSCs auch aus dem peripheren Blut gewonnen werden. Dabei müssen die HSCs erst aus ihrer Stammzellnische (Kapitel 5.5) in das Blut mobilisiert werden. Das geschieht unter dem Einfluss hämatopoetischer Wachstumsfaktoren. Zur Mobilisierung der HSCs wird dem Spender G-CSF (engl. *granulocyte-colony stimulating factor*) über mehrere Tage subkutan gespritzt. Anschließend werden die HSCs aus dem peripheren Blut des Spenders herausgefiltert.

subkutan: unter die Haut

Auch aus dem Nabelschnurblut lassen sich direkt nach der Geburt HSCs isolieren; sie werden eingefroren und zu einem späteren Zeitpunkt, wenn nötig, aufgetaut und implantiert.

Regeneration des hämatopoetischen Systems und Nebenwirkungen

5.7.3

Nach einer allogenen Transplantation kommt es im Empfängerorganismus innerhalb von 14 bis 28 Tagen zur Regeneration des hämatopoetischen und lymphatischen Systems (siehe Infobox 5.5). Unterstützt werden kann die Regeneration durch Applikation von Wachstumsfaktoren wie G-CSF und GM-CSF (engl. *granulocyte macrophage colony stimulating factor*).

Chimärismus: Organismus enthält Zellen unterschiedlicher genetischer Information.

Eine erfolgreiche allogene Transplantation lässt sich anhand eines Tests auf Chimärismus nachweisen. Nach einer Knochenmarktrans-

Infobox 5.5

Das lymphatische System

Das lymphatische System oder Lymphsystem von Wirbeltieren gliedert sich in die lymphatischen Organe und das lymphatische Gefäßsystem, welches sich durch den ganzen Körper zieht. Funktionen des lymphatischen Systems sind einerseits die Immunabwehr und andererseits der Flüssigkeitstransport durch den Körper. Organe, die zum Lymphsystem gehören, sind unter anderen der Thymus, das Knochenmark, die Milz und die Lymphknoten. In diesen werden, wenn nötig, T- und B-Zellen (Lymphozyten; siehe auch Abb. 5.1) gebildet, die durch das lymphatische Gefäßsystem im Körper verbreitet werden.

plantation enthält der Empfänger zusätzlich zu seinen eigenen Zellen auch Zellen des Spenders, welche die Blutgruppe, sowie chromosomale und molekulargenetische Merkmale des Spenders aufweisen. Bei unterschiedlichem Geschlecht von Spender und Empfänger lässt sich der Chimärismus beispielsweise einfach anhand einer DNA-Sonde gegen das Y-Chromosom nachweisen, da sich Spender und Empfänger in Hinblick auf das Y-Chromosom unterscheiden. So weist eine Person den Genotyp XX auf, die andere ist XY. Wenn dies nicht möglich ist, werden andere unterscheidbare molekulare Marker verwendet.

Als Nebenreaktion einer allogenen Transplantation kommt es oft zu immunologischen Reaktionen im Empfängerorganismus. Eine Transplantation kann beispielsweise scheitern, wenn die T-Killerzellen des Empfängers die neu eingebrachten Zellen als fremd erkennen und zerstören – das Gewebe wird vom Empfängerorganismus abgestoßen.

Auf der anderen Seite können auch die eingebrachten Zellen die Zellen des Empfängerorganismus angreifen. Hier spricht man auch von einer GvHR (engl. *graft versus host reaction*). Bei dieser Reaktion reagieren insbesondere die T-Lymphozyten des Spenders mit dem Empfängergewebe. Dabei kann der Grad der Reaktion stark schwanken, wobei die Symptome insbesondere in der Haut, in der Leber, im Darm und in den Augen sichtbar werden. Die Reaktion fällt umso stärker aus, je größer die Unstimmigkeiten im HLA-Wert (siehe Infobox 5.3) sind. Bei dieser Reaktion greifen die T-Lymphozyten des Spenders die Zellen des Empfängers an, was sich zunächst in einem Hautausschlag, Durchfall und einem Ikterus äußert. Um eine GvHR zu verhindern oder einzudämmen, werden Immunsuppressiva wie Cyclosporin A und/oder Prednison verabreicht, welche die Proliferation von T-Lymphozyten unterdrücken. Hier muss man jedoch bedenken, dass dabei für den Patienten auch das Risiko einer Infektion ansteigt.

Ikterus: Gelbsucht; ein Krankheitsbild, das durch eine Störung des Bilirubinstoffwechsels ausgelöst wird.

Die Immunreaktion von Zellen kann auch positiv in der Therapie genutzt werden, insbesondere bei der Bekämpfung von malignen Zellen und Geweben. Hier spricht man auch von GvM (engl. *graft versus malignancy*) oder GvL (engl. *graft versus leukemia*). Diese Methode dient dazu, Tumorzellen in einem Wirt zu zerstören. Dabei scheinen natürliche Killerzellen des Spenders entscheidend zu sein, da sie auch Krebszellen ohne spezifische Antigenerkennung lysieren können. Die Erkennung wird dabei durch Rezeptoren wie KIRs (engl. *killer cells immunoglobin like receptors*) und NCRs (engl. *natural cytoxicity receptors*) auf den natürlichen Killerzellen vermittelt. Diese Rezeptoren erkennen Epitope der MHC-Klasse I (siehe Infobox 5.3) auf anderen Zellen. Sind Zellen nicht befähigt, die passenden Liganden für KIRs oder NCRs zu exprimieren, kommt es zum Abbau dieser Zellen durch die natürlichen Killerzellen.

Verbesserungsansätze einer erfolgreichen Knochenmarktransplantation | 5.7.4

In den letzten Jahren wurden viele Experimente durchgeführt, um die Aufnahme von transplantierten HSCs durch einen Empfängerorganismus zu verbessern. Da schon Ende der 1980er-Jahre beschrieben wurde, dass für das Überleben von HSCs Stromazellen notwendig sind, kamen Wissenschaftler auf die Idee, zusätzlich zu den HSCs auch MSCs (engl. *mesenchymal stem cells*, siehe Kapitel 5.8) zu transplantieren. Diese Idee wurde erstmals 2000 erfolgreich umgesetzt. Brustkrebspatientinnen wurden HSCs aus dem peripheren Blut wie auch MSCs aus dem Knochenmark entnommen, die Patientinnen einer myeloablativen Therapie (Kapitel 5.7.1) unterzogen, wobei die gesunden, vorher isolierten HSCs und MSCs wieder zurückimplantiert wurden. Die Applikation von MSCs verbesserte die Regeneration des hämatopoetischen Systems deutlich.

Zudem wurden einige Experimente an letal bestrahlten Mäusen (Kapitel 5.3) durchgeführt. Bringt man humane HSCs aus dem Nabelschnurblut (engl. *human umbilical cord blood cells*, HUCBCs) in diese Mäuse ein, wird die Regeneration des hämatopoetischen Systems durch gleichzeitige Zugabe von SCF (engl. *stem cell factor*) und IL6 (Interleukin 6) unterstützt, da der Rezeptor CXCR4 auf den HSCs vermehrt exprimiert wird. Des Weiteren konnte gezeigt werden, dass die Inhibition des Oberflächenantigens CD26 ein gesteigertes *Homing* von HSCs mit sich bringt.

Die mesenchymalen Stammzellen des Knochenmarks | 5.8

Mesenchymale Stammzellen (engl. *mesenchymal stem cells*, MSCs) wurden erstmals 1968 aus dem Knochenmark des Menschen isoliert und beschrieben. Diese Zellen zeigten ein fibroblasten-ähnliches Aussehen und die Fähigkeit, in Osteoblasten/Osteozyten zu differenzieren (Abb. 5.8). Der Name MSC für diesen Zelltyp wurde dann erstmals 1991 von CAPLAN verwendet. Die Fähigkeit, in verschiedene andere Zelltypen wie Chondrozyten, Adipozyten, Tenozyten und Myozyten zu differenzieren, wurde erstmalig im Jahr 1999 gezeigt. Bis heute konnten Zellen mit ähnlichen Eigenschaften auch aus vielen anderen Organen wie dem Gehirn, der Leber, der Niere und dem Muskelgewebe isoliert und in verschiedenen Organismen nachgewiesen werden. Der größte Anteil an MSCs ist jedoch im Knochenmark vorzufinden. Entsprechend der Diversität in Bezug auf die Herkunft sind auch verschiedene Bezeichnungen für diese Zelltypen in Verwendung, auf die wir hier jedoch nicht weiter im Detail eingehen wollen.

Fibroblasten: Bindegewebszellen; produzieren die ECM (engl. *extracellular matrix*)

Osteozyten: Knochenzellen

Chondrozyten: Knorpelzellen

Adipozyten: Fettzellen

Tenozyten: Zellen der Sehnen und Bänder

Myozyten: Muskelzellen

5.8.1 Molekulare Signatur mesenchymaler Stammzellen

Bisher konnten keine einheitlichen zellulären Marker oder Oberflächenantigene für alle MSCs (aus unterschiedlichen Geweben) beschrieben werden. Nach den Kriterien, die von der *International Society of Cellular Therapy* aufgestellt wurden, gelten für *in vitro* kultivierte MSCs folgende Kriterien:

- Die isolierten Zellen sollen in Kultur an Plastik haften (Adhärenz).
- Mindestens 95 % der isolierten Zellen aus der Kultur müssen positiv für CD-Markergene (engl. *cluster of differentiation*) wie CD105 (auch als Endoglin bezeichnet), CD73 (auch als Ecto-5'-nucleotidase bezeichnet) und CD90 (auch als Thy1 bezeichnet) sein. Hingegen sollen Markergene, die spezifisch für andere Entwicklungslinien sind, in nicht mehr als 2 % der Zellen exprimiert werden. Im Einzelnen handelt es sich dabei um: CD34 (spezifisch für hämatopoetische Vorläufer und Endolthelzellen), CD45 (spezifisch für Leukozyten), CD14 (spezifisch für Makrophagen) oder CD11b (spezifisch für Monozyten), CD79A (spezifisch für B-Zellen) oder CD19 (spezifisch für B-Zellen) und das humane Leukozyten-Antigen DR (HLA-DR).
- Außerdem müssen die isolierten Zellen eine Entwicklungskapazität zur Differenzierung in Osteozyten, Adipozyten und Chondrozyten aufweisen.

Einige Berichte weisen darauf hin, dass MSCs auch eine Expression der Pluripotenzmarkergene Oct4, Nanog und SSEA4 aufweisen (siehe Kapitel 3).

5.8.2 Differenzierungspotenzial mesenchymaler Stammzellen

Hepatozyten: Leberzellen

Neben der Fähigkeit, Zellen der mesodermalen Entwicklungslinie zu bilden, sind MSCs auch in der Lage, sich in Derivate anderer Keimblätter wie Neurone (ektodermales Keimblatt) oder Hepatozyten (endodermales Keimblatt) zu entwickeln. MSCs zeigen somit ein multipotentes Entwicklungspotenzial (Abb. 5.8). Die Pluripotenz (Begriffsdefinition siehe Kapitel 3.1) allerdings konnte für MSCs bisher nicht nachgewiesen werden. Bei Implantation in eine Blastozyste tragen sie nicht zur Bildung aller drei Keimblätter bei und auch im 4n-Komplementationsassay (siehe Kapitel 3.5) haben sie kein positives Ergebnis erzielt.

Die Differenzierung von MSCs in die verschiedenen Entwicklungslinien ist ein Prozess in mehreren Schritten, die durch verschiedene Schlüsselfaktoren gesteuert und reguliert werden.

Der wichtigste Regulator der frühen Osteoblastendifferenzierung ist RUNX2 (engl. *runt-related transcription factor 2*) (Abb. 5.8). RUNX2 wirkt zusammen mit einem aktivierten TGFβ-Signalweg synergistisch bei der Aktivierung von Interleukin 11. Osterix, ein weiterer Induktor der Osteoblastenentwicklung, wirkt zeitlich gesehen später als RUNX2.

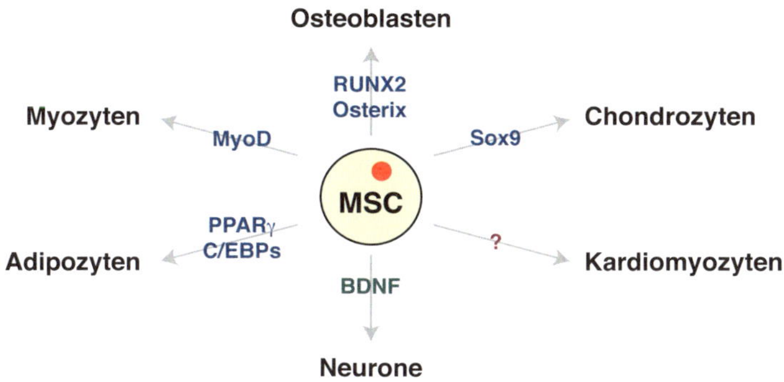

Abb. 5.8

Das Entwicklungspotenzial mesenchymaler Stammzellen. Mesenchymale Stammzellen (engl. *mesenchymal stem cells*, MSCs) weisen ein breites Entwicklungsspektrum auf. Die Differenzierung in bestimmte Gewebearten wird durch definierte Faktoren gesteuert.

Für die Entwicklung in Chondrozyten hat sich der Transkriptionsfaktor Sox9 (engl. *SRY-box 9*) als essenziell herausgestellt (Abb. 5.8), der wiederum einen positiven Einfluss auf Sox5 und 6 hat.

Die myogene Differenzierung in Richtung Skelettmuskel wird durch den Transkriptionsfaktor MyoD bewirkt (Abb. 5.8). Die Differenzierung von MSCs in Adipozyten wird von den Transkriptionsfaktoren PPARγ (engl. *peroxisome proliferator-activated receptor γ*) und Mitgliedern der C/EBP-Familie (engl. *CCAAT/enhancer binding protein*) gefördert, die miteinander interagieren (Abb. 5.8). Die Schlüsselfaktoren für eine Entwicklung der MSCs in Richtung Neurone und Herzmuskelzellen sind noch nicht im Detail untersucht. BDNF (engl. *brain derived neurotrophic factor*) zumindest scheint auf die neuronale Entwicklung Einfluss zu nehmen (Abb. 5.8).

5.8.3 Wachstum und *Homing* mesenchymaler Stammzellen

MSCs weisen ein einzigartiges *Homing*-Verhalten auf (siehe Kapitel 4.2) und sind in der Lage, gezielt in Richtung verletzter Gewebe durch den Organismus zu wandern. Der genaue Mechanismus, der dieser Wanderung durch den Organismus zugrunde liegt, ist bis heute nur in Ansätzen verstanden. Beispielsweise führt eine hypoxische Umgebung zu einer verstärkten Wanderung von MSCs durch den Organismus. Am *Homing* von MSCs scheinen der Rezeptor CXCR4 und der zugehörige Ligand SDF1 beteiligt zu sein. Es zeigte sich, dass CXCR4 exprimierende MSCs durch einen SDF1-Gradienten, der von hypoxischen Geweben ausgeht, angezogen werden. Die Expression von SDF1 wiederum wird durch den Transkriptionsfaktor HIF1α (engl. *hypoxia-inducible factor 1*) reguliert. Interessanterweise beobachtet man mit fortschreitendem Alter eine Abnahme in der HIF1-Expression. Dies könnte erklären, warum im Alter eine geringere *Homing*-Aktivität von MSCs beobachtet wird und bei älteren Menschen regenerative Vorgänge längere Zeit beanspruchen.

hypoxisch: sauerstoffarm

5.8.4 Kultivierung und Vermehrung mesenchymaler Stammzellen

Um MSCs in der Klinik einsetzen zu können, müssen sie zunächst *ex vivo* kultiviert und vermehrt werden.

ex vivo: außerhalb des lebenden Organismus

Zellkonfluenz: Zellrasen ohne Löcher

Hierbei hat sich herausgestellt, dass einige Parameter wie der Nährstoffgehalt, die Zellkonfluenz, der Sauerstoffgehalt, die Anzahl der Passagen und das Wachstumssubstrat für eine erfolgreiche Kultivierung von entscheidender Bedeutung sind. Zahlreiches Passagieren beispielsweise führt dazu, dass die Zellen Alterungserscheinungen wie eine herabgesetzte Substratanheftung und verkürzte Telomerenden (siehe dazu Kapitel 3, Infobox 3.1) aufweisen. Weiterhin zeigen ältere MSCs ein limitiertes Differenzierungsspektrum. In Überexpressionsstudien konnte erfolgreich veranschaulicht werden, dass mit erhöhter Telomeraseaktivität die Fähigkeit zur Selbsterneuerung als auch das Differenzierungspotenzial von MSCs ansteigt.

Darüber hinaus erwies sich eine geringe Sauerstoffkonzentration positiv auf die Kultivierung von MSCs. Auf den hypoxischen Charakter des Knochenmarks sind wir zuvor schon eingegangen. Kultiviert man die MSCs unter ähnlich niedrigen Sauerstoffbedingungen wie im Knochenmark in der Kulturschale, so erhöht man deren Stammzelleigenschaften.

Kinetische Studien konnten zeigen, dass das *Ex-vivo*-Wachstum von MSCs in drei Phasen geschieht: der initialen Verzögerungsphase (engl. *lag phase*), der Vermehrungsphase (engl. *rapid expansion phase*) und der stationären Phase (engl. *stationary phase*). Der Übergang zur Vermehrungsphase wird durch eine gesteigerte Sekretion des Wnt-Inhibitors Dkk1 (Dickkopf 1) eingeleitet.

5.8.5 Können mesenchymale Stammzellen in der regenerativen Medizin eingesetzt werden?

Wie schon in Kapitel 5.7.5 besprochen, können MSCs die Regeneration des hämatopoetischen Systems deutlich verbessern, wenn sie zusammen mit HSCs in einen Empfängerorganismus injiziert werden. Da MSCs ein hohes Differenzierungspotenzial (Begriffsdefinition siehe Kapitel 3.1) aufweisen, liegt in diesen Zellen jedoch ein großes therapeutisches Potenzial, welches über dieses Beispiel hinausgeht. Daher wurden MSCs in den vergangenen Jahren sowohl in Tiermodellen, als auch in klinischen Studien am Menschen intensiv untersucht.

Aufgrund der Fähigkeit von MSCs sowohl in Osteoblasten, Chondrozyten und Tendozyten differenzieren zu können, liegt ein Anwendungsgebiet der MSCs in der Behandlung von Erkrankungen des Skelett- und Bewegungssystems. Sowohl Tiermodelle als auch klinische Studien zeigen, dass MSCs einen positiven Effekt auf die Heilung von Knorpel- sowie Knochenstrukturen haben. Des Weiteren hat sich gezeigt, dass auch genetisch bedingte Stoffwechselstörungen durch die Applikation von MSCs gemindert werden können. Als Beispiel sei hier die *Osteogenesis imperfecta* (siehe Infobox 5.6) aufgeführt. Aus murinen Tiermodellen für *Osteogenesis imperfecta* weiß man, dass die Applikation von MSCs zu einer verbesserten Festigkeit der Knochen und daher zu einer Reduzierung von Knochenbrüchen führt. Weiterhin zeigten klinische Studien, dass die allogene MSC-Transplantation die Mineralisierung der Knochen verbessert. Auch ein humaner Fötus mit *Osteogenesis imperfecta* zeigte nach der Geburt durch eine MSC-Transplantation *in utero* ein vielfach verbessertes Knochenwachstum im Vergleich zu *Osteogenesis-imperfecta*-Föten ohne MSCs-Applikation.

in utero: in der Gebärmutter

Infobox 5.6

Infobox 5.6: Osteogenesis imperfecta

Die *Osteogenesis imperfecta* ist eine genetisch bedingte Erkrankung, die auch als Glasknochenkrankheit bezeichnet wird. Durch eine Veränderung des Kollagens vom Typ I, das ein Hauptbestandteil des Bindegewebes und damit auch der Knochenmatrix ist, kommt es insbesondere zu einer hohen Brüchigkeit der Knochen.

Ein weiterer großer Vorteil der MSCs ist ihre Fähigkeit, das Immunsystem zu modulieren. Es konnte gezeigt werden, dass MSCs die Immunantwort sowohl verstärken als auch schwächen können. Die dabei zugrunde liegenden Mechanismen sind jedoch bis heute nicht im Detail verstanden.

In GvHR-Tiermodellen (engl. *graft versus host reaction*) (siehe Kapitel 5.7.3) wurde gezeigt, dass MSCs einen immunsupprimierenden Effekt haben. MSCs konnten daher in der Klinik schon erfolgreich eingesetzt werden. Die Implantation von MSCs in GvHR-Patienten führte zu einer signifikanten Linderung der Abstoßungssymptomatik.

In Ratten zeigte sich überdies, dass die Applikation von MSCs nach einem Herzinfarkt das Überleben von Kardiomyozyten sowie auch die Herzfunktion verbesserte. Eine verbesserte Herzfunktion von Herzinfarktpatienten bestätigte sich auch in der Klinik. Wahrscheinlich beruhen diese Effekte allerdings nicht auf einer Differenzierung von MSCs in Herzmuskelzellen, sondern auf der Abgabe von Wachstumsfaktoren und Zytokinen, die einen positiveren Verlauf der Erkrankung begünstigen.

All diese Beispiele zeigen eindrucksvoll, das große Potenzial der MSCs für einen therapeutischen Einsatz, da sie die Symptome verschiedener Krankheiten mindern können. Die genannten Beispiele belegen, dass MSCs nicht nur im Hinblick auf ihr Differenzierungspotenzial untersucht werden müssen. Weitere Forschungsarbeit ist jedoch für einen routinemäßigen Einsatz von MSCs in der Klinik notwendig.

5.9 | Die endothelialen Vorläuferzellen des Knochenmarks

Hämangioblast: gemeinsame Vorläuferzelle von Blut- und Endothelzellen

(Neo)Angiogenese: Bildung kleiner Blutgefäße durch Aussprossung aus größeren Gefäßen

Auf den engen Zusammenhang zwischen Endothelzellen und dem hämatopoetischen System wurde schon mehrfach hingewiesen: Erstens entstehen während der Embryogenese aus den Blutinseln des Dottersacks einerseits die embryonalen hämatopoetischen Zellen, andererseits die Zellen des Gefäßsystems (Kapitel 5.2). Der Begriff Hämangioblast weist auf diesen gemeinsamen Ursprung von Blut- und Gefäßzellen hin. Zweitens entstammen die Vorläufer der definitiven hämatopoetischen Stammzellen der ventralen Aorta (Abb. 5.1).

Diese Zusammenhänge gilt es im Auge zu behalten, wenn wir im Folgenden die endothelialen Vorläuferzellen (engl. *endothelial progenitor cells*, EPCs) besprechen. Wie aus dem Namen abzuleiten, tragen diese Progenitorzellen zum Gefäßsystem bei und sind vor allem in Regenerationsprozesse des kardiovaskulären Systems involviert.

Heute werden EPCs folgendermaßen definiert: EPCs sind mononukleäre Zellen, die dem peripheren Blut oder Knochenmark abstammen. Sie zeigen die Fähigkeit zur Selbsterneuerung, sind multi- oder unipotent (Begriffsdefinitionen siehe Kapitel 3.1), differenzieren in reife Endothelzellen und integrieren sich in Blutgefäßen an Stellen, wo Reparatur oder Neoangiogenese stattfindet.

Erstmals konnten adulte endotheliale Vorläuferzellen Ende der 1990er-Jahre aus dem Blut gewonnen und beschrieben werden. Ziel der damaligen Arbeiten war die Identifizierung eines Gegenstücks zum embryonalen Hämangioblasten im adulten Organismus. Es handelte sich um eine mononukleäre Zellpopulation aus dem peripheren, zirkulierenden Blut, die positiv für CD34 und VEGFR2 (engl. *vascular endothelial growth factor receptor 2*, auch Flk1 genannt) war. Beide Proteine sind jedoch auch auf den Zellen des Hämangioblasten zu finden. Dies war ein erster Hinweis, dass diese Zellen einen hämatopoetischen Ursprung haben. Tatsächlich zeigten diese Zellen die Fähigkeit, ein endotheliales Schicksal einzuschlagen.

Wie konnten sich die Wissenschaftler nun sicher sein, dass es sich bei diesen Zellen nicht um terminal differenzierte Endothelzellen handelte, die einem geschädigten Gefäß entstammten? Zur Klärung dieser Frage wurden Patienten untersucht, die sich einer allogenen Knochenmarkstransplantation (Kapitel 5.7.4) unterzogen hatten, bei der Spender und Empfänger unterschiedlichen Geschlechts waren. Dabei konnten aus dem peripheren Blut des Empfängers endotheliale Vorläuferzellen isoliert werden, die dem Spendergeschlecht entsprachen.

Kurz nach der ersten Beschreibung dieser Zellen im Jahr 1997 konnten $CD34^{+}$ Zellen schließlich auch aus dem Knochenmark isoliert und *in vitro* in Endothelzellen differenziert werden. Zusammen zeigten diese Daten, dass eine Population endothelialer Vorläuferzellen dem Knochenmark entstammt und in die Bildung oder Reparatur von Gefäßen involviert ist. Als Beispiele für solche Vorgänge seien die Homöostase der Gefäße, die Tumorangiogenese oder die Vaskularisierung nach Ischämie genannt.

Ischämie: Sauerstoffunterversorgung

Molekulare Signatur endothelialer Progenitorzellen

5.9.1

Eine genaue Analyse der Literatur zeigt, dass der Begriff EPC nicht nur für einen einzelnen, einheitlichen Zelltyp verwendet wird, sondern für verschiedene Zelltypen Anwendung findet, welche die Fähigkeit zur Differenzierung in Endothelzellen aufweisen. Ursache hierfür ist, dass EPCs vermutlich aus verschiedenen Ursprungszellen entstehen können (siehe Abb. 5.9) und dass möglicherweise während der Bildung der Vorläuferzellen verschiedene Zwischenstufen durchlaufen werden. Ein allgemeines Merkmal aller EPC-Populationen ist die Fähigkeit, acetyliertes LDL (engl. *low density lipoprotein*) aufzunehmen und an UEA1 (lat. *Ulex europaeus agglutinin 1*) zu binden. Auf einige dieser Zellpopulationen soll hier kurz eingegangen werden.

Die erste Untergruppe bilden die Zellen, die dem Hämangioblasten ähneln und die Oberflächenmarkergene CD34, CD133 und VEGFR2 aufweisen (Abb. 5.9).

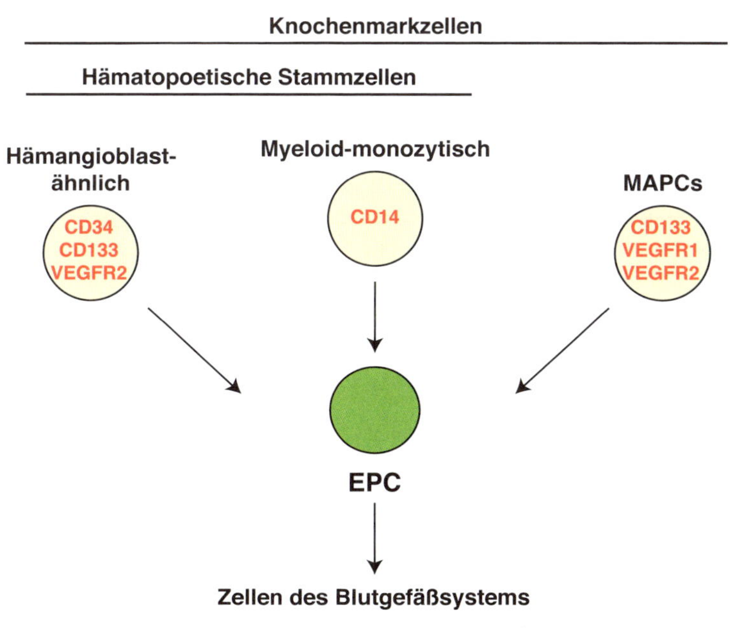

Abb. 5.9

Die endothelialen Progenitorzellen. Die EPCs (engl. *endothelial progenitor cells*) können aus drei verschiedenen Vorläuferzellen entstehen, den hämangioblast-ähnlichen Zellen (positiv für CD34, CD133 und VEGFR2), den myeloid-monozytischen Zellen (positiv für CD14) und den MAPCs (engl. *bone marrow multipotent adult progenitor cells*) (positiv für CD133, VEGFR1/2). Abkürzung: VEGFR, engl. *vascular endothelial growth factor receptor*.

Die zweite Untergruppe ist jene Subpopulation von Zellen, die von den MAPCs (engl. *bone marrow multipotent adult progenitor cells*) abstammen. Das Charakteristikum der MAPCs ist die Expression von CD133 und VEGFR1 und 2 (Abb. 5.9). Ihnen fehlt jedoch die Expression von CD34 und VE-Cadherin. *In-vitro*-Experimente haben gezeigt, dass MAPCs in reife Endothelzellen differenzieren können, wenn sie in serumfreiem Medium mit VEGF kultiviert werden. Bei der Isolierung werden die MAPCs in der Fraktion der mesenchymalen Stammzellen gefunden. Der Unterschied zu den MSCs allerdings liegt in der fehlenden Expression von CD105.

Die dritte Subpopulation sind die myeloid-monozytischen Zellen (Derivate des Knochenmarks) (Abb. 5.9). Diese Zellen exprimieren den Oberflächenmarker CD14 und können reife Endothelzellen bilden, die positiv für die endothelialen Marker vWF (von Willebrand Faktor), VEGRF2 und darüber hinaus für CD45 (allg. Leukozytenmarker) sind.

5.9.2 Kultivierung endothelialer Progenitorzellen

Ein Problem der Forschung im Bereich der EPC-Biologie ist die Tatsache, dass diese Zellen in Kultur verschiedene Phänotypen ausbilden. Nach Isolation aus dem peripheren Blut oder aus dem Knochenmark können die Zellen *ex vivo* in einem spezifischen Medium für Endothelzellen expandiert werden. Dabei zeigen sich zwei Formen vermeintlicher endothelialer Progenitorzelltypen, die aufgrund ihrer Morphologie als EC-ähnliche Zellen (engl. *endothelial cell-like cells*) und die EOCs (engl. *endothelial outgrowth cells*) bezeichnet wurden. Gemeinsame Merkmale dieser Zellen sind die Expression von CD31 und vWF. Weiterhin nehmen sie acetyliertes LDL auf und binden das Lektin UEA1.

Die EC-ähnlichen Zellen stammen von der $CD45^+$ hämatopoetischen Linie ab. In der Kultur weisen sie eine spindelförmige Struktur auf und bilden sich 4 bis 21 Tage nach der Isolation. Außerdem weisen sie ein niedriges Proliferationspotenzial auf und können keine vaskulären Röhren *in vitro* ausbilden. *In vivo* zeigen sie die Aktivität von myeloiden Zellen und differenzieren in Makrophagen, jedoch nicht in endotheliale Zellen. Dennoch können sie durch die Sekretion von bestimmten Faktoren die Angiogenese unterstützen.

Anders als die EC-ähnlichen Zellen stammen die EOCs von der $CD45^-$ / $CD133^-$ / $CD34^+$ Zelllinie ab und zeigen keine Expression von hämatopoetisch-spezifischen Oberflächenmarkern. Stattdessen exprimieren sie CD31, CD34, CD105, CD146, VE-Cadherin und VEGFR2. *In vitro* erscheinen sie ca. 7 Tage nach dem Ausplattieren als polygonale Zellen und sind hoch proliferativ. Weiterhin sind sie nicht in der Lage, in hämatopoetische Zellen zu differenzieren. Ein wichtiges Charakteristikum der EOCs

polygonal: vieleckig

Verschiedene Zelltypen endothelialer Vorläuferpopulationen **Tab. 5.1:**

Bezeichnung	spezifische Markergene
in vivo	
aus Hämangioblast-ähnlichen Zellen	$CD34^+$ / $VEGFR2^+$ / $CD133^+$
aus myeloid-monozytischen Zellen	$CD14^+$ differenzierte Endothelzellen: $VEGRF2^+$ / vWF^+ / $CD45^+$
aus MAPCs	$CD34^-$ / $VEGFR1^+$ / $VEGFR2^+$ / $CD133^+$ / VE-Cadherin$^-$ / $CD105^-$
ex vivo	
EC-ähnliche Zellen	$CD45^+$
EOCs	$CD34^+$ / $VEGFR2^+$ / $CD133^-$ / $CD31^+$ / $CD105^+$ / $CD146^+$ / VE-Cadherin$^+$ /$CD45^-$

Abbkürzungen: EC = endothelial cell, EOCs = endothelial outgrowth cells, MAPCs = bone marrow multipotent adult progenitor cells.

ist, dass sie sowohl *in vitro*, als auch *in vivo* die Fähigkeit zur Gefäßbildung zeigen.

Tabelle 5.1 gibt einen Überblick über die verschiedenen EPC-Zelltypen *in vivo* und *ex vivo*.

Homing endothelialer Progenitorzellen | 5.9.3

Um bei der Neovaskulogenese mitzuwirken, können EPCs durch endogene, aber auch exogene Signale aus dem Knochenmark mobilisiert und zu den entsprechenden Geweben gelockt werden. Um die EPCs aus ihrer Stammzellnische zu befreien, wird die Matrixmetalloproteinase 9 (MMP9) aktiviert, die zum einen die ECM abbaut und zum anderen mKitL (engl. *membrane crossing Kit ligand*) in sKitL (engl. *soluble Kit ligand*) umwandelt. Im Zielgewebe spielt die Interaktion zwischen dem Oberflächenrezeptor PSGL1 (engl. *P-selectin glycoprotein ligand 1*) auf den Zielzellen sowie P- und E-Selektin auf den EPCs eine wichtige Rolle. Auch Integrine unterstützen das *Homing* (siehe Kapitel 4.2) von EPCs. Weitere autokrine und parakrine Aktivierungen der EPCs führen zur Differenzierung, Zellproliferation und damit zum vaskulären Wachstum.

EPCs sind nicht nur während der physiologischen Neovaskulogenese von Bedeutung. Sie scheinen auch bei verschiedenen anderen Prozessen wie der Wundheilung, Geweberegeneration nach Ischämien (myokardiale Ischämie, Extremitätenischämie), Gewebeumstrukturierung (*Diabetes mellitus*, Herzdefekte) sowie der Neovaskulogenese und Wachstum von Tumoren eine Rolle zu spielen. Hierbei führt der Sauerstoffmangel in ischämischen und malignen Geweben zur Aktivierung von HIF1α (engl.

Vaskulogenese: frühe Gefäßbildung

Neovaskulogenese: Neubildung von Gefäßen

autokrin: Sekretionsart, bei der das Signalmolekül auf die produzierende Zelle selbst wirkt.

parakrin: Sekretionsart, bei der das Signalmolekül auf unmittelbar benachbarte Zellen wirkt.

maligne: bösartig

hypoxia inducible factor 1), was zu einer vermehrten Bildung von VEGF führt. Dies wiederum führt zur Rekrutierung der EPCs. Wachsende Tumore sezernieren weitere Faktoren wie FGF, SDF1, Osteopontin oder CCL2/5 (engl. *chemokine [C-C motif] ligand 2/5*), die das *Homing* von EPCs in das ischämische Gewebe unterstützen.

5.9.4 Endotheliale Progenitorzellen in der Klinik: eine Vision

Die Tatsache, dass EPCs die Regeneration kardiovaskulärer Verletzungen unterstützen können, bei denen eine Neuversorgung eines Gewebes mit Gefäßen wichtig ist, definiert einen möglichen klinischen Einsatzbereich der EPCs. Darüber hinaus gibt es auch andere mögliche Anwendungsgebiete:

Aufgrund der Beobachtung, dass EPCs bei verschiedenen Tumorerkrankungen vermehrt in der Blutzirkulation detektiert werden können, erhofft man sich, EPCs als frühe Biomarker für eine beginnende Tumorerkrankung verwenden zu können.

Liposomen: Bestehen aus Molekülen mit einem hydrophoben und einem hydrophilen Anteil, wobei sich der hydrophobe Anteil in Wasser nach innen wendet, sodass sich kleine Kugeln formen.

Exosomen: Kleine Vesikel, die von vielen Zellen durch Exozytose sezerniert werden können.

Die Eigenschaft, dass EPCs durch gezieltes *Homing* (siehe Kapitel 4.2) in Tumore einwandern, um dort neue Gefäße zu bilden, könnte auch genutzt werden, um EPCs als Trägerzellen für Medikamente zur Behandlung von Tumoren zu verwenden. Dafür müssten EPCs *ex vivo* vermehrt, mit den therapeutischen Faktoren oder Medikamenten bestückt und anschließend in den Patienten eingebracht werden. Bisher werden als Trägermoleküle Liposomen und Exosomen verwendet. Der Nachteil dieser Moleküle allerdings ist, dass diese das Tumorgewebe nicht gezielt ansteuern können.

Auch eine Blockade der EPC-Mobilisierung aus dem Knochenmark könnte zu einer Verminderung von Tumorwachstum und Metastasierung führen, da dadurch die Sauerstoffversorgung des Tumors reduziert werden könnte.

Zusammenfassung

Im Knochenmark sind drei Typen adulter Stammzellen vorzufinden: die hämatopoetischen Stammzellen, die mesenchymalen Stammzellen und die endothelialen Vorläuferzellen. Die Stammzellnische der hämatopoetischen Stammzellen ist bereits gut untersucht. Sie kann in zwei Zonen, die Osteoblasten- und die vaskuläre Zone, eingeteilt werden. Durch die Etablierung der Knochenmarktransplantation können an Blutkrebs erkrankte Patienten schon seit einigen Jahren erfolgreich behandelt werden. Die mesenchymalen Stammzellen weisen ein weites Spektrum an Differenzierungsmöglichkeiten auf und können durch *Homing* weite Strecken innerhalb eines Organismus zurücklegen, um an Regenerationsvorgängen verletzter Gewebe teilzunehmen. Aufgrund ihrer Eigenschaften steckt ein großes therapeutisches Potenzial in ihnen. Die Forschung an endothelialen Vorläuferzellen befindet sich noch relativ am Anfang. Wissenschaftler jedoch erhoffen sich von diesen Zellen insbesondere in der Früherkennung und Behandlung von Tumoren große Fortschritte.

Fragen

1. Mit welchen Methoden kann nachgewiesen werden, ob eine Population von Zellen die Eigenschaften hämatopoetischer Stammzellen erfüllt?
2. Wie können hämatopoetische Stammzellen isoliert werden?
3. Beschreiben Sie die Osteoblastenzone und die vaskuläre Zone der Stammzellnische im Knochenmark.
4. Beschreiben Sie die Differenzierungsmöglichkeiten hämatopoetischer Stammzellen. Welche Faktoren nehmen Einfluss auf diese?
5. Beschreiben Sie die Möglichkeiten, hämatopoetische Stammzellen für Therapiezwecke einzusetzen. Was ist der Unterschied zwischen einer autologen und einer allogenen Transplantation?
6. Was sind mesenchymale Stammzellen? Wie werden sie charakterisiert?
7. Was sind endotheliale Vorläuferzellen? Wie werden sie charakterisiert?

Referenzen

COSKUN, S., K.K. HIRSCHI (2010): Establishment and regulation of the HSC niche: roles of osteoblastic and vascular compartments. Birth Def. Res. (Part C) 90, 229–242.

BERTRAND, J.Y., N.C. CHI, B. SANTOSO, S. TENG, D. Y. STAINIER, D. TRAVER (2010): Haematopoetic stem cells derive directly from aortic endothelium during development. Nature 464, 108–111.

BOISSET, J.C., W. VAN CAPPELLEN, C. ANDRIEU-SOLER, N. GALJART, E. DZIERZAK, C. ROBIN (2010): In vivo imaging of haematopoietic cells emerging from the mouse aortic endothelium. Nature 464, 116–120.

GEORGE, A.L. und 6 andere (2011): Endothelial progenitor cell biology in disease and tissue regeneration. J. Hematology Oncology 4, 24.

KHAKOO, A.Y., T. FINKEL (2005): Endothelial progenitor cells. Annu. Rev. Med. 56, 79–101.

KUHN, N.Z., R.S. TUAN (2010): Regulation of stemness and stem cell niche of mesenchymal stem cells: Implications in tumorigenesis and metastasis. J. Cell Phyisiol. 222, 268–277.

MIKKOLA, H.K.A., S. ORKIN (2006): The journey of developing hematopoietic stem cells. Development 133, 3733–3744.

RASTEGAR, F., D. SHENAQ und andere (2010): Mesenchymal stem cells: molecular characteristics and clinical applications. World Journal of Stem Cells 2, 67–80.

TIMMERMANNS, F. und 5 andere (2009): Endothelial progenitor cells: identity defined? J. Cell. Mol. Med. 13, 87–102.

WANG, L.D., A. WAGERS (2011): Dynamic niches in the origination and differentiation of haematopoietic stem cells. Nat. Rev. Mol. Cell Biol. 12, 643–655.

WILSON, A., A. TRUMPP (2006): Bone-marrow haematopoietic stem-cell niches. Nat. Rev. Immunol. 6, 93–106.

WILSON, A. und 12 andere Autoren (2008): Hematopoetic stem cells reversibly switch from dormancy to self-renewal during homeostasis and repair. Cell 135, 1118–1129.

YIN, T., L. LI (2006): The stem cell niches in bone. J. Clin. Invest. 116, 1195–1201.

Gewebeständige adulte Stammzellen | 6

Inhalt

Adulte Stammzellen konnten bisher in vielen Geweben und Organen identifiziert und näher beschrieben werden. In diesem Kapitel beschränken wir uns auf die Beschreibung adulter Stammzellen des Skelettmuskels, des Gehirns, der Haut und des Darms. Im Skelettmuskel sind zwei Arten von adulten Stammzellen bekannt, die Satellitenzellen und die MDSCs. Neurale adulte Stammzellen findet man in der subgranulären Zone des hippokampalen *Gyrus dentatus* und der subventrikulären Zone des Großhirns. In der Haut konnten bis heute sogar vier verschiedene Stammzelltypen identifiziert werden, die unterschiedliche Aufgaben übernehmen. Intestinale Stammzellen sind in den Darmkrypten zu finden. Heute gehen einige Wissenschaftler davon aus, dass auch Tumore des Darms ihren Ursprung in diesen Stammzellen haben, und diese daher auch als Tumorstammzelle bezeichnet werden können. Zum Abschluss jedes Unterkapitels werden wir zudem auf mögliche Therapieansätze mit den jeweiligen adulten Stammzellen eingehen.

Adulte Stammzellen des Skelettmuskels | 6.1

Aufbau des Skelettmuskels | 6.1.1

Der Skelettmuskel besteht aus mehreren Muskelfaserbündeln, die ihrerseits aus einer größeren Anzahl Muskelfasern gebildet werden (Abb. 6.1). Letztere sind aus vielen, entlang der Muskelfaser angeordneten Myofibrillen aufgebaut. Wiederkehrendes Element der Myofibrillen sind die Sarkomere, die, neben anderen Proteinen, im Wesentlichen aus den Myofilamentproteinen Myosin und Aktin aufgebaut sind. Durch diese Anordnung der Sarkomere gehört die Skelettmuskulatur zur quergestreiften Muskulatur. In der glatten Muskulatur, die beispielsweise in den Gefäßen vorkommt, fehlt diese Anordnung hingegen. In der quergestreiften Muskulatur können sich die dünneren Aktinfilamente und die dickeren Myosinfilamente der Sarkomere im Rahmen der Muskelkontraktion

Abb. 6.1 **Der Aufbau eines Skelettmuskels.** Der Skelettmuskel besteht aus mehreren Muskelfaserbündeln, die ihrerseits aus einer größeren Anzahl Muskelfasern bestehen. Letztere sind aus vielen Myofilamenten (Myofibrillen) aufgebaut. Wiederkehrendes Element der Myofilamente sind die Sarkomere, die, neben anderen Proteinen, im Wesentlichen aus den Myofilamentproteinen Myosin und Aktin aufgebaut sind. Die Satellitenzellen befinden sich unterhalb der Basallamina.

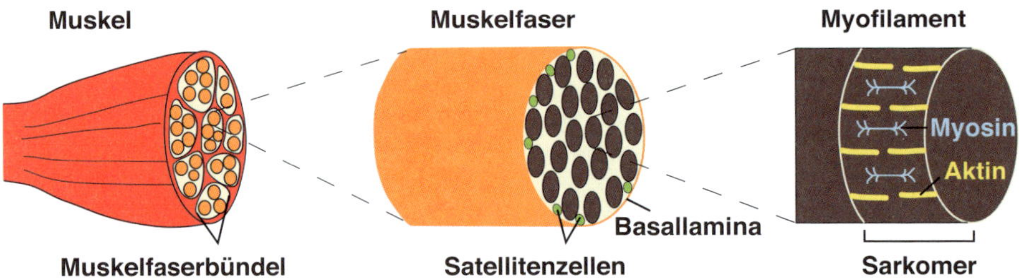

gegeneinander verschieben und damit die Länge des Muskels verkürzen und verlängern. Skelettmuskeln sind von Bindegewebe umgeben, sind gut durchblutet und werden über motorische Endplatten innerviert.

motorische Endplatte: Kontaktstelle eines Motoneurons mit einer Muskelzelle

Bis heute konnten zwei Populationen an Stamm- oder Vorläuferzellen des Muskels identifiziert werden, die Satellitenzellen und die MDSCs (engl. *muscle-derived stem cells*), welche in den nachfolgenden Abschnitten näher erläutert werden.

6.1.2 Die Satellitenzellen der Skelettmuskulatur

Die am besten untersuchten Zellen der Skelettmuskulatur mit Stammzellcharakter sind die Satellitenzellen. Sie wurden erstmals 1961 mithilfe der Elektronenmikroskopie im Muskel von Fröschen identifiziert und beschrieben. Die Satellitenzellen der Extremitätenmuskulatur stammen, wie auch die Skelettmuskelzellen selbst, von den Pax3/Pax7 positiven Zellen des Dermamyotoms ab (Details siehe Lehrbücher der Entwicklungsbiologie, z.B. KÜHL/GESSERT, Entwicklungsbiologie, UTB). Sie wurden als mononukleäre Zellen beschrieben, die zwischen der Plasmamembran einer Muskelfibrille und der umgebenden Basalmembran der Muskelfaser lokalisiert sind (Abb. 6.1).

Pax: Familie von Transkriptionsfaktoren, die neben einer Homeodomäne auch eine sogenannte *Paired Box* enthalten.

Die Satellitenzellen bilden eine heterogene Population an Stamm- bzw. Vorläuferzellen. Einerseits konnten ruhende (engl. *quiescent*), andererseits proliferierende, aktive (engl. *active*) Satellitenzellen identifiziert werden. Ein gemeinsames Charakteristikum beider Satellitenzellpopulationen ist die Expression der Transkriptionsfaktoren Pax3 und Pax7. Auf molekularer Ebene können die beiden Satellitenzellpopulationen unter anderem hinsichtlich der Expression des Transkriptionsfaktors Myf5 unterschieden werden. Während die aktiven Satellitenzellen Myf5 positiv sind, weisen die ruhenden Satellitenzellen eine geringe Myf5-Aktivität auf. Daher geht man davon aus, dass die Pax7$^+$/Myf5$^-$-Population für die Selbsterneuerung des Stammzellpools und das Auffüllen der Pax7$^+$/ Myf5$^+$-Zellpopulation notwendig sind, wohingegen die Pax7$^+$/Myf5$^+$-Zellen durch die Myf5-Expression bereits vorbestimmt sind, ein myogenes Schicksal einzugehen und so relativ schnell in die Differenzierung eintreten können. Weitere charakteristische Markergene der ruhenden Pax7$^+$/ Myf5$^-$ Satellitenzellen sind CD34 und M-Cadherin (siehe auch Tab. 6.1).

Die Stammzellnische der Satellitenzellen 6.1.3

Wie bereits erwähnt, sind die Satellitenzellen des Muskels unter der Basallamina der Muskelfasern angeordnet (Abb. 6.1). Komponenten der Stammzellnische für die Satellitenzellen sind daher die Muskelfaser, die Basallamina, Gefäße und interstitielle Zellen. Die Muskelfaser nimmt durch mechanische, elektrische und chemische Signale Einfluss auf die Satellitenzellen. Die Basallamina besteht aus Komponenten der ECM wie Laminin, Kollagen und Proteoglykanen und erweist sich dadurch als Anker für die Satellitenzellen in der Nische. Die Blutgefäße sind essenziell für die Versorgung der ruhenden, als auch der proliferierenden Satellitenzellen.

In den letzten Jahren konnte der Einfluss einiger extrazellulärer Signale auf die Satellitenzellen beschrieben werden. Ein wichtiger Signalweg ist der Notch/Delta-Signalweg (Kapitel 1, Abb. 1.6). Der *knock out* von Delta1 führt zu einer verminderten Anzahl an Satellitenzellen. Ein Funktionsverlust von Notch hat eine verringerte Proliferation und eine eingeschränkte Selbsterneuerung von Satellitenzellen zur Folge. Weitere Wachstumsfaktoren, die an der Regulation von Proliferation und Differenzierung der Satellitenzellen beteiligt sind, stellen neben anderen FGF (engl. *fibroblast growth factor*), HGF (engl. *hepatocyte growth factor*) und IGF (engl. *insulin like growth factor*) dar.

Die Nische ist auch an der asymmetrischen Zellteilung von Satellitenzellen beteiligt. Hierbei kommt der Zellpolarität eine besondere Rolle zu. Die Polarität der Satellitenzellen wird durch spezifische Zell/Zell- und Zell/ ECM-Interaktionen etabliert. Auf derjenigen Seite der Satellitenzellen, die zur Basallamina gerichtet ist (basale Seite), findet sich das Integrin $\alpha 7\beta 1$, auf der apikalen Seite hingegen ist das Adhäsionsmolekül M-Cadherin lokalisiert. Somit besteht ein Kontakt zwischen Satellitenzelle und ECM über eine Integrin/Laminin-Interaktion, zwischen Satellitenzelle und Muskelfaser über M-Cadherin. Auch werden verschiedene Signale von den unterschiedlichen Zellseiten aufgenommen. Basale Signale sind FGF, IGF und Wnt. Ein apikales Signal hingegen ist SDF1 (engl. *stromal-derived factor 1*). Im Moment geht man davon aus, dass bei einer asymmetrischen Zellteilung der Satellitenzelle diejenige Tochterzelle, die auf der basalen Seite entsteht (ruhenden Satellitenzelle), eine Stammzelle wird, die andere hingegen in die Differenzierung eintritt (aktive Satellitenzelle).

Viele Studien konnten zeigen, dass die Satellitenzellen für die Regeneration des Muskels essenziell sind. Auch wenn diese Zellen die Fähigkeit zur Selbsterneuerung und Proliferation aufweisen, ist das Differenzierungspotenzial der Satellitenzellen jedoch ausschließlich auf ein myogenes Schicksal begrenzt.

6.1.4 | Multipotente Stammzellen des Skelettmuskels

Neben den Satellitenzellen konnte eine weitere Zellpopulation mit den Eigenschaften von Stammzellen aus dem Muskel verschiedener Organismen isoliert werden, die sogenannten MDSCs (engl. *muscle-derived stem cells*). Diese Zellen werden auch als *side population* bezeichnet (zur Herkunft des Begriffs *side population* siehe Kapitel 5.4). Es konnte gezeigt werden, dass die MDSCs ein größeres Potenzial zur Proliferation und Regeneration als die Satellitenzellen besitzen. Außerdem weisen sie im Gegensatz zu den Satellitenzellen die Fähigkeit auf, in Zellen verschiedener Keimblätter zu differenzieren. So können sie nicht nur ein mesodermales, sondern *in vitro* durch die Stimulation mit verschiedenen Faktoren auch ein ektodermales Schicksal (Neurone) eingehen.

Chemokin: Zytokin, welches Chemotaxis auslöst.

Chemotaxis: Fortbewegung eines Moleküls entlang eines Konzentrationsgradienten eines sezernierten Faktors

MDSCs findet man nicht nur im Skelettmuskel, sondern auch in der glatten Muskulatur oder im Herzmuskel. Ursprünglich hat man angenommen, dass die MDSCs wie die EPCs (siehe Kapitel 5.9) von den hämatopoetischen Stammzellen des Knochenmarks (Kapitel 5.1) abstammen und durch den Einfluss von Chemokinen über das zirkulierende Blutgefäßsystem in den Muskel einwandern. Ein Argument, welches diese Theorie unterstützt, ist die Expression spezifischer HSC-Markergene in den MDSCs. Es konnte gezeigt werden, dass MDSCs positiv für Sca1 sind; eine Subpopulation weist auch die Expression von CD34 auf. Ein wich-

Tab. 6.1 **Stammzellen des Muskels.**

Merkmale	ruhende Satellitenzellen	aktive/proliferierende Satellitenzellen	MDSCs
charakteristische Markergenexpression	*Pax3+ / Pax7+ / Myf5- / CD34+ / M-Cad+*	*Pax3+ / Pax7+/ Myf5+*	*Sca1+ / CD34+ / CD45-*
Differenzierungspotenzial	mesodermal (myogen)	mesodermal (myogen)	mesodermal und ektodermal (Neurone)

Abkürzungen: MDSCs, engl. *muscle-dervied stem cells*

tiger und charakteristischer Marker für HSCs ist jedoch nicht in MDSCs zu finden: CD45. Dies ist ein starker Hinweis, dass die MDSCs nicht von HSCs abstammen. Als Stammzellnische der MDSCs wird im Moment der interstitielle Raum der Muskulatur diskutiert.

Tabelle 6.1 gibt einen Überblick der verschiedenen Stammzellen des Muskels inklusive ihren charakterisitischen Merkmalen und Differenzierungspotenzialen.

Das therapeutische Potenzial von MDSCs

6.1.5

Wenn MDSCs in der Kulturschale gehalten werden, differenzieren sie spontan in Muskelzellen. Durch die Zugabe bestimmter Faktoren können sich diese Zellen sowohl in andere Zelltypen des mesodermalen Keimblatts wie Chondrozyten, Adipozyten, Endothelzellen oder hämatopoetische Zellen aber auch in Zellen des ektodermalen Keimblatts wie Neurone entwickeln. Weiterhin weisen MDSCs viele positive Merkmale wie die Fähigkeit zur Immunmodulation, eine antiinflammatorische Wirkung, eine hohe Proliferationsfähigkeit, eine Überlebensfähigkeit über einen langen Zeitraum und antioxidative Eigenschaft auf. Da sie sowohl in verschiedene Muskelformen wie Skelettmuskel, Herzmuskel und glatte Muskulatur differenzieren können, wurde insbesondere ihre Fähigkeit zur Muskelregeneration zur Bekämpfung muskulärer Erkrankungen intensiv studiert. Ein besonderer Fokus von Wissenschaftlern und behandelnden Ärzten liegt dabei auf der Verbesserung der Symptomatik von Muskeldystrophie-Patienten. Dabei ist besonders die Milderung der Muskeldystrophie des Typs Duchenne Ziel der Forschung (siehe dazu Infobox 6.1).

Muskeldystrophie: erbliche, degenerative Muskelerkrankung

Chondrozyten: Knorpelzellen

Infobox 6.1

Muskeldystrophie des Typs Duchenne

Die häufigste erblich bedingte degenerative Muskelerkrankung ist die Muskeldystrophie vom Typ Duchenne. Namensgeber für diese Erkrankung ist der französische Physiologe Guillaume-Benjamin Amand Duchenne de Bologne (1806–1875). Sie wird X-chromosomal vererbt. Erste Symptome treten schon im Kleinkindalter auf. Erstes Anzeichen der Erkrankung ist eine Muskelschwäche in den Beinen, die bald auch auf die Arme übergreift. Der Muskelschwund breitet sich dann nach und nach auf den ganzen Körper aus und die Betroffenen versterben oft schon in jungen Jahren zumeist an Herz- oder Atemstillstand. Mithilfe von Physiotherapie können derzeit die Symptome nur gemildert und der Verlauf bedingt verlangsamt werden. Ursache der Erkrankung sind Mutationen im Dystrophin-Gen. Dadurch wird das Genprodukt, das Protein Dystrophin, entweder gar nicht oder in einer funktionseingeschränkten Form gebildet. Dystrophin ist ein wichtiges muskuläres Protein und stellt das membranständige Verbindungsglied zwischen Aktin und β-Dystroglykan dar.

In Tiermodellen wurden MDSCs bereits auf ihre Effizienz zur Behandlung dieser Erkrankung getestet. Im Jahr 2003 konnte gezeigt werden, dass die Injektion von $CD34^+/Sca1^+$-MDSCs in Mäuse mit Muskeldystrophie zu einem Anstieg der Dystrophin-Proteinmenge führt. Außerdem konnte gezeigt werden, dass MDSCs auch befähigt sind, an der Muskelregeneration teilzuhaben. Des Weiteren wurden schon erfolgreich **autologe MDSC-Transplantationen** (siehe Kapitel 5.7) in Muskeldystrophie-Patienten vorgenommen.

Daneben wurden MDSCs auch in Bezug auf mögliche gentherapeutische Ansätze eingehend analysiert. Das Ziel hierbei ist der Ersatz von Muskelzellen mit einer Mutation im Dystrophin-Gen durch patienteneigene und gentechnisch reparierte MDSCs. Dafür sollen MDSCs aus Muskeldystrophie-Patienten isoliert, *ex vivo* vermehrt, das mutierte Dystrophin-Gen repariert und anschließend die veränderten MDSCs in die Patienten zurück implantiert werden. In einem Mausmodell für Muskeldystrophie konnte eine Regeneration von Dystrophin-produzierenden Muskelzellen durch die Transplantation von humanen MDSCs mit funktionsfähigem Dystrophin-Gen bereits beobachtet werden.

Ein weiteres potenzielles Einsatzgebiet der MDSCs könnte der Transport biologisch aktiver und für Therapiezwecke relevanter Faktoren zum geschädigten Gewebe sein. Hier ist die Idee, das Genom der MDSCs so zu verändern, dass es anschließend zusätzlich ein therapeutisches Gen trägt. Die so veränderten MDSCs sollten jedoch weiterhin in der Lage sein, sich zu teilen, sich selbst zu erneuern und in spezialisierte Zellen zu differenzieren. Diese könnten dann in den Patienten eingebracht werden und den therapeutisch relevanten Faktor produzieren.

6.2 | Stammzellen des zentralen Nervensystems

Lange Zeit ging man davon aus, dass ein adulter Organismus keine neuen Nervenzellen bilden kann (siehe dazu Infobox 6.2). Heute weiß man jedoch, dass auch im ZNS (zentrales Nervensystem) von adulten Vertebraten Stammzellen zu finden sind, die als adulte neurale Stammzellen (engl. *neural stem cells*, NSCs) bezeichnet werden und die zu Neuronen, Astrozyten und Oligodendrozyten differenzieren können (Abb. 6.2 A). Die zwei Hauptregionen, in denen adulte Stammzellen innerhalb des Gehirns gefunden wurden, sind die subgranuläre Zone (SGZ) des hippokampalen *Gyrus dentatus* und die subventrikuläre Zone (SVZ) innerhalb des Großhirns (siehe Abb. 6.2 B). Dementsprechend geht man heutzutage davon aus, dass im Gehirn mindestens zwei unterschiedliche Stammzellnischen existieren: die SVZ und die SGZ.

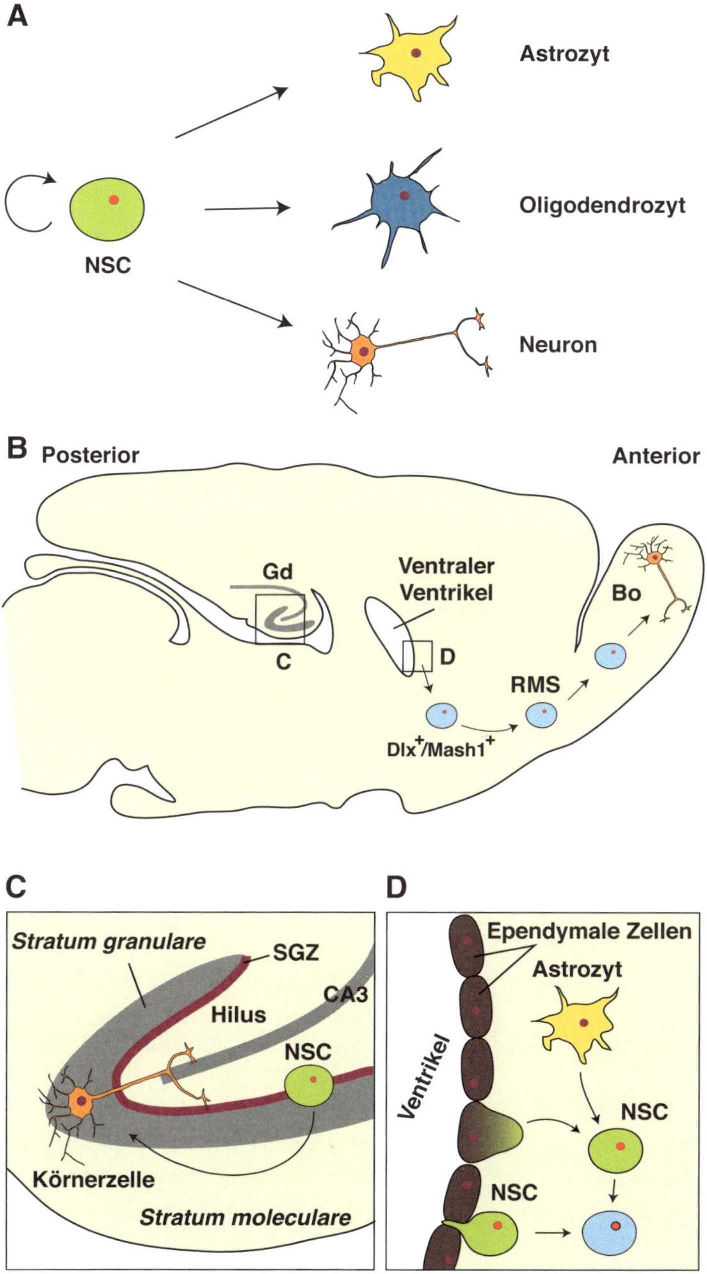

Abb. 6.2

Die neuralen Stammzellen.
A. Neurale Stammzellen (engl. *neural stem cells*, NSCs) können in Astrozyten, Oligodendrozyten oder Neurone differenzieren.
B. Schematische Darstellung eines Gehirns von Säugetieren. Die zwei Hauptregionen adulter neuraler Stammzellen sind einerseits die subgranuläre Zone (SGZ) des *Gyrus dentatus* (Gd) und andererseits die subventrikuläre Zone (SVZ) innerhalb des Großhirns, die sich vom ventralen Ventrikel bis zum Riechkolben (*Bulbus olfactorius*, Bo) erstreckt. Neurale Stammzellen, die in unmittelbarer Nachbarschaft des ventralen Ventrikels gebildet werden, wandern als Dlx/Mash1-positive Zellen (hellblau) über die rostrale Migrationsbahn (engl. *rostral migratory stream, RMS*) in Richtung Riechkolben.
C. Vergrößerte Darstellung des *Gyrus dentatus*. Der *Gyrus dentatus* setzt sich zusammen aus dem inneren Hilus, der subgranulären Zone (SGZ), dem *Stratum granulare*, dem *Stratum moleculare* und der CA3-Region (lat. *Cornus ammonis 3*). Die neuralen Stammzellen sind in der SGZ lokalisiert und differenzieren hauptsächlich in die Körnerzellen der *Stratum granulare*. **D**. Die NSCs der SVZ weisen allgemeine Merkmale auf von Astrozyten und ependymalen Zellen wie die Expression von GFAP (engl. *glial fibrillary acidic protein*) und des Glykoproteins CD133, sodass man davon ausgeht, dass sie aus diesen Zelltypen entstehen könnten. Außerdem haben manche NSCs direkten Kontakt zum Ventrikellumen. Die NSCs der SVZ können sich zu Dlx/Mash1-positiven (engl. *distal-less homeobox*) Vorläuferzellen entwickeln (hellblau).

Infobox 6.2

Historisches

Im Jahr 1913 stellte der spanische Arzt Santiago Ramón y Cajal (1852–1934) die Hypothese auf, dass lediglich im pränatalen Organismus Nervenzellen neu gebildet werden können. Obwohl andere Wissenschaftler bereits damals eine andere Meinung vertraten, konnten sie das Gegenteil lange Zeit nicht beweisen. So hielt sich lange Zeit das Dogma, dass neuronale Zellen im adulten Organismus nicht neu gebildet werden können.

In den späten 1950er- und frühen 1960er-Jahren konnte dann durch die Etablierung neuartiger Methoden erstmals gezeigt werden, dass auch Zellen des Gehirns adulter Säugetiere die Fähigkeit zur Vermehrung aufweisen. Dabei handelte es sich um Methoden, mit denen die Proliferation von Zellen nachgewiesen wird und die wir auch schon bei der Proliferation von Herzmuskelzellen (siehe Kapitel 2.4) angesprochen haben. Zunächst bediente man sich Thymidin-Analoga wie beispielsweise dem radioaktiv markierten H^3-Thymidin, welches systemisch in Mäuse injiziert wurde. Diese Substanz wird während der S-Phase des Zellzyklus in die DNA eingebaut und diese dadurch markiert. Durch Autoradiografie kann dann die Position und die Anzahl markierter Zellen beispielsweise im Gehirn untersucht werden. Später konnte das radioaktiv markierte Thymidin-Analogon durch BrdU (Bromodeoxyuridin) ersetzt werden. Ähnlich wie H^3-Thymidin wird auch BrdU während der S-Phase des Zellzyklus in die DNA eingebaut. BrdU kann über eine einfache Immunfärbung mit BrdU-spezifischen Antikörpern nachgewiesen werden. Diese Markierungsexperimente erlaubten es schließlich, Stamm- und Vorläuferzellen zu verfolgen wie auch eine quantitative Analyse der Proliferation, Differenzierung und des Überlebens aller neu gebildeten Zellen nach der Injektion des Markers vorzunehmen.

In den späten 1980er-Jahren konnten die sich teilenden Zellen schließlich auch auf genetischer Ebene markiert werden. Als effektivste Methode haben sich replikationsinkompetente retrovirale Vektoren (siehe Infobox 6.3) herausgestellt, mithilfe derer Reportergene während der S-Phase des Zellzyklus ins Genom eingebracht werden können.

Infobox 6.3

Retrovirale Vektoren

Reverse Transkriptase: Enzym, welches RNA in DNA umschreibt.

Transgen: Ein Gen, welches in das Erbgut eines Wirts eingebracht wurde.

Um genetisches Material in Zielzellen einzuschleusen und permanent ins Wirtsgenom zu integrieren, bedient man sich häufig viraler Vektoren. Hierbei wird meist das Genom von Retroviren in abgewandelter Form verwendet. Retroviren bestehen aus einem RNA-Molekül von ca. 8500 Nukleotiden, einer Reversen Transkriptase, einer Protein-Hülle (Capsid) und einer membranösen Virushülle (Abb. 6.3A). Das Genom enthält in der Regel drei Regionen: gag, welches für die Core-Proteine, pol, das für die Reverse Transkriptase und env, welches für die Proteine der Hülle codiert. An beiden Enden jedes Genoms sind zudem sogenannte LTRs (engl. *long terminal repeats*) zu finden, die sowohl Promotor- und Enhancer-Regionen enthalten als auch Sequenzen darstellen, die für die Integration in das Wirtsgenom benötigt werden (Abb. 6.3B).

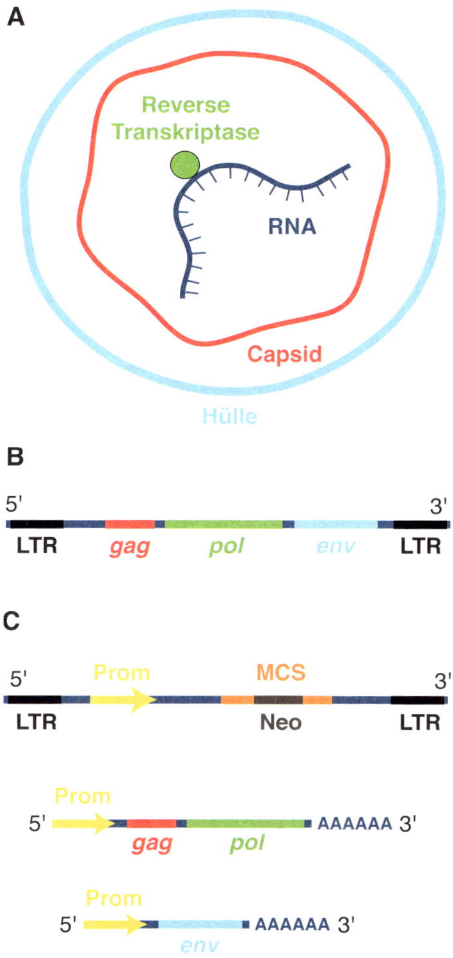

Abb. 6.3

Das Retrovirus und der retrovirale Vektor.
A. Schematische Darstellung eines Retrovirus. Das Retrovirus setzt sich aus einer Hülle, einem Capsid, einem RNA-Molekül und dem Molekül Reverse Transkriptase zusammen.
B. Das Genom des Retrovirus (hier auf Ebene der DNA dargestellt) enthält drei Hauptregionen: *gag*, welches für die Core-Proteine, *pol*, das für die Reverse Transkriptase und *env*, welches für die Proteine der Hülle codiert. An beiden Enden des Genoms sind zudem sog. LTRs (engl. *long terminal repeats*) zu finden, die sowohl Promotor- und Enhancer-Regionen enthalten als auch Sequenzen darstellen, die für die Integration in das Wirtsgenom benötigt werden.
C. Für Forschungszwecke kann das retrovirale Genom verändert werden. Die Gene *gag*, *pol* und *env* sind durch eine *multiple cloning site* (MCS) ersetzt. Zur späteren Selektion kann hier ein Marker wie das Neomycin-Resistenzgen (Neo) eingebracht werden. Die weiteren Schnittstellen der MCS können für das Einbringen weiterer Gene genutzt werden. Die Expression der eingebrachten Gene wird über einen Promotor (z.B. für eine gewebespezifische Expression) gewährleistet. Die viralen Gene, die zum Einbau in das Wirtsgenom genutzt werden, werden mithilfe zweier weiterer Vektoren zusammen mit dem oben beschriebenen Vektor in Zellen eingebracht (Transduktion).

Im normalen Lebenszyklus befallen Retroviren eine Wirtszelle, wodurch sie ihre Virushülle verlieren. Anschließend wird mithilfe der Reversen Transkriptase das RNA-Molekül erst in einen und dann in einen zweiten DNA-Strang überschrieben, sodass ein doppelsträngiges DNA-Molekül entsteht, welches im nachfolgenden Schritt in das Wirtsgenom eingebaut werden kann. Diese besondere Eigenschaft von Viren kann hervorragend für Forschungszwecke verwendet werden. Hierbei werden zunächst die viralen Gene durch eine *multiple cloning site* (MCS) ersetzt (Abb. 6.3C). Die Eliminierung der viralen Gene hat den Vorteil, dass die Viren nicht mehr replikationsfähig sind und sich somit nicht mehr selbstständig vermehren können. Das Gen von Interesse, z.B. ein Markergen wie

Transfektion: Einbringen von fremder DNA in eukaryotische Zellen; man unterscheidet zwischen transienter (Einbringung eines Plasmids) und stabiler (Einbau der Fremd-DNA in das Wirtsgenom) Transfektion.

Transduktion: Gentransfer durch Viren

lacZ-Gen: Reportergen, welches für das Protein β-Galactosidase codiert; die β-Galactosidase kann das Substrat X-Gal in Galactose und einen blau gefärbten Indigo-Farbstoff umwandeln

GFP (grün fluoreszierendes Protein), kann anschließend in die MCS eingebracht werden. Im darauf folgenden Schritt wird der rekombinante, virale Vektor in Zielzellen, entweder in lebende Organismen oder in eine Zelllinie transfiziert, wobei das Gen von Interesse in das Wirtsgenom eingebaut wird. Der Vorgang wird auch als Transduktion bezeichnet. Retrovirale Vektoren, die Markergene wie GFP exprimieren, werden eingesetzt, um Zellen dauerhaft zu markieren und so das Schicksal der nachkommenden Zellen zu verfolgen. Die essenziellen Regionen eines viralen Vektors sind die 5' und 3' LTRs sowie Integrationssequenzen, die stromabwärts des 5' LTRs liegen. Die Expression des Transgens kann entweder über die viralen Promotor/Enhancer-Regionen oder über eingebrachte virale oder zellspezifische Promotoren erfolgen. Eine erfolgreiche Transduktion bzw. Integration des Expressionsvektors in das Genom kann über integrierte Selektionsmarkergene wie GFP, eine Antibiotikaresistenz gegenüber Neomycin oder das lacZ-Gen überprüft werden. Die viralen Gene, die zum Einbau in das Wirtsgenom genutzt werden, können mithilfe zweier weiterer Vektoren zusammen mit dem oben beschriebenen Vektor in Zellen eingebracht werden (Transduktion).

▲

6.2.1 Die Stammzellnischen des Gehirns

Körnerzellen: Körnerzellen werden auch als Granularzellen bezeichnet; die Körnerzellen sind kleine, multipolare Nervenzellen; die Körnerzellen des Hippokampus verwenden Glutamat als Neurotransmitter, wodurch sie erregend (exzitatorisch) wirken.

CA-Region: lat. *Cornus ammonis*; Region, in welcher die Pyramidenbahnen lokalisiert sind.

Astrozyten: Gliazellen des zentralen Nervensystems; sternenförmig verzweigte Zellen; Aufgabe der Astrozyten ist die Versorgung der Nervenzellen durch den Kontakt zu Blutgefäßen; sie sind zudem an der Blut-Hirn-Schranke beteiligt.

Wie Eingangs schon erwähnt, sind adulte NSCs (engl. *neural stem cells*) hauptsächlich im hippokampalen *Gyrus dentatus* und in der subventrikulären Zone des Großhirns lokalisiert (Abb. 6.2 B).

Der *Gyrus dentatus* ist eine Gehirnstruktur im Hippokampus des Gehirns und setzt sich aus einem im Inneren liegenden Hilus, einem weiter außen liegenden Körnerzellband (*Stratum granulare*) und einer außen liegenden Molekularschicht (*Stratum moleculare*) zusammen (Abb. 6.2 C). In letzterer befinden sich kaum Zellen. Der Hilus ist die sogenannte Eintrittsregion für Blutgefäße und Nerven. Im Körnerzellband, dem Hauptbestandteil des *Gyrus dentatus*, sind vor allem Körnerzellen lokalisiert, deren Dendriten in die Molekularschicht zeigen. Diese Körnerzellen projizieren unter anderem zu den Pyramidenzellen der CA1- und CA3-Regionen. Allgemein wird der *Gyrus dentatus* auch als Eingangsstation des Hippokampus bezeichnet. Im *Gyrus dentatus* sind die NSCs im Körnerzellband, genauer gesagt in der subgranulären Zone (engl. *subgranular zone*, SGZ), zu finden (Abb. 6.2). Die NSCs der SGZ differenzieren hauptsächlich zu den dort lokalisierten Körnerzellen.

Eine zweite Population von NSCs ist in der subventriklären Zone (SVZ) innerhalb des Großhirns zwischen den lateralen Ventrikeln (Seitenventrikel) und dem *Corpus striatum* lokalisiert (Abb. 6.2 B und C). Die inneren Ventrikel des Gehirns sind mit Liquor (Hirnwasser) gefüllte Hohlräume und mit einer als Ependym (Gliazellschicht) bezeichneten Zelllage ausgekleidet. Die Ependymzellen sind mit Kinocilien und Mikrovilli bestückt und unter anderem für den Stofftransport verantwortlich. Ein besonderes Charakteristikum der NSCs in dieser Nische ist, dass sie sich langsam teilen und damit eine Population an ruhenden Stammzellen darstellen. Außerdem weisen diese Zellen allgemeine Merkmale von Astrozyten und ependymalen Zellen wie die Expression von GFAP (engl. *glial fibrillary acidic protein*) und des Glycoproteins CD133 auf.

ependymale Zellen: gehören zu den Gliazellen; sie kleiden die Hohlräume im ZNS aus

Gliazellen: nichtneuronale Zellen des ZNS; dienen der Versorgung der Neuronen mit Nährstoffen sowie der elektrischen Isolation der Neurone

Die Zellkörper der ruhenden Stammzellen in der SVZ sind benachbart zu der Ependymalzellschicht lokalisiert und haben über ihre ependymale, apikale Oberfläche Kontakt zum Ventrikel. Die adulten NSCs können sich zu den transient ampilifizierenden Vorläuferzellen entwickeln, die positiv für Dlx (engl. *distal-less homeobox*) und Mash1 sind. Diese Vorläuferzellen wandern anschließend über die rostrale Migrationsbahn (engl. *rostral migratory stream, RMS*) in Richtung Riechkolben (*Bulbus olfactorius*) (Abb. 6.2 B), wo sie zu verschiedenen Interneuronen ausdifferenzieren.

Interneurone: werden auch als Schaltneurone bezeichnet

Komponenten der Stammzellnische im Gehirn

6.2.2

Während die SGZ auf eine kleine Region innerhalb des *Gyrus dentatus* begrenzt ist, erstreckt sich die SVZ vom ventralen Ventrikel über die rostrale Migrationsbahn (engl. *rostral migratory stream, RMS*) bis zum Riechkolben (*Bulbus olfactorius*). Auch wenn die Architektur beider Nischen Unterschiede aufweist, so sind die allgemeinen Merkmale wie zelluläre Komponenten und extrazelluläre Signale in beiden Regionen ähnlich. Zelluläre Komponenten beider Stammzellzonen innerhalb des Gehirns sind Astrozyten, endotheliale Zellen, ependymale Zellen und reife Neurone, die alle den Erhalt und die Differenzierung von NSCs unterstützen. Einige bekannte Aufgaben dieser Komponenten sollen im Folgenden im Detail besprochen werden.

Eine zelluläre Komponente innerhalb beider Stammzellregionen sind Astrozyten. Für Astrozyten konnte gezeigt werden, dass sie die Differenzierung von NSCs in ein neuronales Schicksal durch die Sekretion von Wnt3 fördern können. Ist die Funktion von Astrozyten gestört, kann man eine Veränderung in der Differenzierung und im Proliferationsverhalten von NSCs beobachten. Außerdem scheinen Astrozyten an der Regulation der Migration von NSCs beteiligt zu sein.

Neben den Astrozyten finden sich in beiden neuralen Stammzellnischen auch Gefäße. Insbesondere die SVZ ist von einem komplexen Blutgefäßnetzwerk umgeben. Der Zell/Zell-Kontakt zwischen NSCs und Endothelzellen wird dabei insbesondere über Laminin-Rezeptoren auf den NSCs bewirkt. Aus *In-vivo*-Studien weiß man, dass Blutgefäße an der Proliferation und Positionierung der NSCs beteiligt sind. Außerdem ermöglicht der direkte Zell/Endothel-Kontakt einen einfachen und schnellen Austausch von löslichen Faktoren wie Nährstoffen und Signalmolekülen. Weiterhin gibt es Hinweise darauf, dass die Endothelzellen Faktoren abgeben, die für den Erhalt und die Differenzierung der NSCs notwendig sind. Beispiele hierfür sind VEGF (engl. *vascular endothelial growth factor*), welcher sowohl die Angiogenese als auch die Neurogenese induziert, und PEDF (engl. *pigment epithelium-derived factor*), ein Faktor, welcher bei der NSC-Selbsterneuerung beteiligt ist.

Eine weitere zelluläre Komponente der neuralen Stammzellzonen sind ependymale Zellen. Wie bereits für Endothelzellen bekannt, konnte auch für die ependymalen Zellen beobachtet werden, dass sie PEDF sezernieren. Sie fördern damit eine geringe Proliferation, also einen Ruhezustand und somit die Aufrechterhaltung des Stammzellcharakters von NSCs. Weiterhin produzieren sie Noggin, wodurch die Neurogenese gefördert und gleichzeitig die Gliogenese von NSCs inhibiert wird. Des Weiteren können Ependymzellen durch ihr schlagendes Cilium einen Gradienten von löslichen Faktoren schaffen, der wiederum Einfluss auf die Neuroblasten-Migration entlang der rostralen Migrationsbahn nimmt.

Neuroblasten: neurale Vorläuferzellen

In beiden Zonen sind auch reife Neuronen von entscheidender Bedeutung. Diese geben diverse Neurotransmitter wie Serotonin, Dopamin, und Glutamat ab, welche die Differenzierung der NSCs als auch die Proliferation der Vorläuferzellen unterstützen und kontrollieren.

6.2.3 Die Rolle von adulten neuralen Stammzellen

Die meisten Typen adulter Stammzellen sorgen für die Gewebehomöostase durch das Auffüllen verlorener Zellen während des physiologischen *Turnovers* oder nach einer Verletzung. Auch für adulte NSCs gibt es Hinweise, dass sie Neuronen bilden können, die in das existierende neuronale Netzwerk eingebracht werden können.

Derzeit gängige Modelle besagen, dass die adulten Stammzellen der SVZ wichtig für den Erhalt des Riechkolbens sind, wohingegen die Stammzellen im hippokampalen *Gyrus dendatus* für die Plastizität des Gehirns sowie das räumliche Lernen und das Gedächtnis benötigt werden. So konnte beispielsweise gezeigt werden, dass ein Verlust des Transkriptionsfaktors TLX, ein wichtiger Regulator der Zellproliferation von NSCs, Defizite im räumlichen Lernen zur Folge hat.

Plastizität: im neuralen Kontext: bezeichnet die Eigenschaft von Hirnregionen, Nervenzellen oder Synapsen, sich in Abhängigkeit der Aktivität oder äußerer Einflüsse zu verändern

Des Weiteren scheint sich der *Gyrus dentatus* im Laufe des Lebens durch das Hinzufügen neuer Neurone zu vergrößern. Ein Verlust von Nestin-positiven neuronalen Vorläuferzellen führt zu einer Blockade dieser Volumenvergrößerung, was wiederum Verhaltensdefizite mit sich bringt.

Darüber hinaus gibt es Hinweise, dass die adulten NSCs der SGZ auch der Regulation durch übergeordnete, psychische Faktoren unterliegen. So führen Stress und verschiedene Antidepressiva zu schwerwiegenden Veränderungen der hippokampalen Neurogenese. In Tierversuchen konnte auch gezeigt werden, dass sportliche Aktivität oder eine reizreiche Umgebung zur Bildung neuer Neuronen führen.

In-vitro-Kultivierung und Therapieansätze von und mit adulten neuralen Stammzellen

6.2.4

Beide NSC-Populationen (aus SVZ und SGZ) können als frei schwimmende Zellcluster (engl. *neurospheres*) mit dem Potenzial zur Selbsterneuerung und Multipotenz *in vitro* kultiviert werden. Die adulten NSCs der SGZ können über einen beschränkten Zeitraum auch als Monolayer kultiviert werden. Wenn NSCs in Gegenwart von FGF2 kultiviert werden, können sie zwar proliferieren, behalten dabei jedoch ihren undifferenzierten Zustand bei. Die Möglichkeit der *Ex-vivo*-Kultivierung von adulten NSCs schafft somit die Grundlage zur genaueren Untersuchung der NSCs in Bezug auf ihre Eigenschaften und Merkmale. Andererseits können diese *In-vitro*-Kulturen hervorragend als Modell für zukünftige zu entwickelnde Therapieansätze dienen.

Monolayer: eine einlagige Zellschicht

Bis zum heutigen Zeitpunkt konnte schon eindrucksvoll gezeigt werden, dass *in vitro* kultivierte adulte NSCs sowohl *in vitro* als auch *in vivo* (nach Transplantation in das ZNS von Mäusen und Ratten) in Neurone und Gliazellen differenzieren können. Dieser experimentelle Ansatz legt somit die Grundlage für mögliche, zukünftige Therapieansätze mit adulten NSCs mit dem Ziel der Milderung von neuronalen Krankheitsbildern wie Querschnittslähmung nach Rückenmarksverletzungen, *Morbus Parkinson* oder Alzheimer.

Es bleibt jedoch die Frage offen, ob jemals ausreichende Mengen an adulten neuralen Stammzellen auf einfache und unschädliche Weise aus dem menschlichen Gehirn isoliert werden können, um diese in der Therapie einzusetzen.

Stammzellen der Haut

6.3

Die Haut stellt die Abgrenzung des Organismus zur Umwelt dar. Sie übernimmt viele Aufgaben wie beispielsweise den Schutz vor mechanischen, thermischen oder chemischen Einflüssen. Außerdem ist sie an der Regulation des Wasserhaushalts beteiligt. Die Haut von Säugetieren besteht aus drei Hauptschichten. Der äußeren Epidermis (Oberhaut), der Dermis (Lederhaut) und der inneren Subdermis oder Subcutis (Unterhaut). Epidermis und Dermis werden auch als Cutis bezeichnet. Die Epidermis kann in vier weitere Schichten eingeteilt werden: das äußere *Stratum corneum* (Hornschicht), die mittleren Schichten *Stratum granulosum* (Körnerzellschicht) und *Stratum spinosum* (Stachelzellschicht) sowie das innere

Haarfollikel: auch Haarbalg genannt; Einstülpung der Epidermis, in die der Haarschaft eingebettet ist.

Haarpapille: Gefäßreiches Bindegewebe, das die Nährstoffversorgung des Haares gewährleistet.

Haarwurzel: der von der Hautoberfläche bis zum tiefsten Punkt des Haarschafts reichende Abschnitt des Haars

Talgdrüse: eine talgproduzierende Drüse (Talg besteht aus Triglyzeriden, Lipiden, Wachsestern). Durch Platzen der produzierenden Zellen wird der Talg an die Hautoberfläche abgegeben.

Haarbulbus: zwiebelförmige verdickte Struktur, bestehend aus Haarpapille und Matrix

Matrix: im Kontext des Haares: Region, in die sich Pigmentzellen und multiple Vorläuferzellen der Vorwölbung lagern.

Stratum basale (Basalschicht) (Abb. 6.4). Das Haar dringt mit seinem Schaft mithilfe einer Einstülpung der Epidermis, dem Haarfollikel, in die Dermis ein und ragt mit dem Haarschaft nach außen aus der Epidermis heraus. Der in den Haarfollikeln eingebettete Haarschaft ist von einer inneren und einer äußeren epithelialen Wurzelscheide umgeben. In den Haarfollikel mündet außerdem eine Talgdrüse. Der Haarschaft endet im sogenannten Haarbulbus, der aus Haarpapille und Matrix besteht.

Abb. 6.4

Die Stammzellen der Haut. Die Haut besteht aus drei Schichten, der Epidermis, der Dermis und der Subcutis. Die Epidermis setzt sich aus mehreren Schichten zusammen: dem äußeren *Stratum corneum*, den mittleren Schichten *Stratum granulosum* und *Stratum spinosum* sowie dem inneren *Stratum basale*. Weiter Innen folgen die Dermis und die Subcutis (nicht abgebildet).
Das Haar ist mit seiner Haarwurzel in die Haut eingebettet und ragt aus der Epidermis heraus. Der Haarschaft ist von einer inneren und einer äußeren epithelialen Wurzelscheide umgeben. Zum Haarfollikel gehört weiterhin eine Talgdrüse. Die Haarwurzel endet in der Dermis mit einer Haarpapille, die von Matrixzellen umgeben ist. Stammzellen konnten im *Stratum basale* (epidermale Stammzellen), am Haarschaft als Vorwölbung, am Isthmus und an der Talgdrüse identifiziert werden.

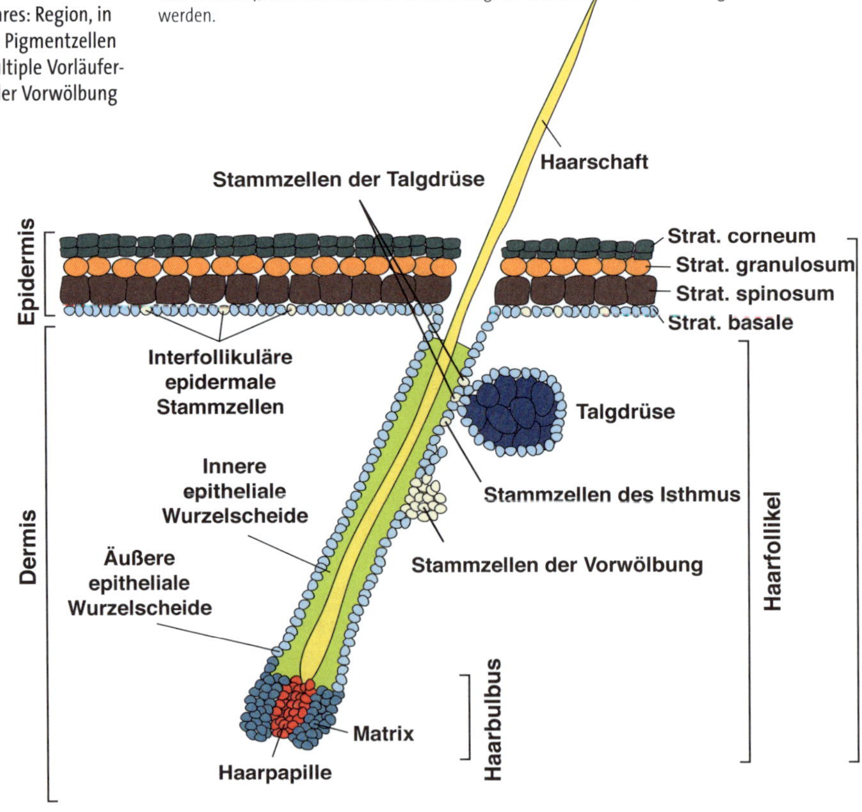

Interfollikuläre epidermale Stammzellen der *Stratum basale* 6.3.1

Durch den normalen *Turnover* der Zellen oder äußere Umwelteinflüsse und Verletzungen gehen regelmäßig schützende Hautzellen der Körperoberfläche verloren, die ersetzt werden müssen. Dies geschieht durch Differenzierung von Stammzellen der Haut, den interfollikulären epidermalen Stammzellen (Abb. 6.4). Diese Stammzellen befinden sich in der innersten Schicht der Epidermis, dem *Stratum basale*, und sind hoch proliferativ. Durch asymmetrische Zellteilung wird einerseits die Menge an Stammzellen aufrechterhalten, andererseits werden Tochterzellen bereitgestellt, welche in die Differenzierung eintreten können. Dabei lösen sich die differenzierenden Zellen von den benachbarten Zellen ab (Zellen der Stammzellnische) und migrieren in die suprabasalen Schichten nach außen. Bis die Zellen ihre Migration in die äußeren Schichten abgeschlossen haben und sich von der Hautoberfläche ablösen, vergehen etwa zwei bis drei Wochen.

Bei Eintritt in das *Stratum spinosum* kommt es zum Abschalten der Gene, die für die Intermediärfilamente Keratin 5 und Keratin 15 codieren. Gleichzeitig werden andere Genprodukte wie Keratin 1 und 10 aktiviert, wodurch das Zytoskelett stabilisiert wird, Zell/Zell-Kontakte gefestigt werden und damit der Schutz der Zellen gegen mechanische Einflüsse gestärkt wird.

Molekulare Signale, die in der terminalen Differenzierung von Hautzellen eine Rolle spielen, sind unter anderem Notch, MAPK (engl. *mitogen-activated protein kinase*), NF-κB (engl. *nuclear factor-κB*), p63, Mitglieder der AP2-Familie, C/EBP (engl. *CCAAT/enhancer-binding protein*), IRF6 (engl. *interferon regulatory factor 6*), GRHL3 (engl. *grainyhead-like 3*) und KLF4 (engl. *kruppel-like factor 4*). Notch und p63 beispielsweise sind für den frühen Differenzierungsprozess von epithelialen Stammzellen notwendig. Eine Aktivitätsänderung von einem der beiden Faktoren oder Signalwegen wird von einer Störung der frühen Differenzierung epithelialer Stammzellen begleitet. Der Notch-Signalweg (Kapitel 1.4, Abb. 1.6 B) hat Einfluss auf die Expression des DNA-bindenden Faktors C/EBP, welcher wiederum mit den Transkriptionsfaktoren der AP2-Familie zusammenwirkt. Des Weiteren konnte gezeigt werden, dass auch miRNAs und Histonmodifikationen (siehe Kapitel 3.4.2) die terminale Differenzierung epithelialer Stammzellen beeinflussen.

Die Stammzellen der Vorwölbung 6.3.2

Während der gesamten Lebenszeit wird die Behaarung der Haut ständig erneuert, ein Prozess, der als Haarwuchszyklus bezeichnet wird. Der Haarwuchszyklus setzt sich aus drei Phasen zusammen: der Wachstumsphase (Anagenphase), der Ruhephase (Telogenphase) und der Abstoßungsphase (Katagenphase). Während der Wachstumsphase ist der Haarschaft mit der Haarpapille in Kontakt und wird so mit Nährstoffen versorgt. In der Ruhephase löst sich der Haarschaft von der Papille, die Stoffversorgung wird unterbrochen. Während der Abstoßungsphase fällt das abgestorbene Haar aus.

Während der Wachstumsphase kommen die Stammzellen der Vorwölbung am Haarfollikel zum Einsatz. Solange die Stammzellen der Vorwölbung in ihrer Stammzellnische verweilen, weisen sie einen langsamen Zellzyklus auf (Status während der Ruhephase). In der Wachstumsphase jedoch verlassen die Stammzellen die Stammzellnische und es kommt zur vermehrten Zellproliferation. Die Zellen, welche die Nische verlassen haben, wandern innerhalb der äußeren epithelialen Wurzelscheide in Richtung Haarbulbus in die dort lokalisierte Matrix ein, wo sich die Zellen als multipotente Vorläuferzellen mit hoher Proliferationsaktivität sammeln. Diese Vorläuferzellen bilden schlussendlich durch terminale Differenzierung und Migration in weiter außen liegende Schichten die Zellen des Haarschafts und der inneren epithelialen Wurzelscheide.

Für die Proliferation der multipotenten Vorläuferzellen der Matrix als auch die terminale Differenzierung dieser Zellen in die verschiedenen Entwicklungslinien ist der Kontakt zur Haarpapille notwendig. Nach einer Verletzung der Haut können die Stammzellen der Vorwölbung auch zur Regeneration der Epidermis beitragen, wenn die Stammzellen der Epidermis und der Talgdrüse inaktiviert wurden.

6.3.3 | Weitere Stammzellen der Haut

Neueste Studien konnten eine weitere Stammzellnische innerhalb der Haut identifizieren. Diese befindet sich an der Grenze zwischen der Talgdrüse und des Haarschafts (Abb. 6.4). Diese Stammzellen zeichnen sich aus durch die Expression von BLIMP1 (engl. *B lymphocyte induced maturation protein 1*), einem transkriptionellen Repressor von myc, und sind befähigt, Zellen der gesamten Talgdrüse zu bilden.

Eine weitere Stammzellnische befindet sich im oberen Isthmus des Haarfollikels (Abb. 6.4). Die Stammzellen dieser Region weisen die Expression des Oberflächenmarkergens MTS24 auf und zeigten *in vitro* das Potenzial zu allen epidermalen Entwicklungsschicksalen.

6.4 | Stammzellen des Darms

Der Darm wird in zwei Abschnitte aufgeteilt, den Dünn- und den Dickdarm. Der Dünndarm stellt die Verbindung zum Magen dar, der Dickdarm endet im Anus. Der Dünndarm wird weiter in Zwölffingerdarm (Duodeum), Leerdarm (Jejunum) und Krummdarm (Illeum) unterteilt. Der Dickdarm wird auch als Colon bezeichnet und wird in Blinddarm (mit Wurmfortsatz), Grimmdarm und Mast- oder Enddarm unterteilt. Der Dünndarm ist für die chemische Aufspaltung von Nährstoffen und deren Resorption zuständig. Außerdem kommt es hier zur Wasserresorption. Im Inneren ist der Darm mit einem einfachen Epithel ausgekleidet. Um eine Oberflächenvergrößerung zu erhalten, ist das Dünndarmepithel vielfach ein- und aufgefaltet, es sind Villi und Krypten zu erkennen (Abb. 6.5). Im Dickdarmepithel sind ausschließlich Krypten zu finden.

Das Darmepithel wird während des Lebens ständig ersetzt. In der Maus beispielsweise wird das Dünndarmepithel alle fünf Tage komplett regeneriert. Dies geschieht durch die Stammzellen des Darms (engl. *intestinal stem cells*, ISCs), welche in der Basis der Krypten zu finden sind (Abb. 6.5). Die Stammzellen der Darmkrypte können hauptsächlich in vier epitheliale Zelltypen differenzieren, die Enterozyten, die Gobletzellen, die enteroendokrinen Zellen und die Paneth-Zellen (Abb. 6.5; Infobox 6.4).

Villi: werden auch als Zotten bezeichnet; Ausstülpungen des Darmepithels

Krypten: Einsenkungen des Darmepithels

Epithel: Deck- oder Drüsengewebe

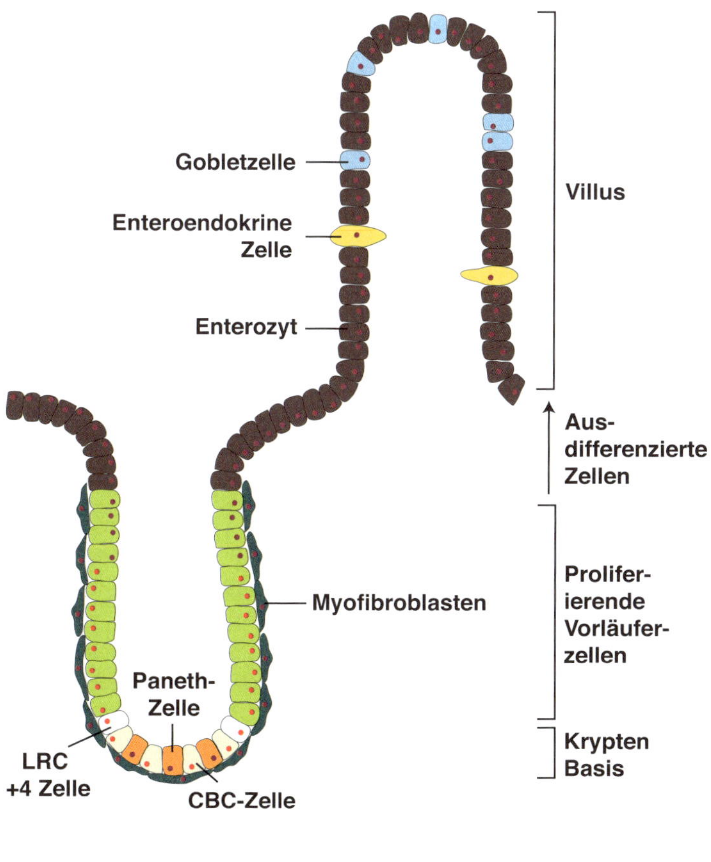

Abb. 6.5

Die intestinalen Stammzellen. Die intestinalen Stammzellen (engl. *intestinal stem cells*, ISCs) befinden sich in der Basis der Krypten. Im Moment geht man von zwei Populationen von ISCs aus, den CBC-Zellen (engl. *crypt basis columnar cells*) und den LRC (engl. *label retaining cells*) +4-Zellen. Neben den ISCs befinden sich in der Krypte noch Paneth-Zellen und proliferierende Vorläuferzellen, die nach oben wandern und dabei entweder zu sekretorischen Zellen (Paneth-Zellen, Gobletzellen, enteroendokrine Zellen) oder in Enterozyten differenzieren.

Infobox 6.4

Die Epithelzellen des Darms

apikale Seite: in Richtung eines Lumens; steht im Gegensatz zur basalen Seite einer Zelle, die der Extrazellulärmatrix zugewandt ist

merokrin: Abgabe von Sekrettropfen durch Exozytose

eosinophil: Strukturen, die sich mit dem sauren Farbstoff Eosin anfärben lassen

Granula: kleine Vesikel in Zellen, deren Inhaltsstoffe nach außen abgegeben werden können

- Die Enterozyten: Diese Zellen werden auch als Saumzellen bezeichnet und machen den Großteil der Zellen des Dünndarmepithels aus. Die Zellen erscheinen als hochprismatische Epithelzellen, besitzen viele Mitochondrien und weisen auf ihrer apikalen Seite eine charakteristische Bürstensaummembran mit vielen Mikrovilli auf. Untereinander sind die Enterozyten über *tight junctions* verbunden. Ihre Aufgabe ist im Wesentlichen die Resorption von Nährstoffen.
- **Gobletzellen**: Dieser Zelltyp wird auch als Becherzelle bezeichnet. Die Gobletzellen tauchen vereinzelt zwischen den Enterozyten auf und produzieren die Schleimschicht.
- **Enteroendokrine Zellen**: Diese Zellen liegen vereinzelt zwischen den anderen Darmepithelzellen. Es gibt zwei Typen, der eine Typ sitzt der Basalmembran auf, der andere hat Kontakt zum Darmlumen. Diese Zellen produzieren verschiedene Hormone.
- **Paneth-Zellen**: Die Paneth-Zellen sind merokrine Drüsenzellen. Auf ihrer apikalen Seite enthalten sie stark eosinophile Granula. Die Paneth-Zellen sind im Epithel am Grund der Krypten vorzufinden. Ihre Aufgaben sind unter anderem die Kontrolle der Darmflora und die Sekretion von antibakteriellen Stoffen wie Lysozymen, Peptidasen, Laktoferrin und Defensinen.

6.4.1 Lokalisation der intestinalen Stammzellen

Die ISCs (engl. *intestinal stem cells*) befinden sich an der Basis einer Krypte (Abb. 6.5 und 6.6), sodass sie vor Scherkräften und giftigen Substanzen innerhalb des Darmtrakts geschützt sind. Neben den ISCs befinden sich in der Krypte noch Paneth-Zellen und proliferierende Vorläuferzellen (Abb. 6.5), die aus den Krypten heraus nach oben wandern und dabei entweder in sekretorische Zellen (Paneth-Zellen, Gobletzellen, enteroendokrine Zellen) oder Enterozyten differenzieren.

Die Hypothese, dass alle verschiedenen intestinalen Zelltypen von einer einzelnen Stammzelle abstammen, geht auf das Jahr 1974 zurück und wurde von den Wissenschaftlern Cheng und Leblond aufgestellt. Über komplizierte und ausgefeilte Markierungsmethoden konnten sie diese Zellen auf die Basis der Krypte zwischen den Paneth-Zellen lokalisieren und nannten sie aufgrund ihrer Lokalisation und Erscheinung CBC-Zellen (engl. *crypt basis columnar cells*). Durch die kontinuierliche Verbesserung der Markierungsstrategien mithilfe genetischer Ansätze konnten Jahre später neben den CBC-Zellen auch die sogenannten +4-Zellen (an der Position +4 ausgehend von der Paneth-Zelle in der Kryptbasis)

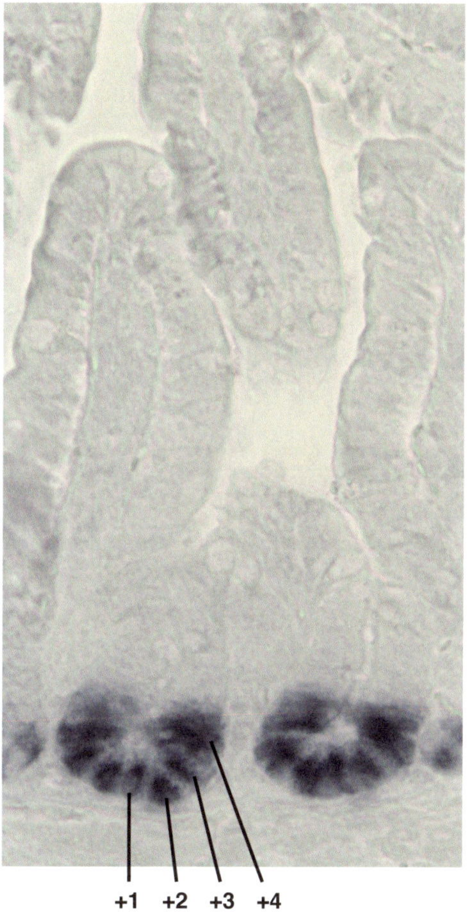

Abb. 6.6

Die Kryptbasis. Dargestellt ist eine Kryptbasis der Maus. Die Zellen +1 bis +4 sind markiert. Dazwischen liegen Paneth-Zellen, die mit +1' etc. gezählt werden Stammzellen sind über Antikörperfärbung gegen Olfm4 sichtbar gemacht (Aufnahme freundlicherweise zur Verfügung gestellt von Dr. Tobias Sperka und Prof. Dr. Lenhard Rudolph, Ulm).

identifiziert und als eine zweite Population intestinaler Stammzellen beschrieben werden (Abb. 6.5 und 6.6).

Inzwischen geht man davon aus, dass sich innerhalb der Basis der Krypten in der Tat zwei verschiedene Populationen von Stammzellen befinden: Zum einen die CBC-Zellen, welche einen aktiven Zellzyklus aufweisen und für die normale intestinale Homöostase zuständig sind. Und zum anderen die +4-Zellen, die einen niedrigen Zellzyklus zeigen („stillgelegt" sind) und die insbesondere bei Reparaturprozessen nach einer Verletzung zum Einsatz kommen. Tatsächlich übernehmen nach einem experimentell induzierten Verlust der CBC-Zellen die +4-Zellen die Auf-

Abb. 6.7

Funktion von R-Spondin und Lgr5 in den CBC-Zellen. R-Spondin kann an den Transmembranrezeptor Lgr5 (engl. *leucine-rich repeat containing G-protein-coupled receptor 5*) binden. Der Komplex aus R-Spondin und Lgr5 assoziiert mit einem Wnt/Frizzled/LRP-Komplex und verstärkt dadurch die Aktivierung des Wnt/β-Catenin Signalwegs in den CBC-Zellen (engl. *crypt basis columnar cells*).

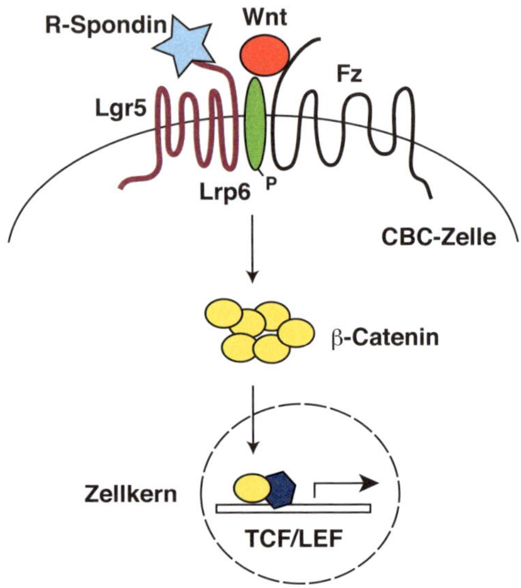

gabe, das Epithel des Darms zu ersetzen. Die +4-Zellen werden, aufgrund ihrer niedrigen Proliferationsrate, auch als LRCs (engl. *label retaining cells*) bezeichnet. Die Anzahl der ISCs innerhalb einer Krypte variiert zwischen vier und sechs.

Zur Unterscheidung dieser beiden Stammzelltypen sind zwei intestinale Stammzellmarkergene im Einsatz: Lgr5 (engl. *leucine-rich repeat containing G-protein-coupled receptor 5*) und BMI1 (engl. *Bmil polycomb ring finger oncogene 1*). Während Lgr5 in den hoch proliferierenden CBC-Zellen exprimiert wird, findet man eine starke Expression von BMI1 in den +4-Zellen.

Tabelle 6.2 gibt eine Übersicht über die intestinalen Stammzelltypen und ihrer Merkmale.

Tab. 6.2 **Intestinale Stammzellen**

Bezeichnung	Markergene	Merkmale	Aufgabe
CBC-Zellen	Lgr5	aktiver Zellzyklus	Gewebshomöostase
LRC +4-Zellen	BMI1	niedriger Zellzyklus	Reparatur

Abkürzungen: BMI1 engl. *Bmil polycomb ring finger oncogene 1*; CBC engl. *crypt basis columnar cells*; LRC engl. *label retain cell*; Lgr5 engl. *leucine-rich repeat containing G-protein-coupled receptor 5*

Neuere Befunde haben gezeigt, dass das Transmembranprotein Lgr5 ein Rezeptor für den Wachstumsfaktor R-Spondin darstellt. Der Komplex aus R-Spondin und Lgr5 assoziiert mit einem Wnt/Frizzled/Lrp-Komplex und verstärkt dadurch die Aktivierung des Wnt/β-Catenin-Signalwegs in den CBC-Zellen (siehe Abb. 6.7)

Signale innerhalb der intestinalen Stammzellnische

6.4.2

Die Komponenten der intestinalen Stammzellnische, die auf die ISCs Einfluss ausüben, sind insbesondere mesenchymale Zellen (Myofibroblasten) und Paneth-Zellen (Abb. 6.5). Diese Zellen unterstützen durch Sekretion von Wachstumsfaktoren und Zytokinen die ISCs und beeinflussen benachbarte Epithelzellen.

Einige Studien belegen, dass der kanonische Wnt-Signalweg (Kapitel 1, Abb. 1.5) eine wichtige Rolle bei der Regulation der Proliferation und dem Erhalt der ISCs übernimmt. So führt eine Aktivierung des kanonischen Wnt-Signalwegs zur intestinalen Hyperplasie, eine Inhibition hingegen hat eine Abnahme der epithelialen Zellschicht zur Folge. Außerdem konnte gezeigt werden, dass diverse Wnt-Liganden sowohl von den Myofibroblasten und insbesondere auch den Paneth-Zellen sezerniert werden.

Hyperplasie: Vergrößerung eines Gewebes oder Organs durch vermehrte Proliferation

Eine Deletion der Paneth-Zellen in der Kryptbasis führt zu einer verminderten Anzahl an ISCs, sodass man davon ausgeht, dass die Paneth-Zellen in der Kryptbasis die Größe des intestinalen Stammzellpools regulieren.

Eine Aktivierung des Notch-Signalwegs kann nur bei direkter Interaktion zweier Zellen erfolgen (siehe Kapitel 1, Abb. 1.6). Im Rahmen der intestinalen Stammzellnische exprimieren die Paneth-Zellen verschiedene Notch-Liganden und aktivieren damit den Notch-Signalweg in den Stammzellen. Dies hat Einfluss auf die Proliferation der Stammzellen. Somit geht man davon aus, dass durch aktiviertes Notch der Stammzellcharakter von ISCs aufrechterhalten wird. Außerdem ist der Notch-Signalweg bei der späteren Entscheidung eingebunden, ob ISCs in Richtung Enterozyten oder sekretorischen Zellen differenzieren. So wurde gezeigt, dass eine Inhibition von Notch mit einer vermehrten Entwicklung von Gobletzellen einhergeht, wohingegen eine Aktivierung von Notch die Bildung von Gobletzellen unterdrückt.

Diese Befunde bezüglich der Wirkung des Notch- und des Wnt/β-Catenin-Signalwegs werden derzeit in folgendes Modell integriert: Ist die Wnt-Aktivität hoch (an der Kryptenbasis), dann unterstützt Notch die Zellproliferation der CBC-Zellen, ist die Wnt-Aktivität gering (oberes Ende der Kryptenbasis), so fördert Notch die Differenzierung der ISCs in ein Enterozytenschicksal.

BMP2 und 4 werden von den mesenchymalen Zellen (Myofibroblasten) des Darms exprimiert und blockieren an der Grenze zwischen Krypte und Villus die Zellproliferation, sodass die Zellen in dieser Region ausdifferenzieren können. Zwar werden BMPs auch an der Basis der Krypten produziert, hier jedoch wird ihre Aktivität durch die gleichzeitig erfolgende Synthese von BMP-Inhibitoren niedrig gehalten.

Auch bezüglich der CBC-Zellen und der +4-Zellen scheint es feine Unterschiede bezüglich der Aktivität des BMP- und des Wnt/β-Catenin-Signalweges zu geben. Allgemein kann man sagen, dass die Umgebung der $Lgr5^+$ CBC-Zellen durch eine höhere kanonische Wnt-Aktivität und eine durch die Anwesenheit der BMP-Inhibitoren noggin und gremlin verursachte niedrige BMP4-Aktivität charakterisiert ist. Die Umgebung der +4-Zellen hingegen zeichnet sich durch eine höhere BMP4- und eine niedrige Wnt-Aktivität aus. Diese wird durch die Anwesenheit des Wnt-Inhibitors sFRP5 (engl. *soluble frizzled related protein 5*) bewirkt.

Zusammengenommen zeigen diese Befunde, dass es in den Krypten zu einem fein abgestimmten Zusammenspiel der Signalwege Wnt/β-Catenin, BMP und Notch kommt, durch welches die Aufrechterhaltung des Stammzellpools und die Erneuerung des Darmepithels durch Differenzierung der Stammzellen in Einklang gebracht werden.

6.4.3 | Intestinale Stammzellen als Tumorursprung

In letzter Zeit sind die intestinalen Stammzellen auch als mögliche Ursprungszelle für Tumorerkrankungen des Darms in den Fokus gerückt. In Deutschland ist Darmkrebs die zweithäufigste bösartige Krebserkrankung, an welcher bis zu sechs Prozent aller Deutschen im Laufe ihres Lebens erkranken. Darmkrebs entsteht fast immer aus gutartigen Darmpolypen. Die häufigste Form des Darmkrebses ist das kolorektale Karzinom, welches Tumore des Dickdarms umfasst. Ab dem 55. Lebensjahr können alle Personen in Deutschland zur Krebsvorsorge Darmspiegelungen vornehmen lassen, bei der alle Polypen der Darmschleimhaut entfernt werden. Je nach histologischem Befund der Darmpolypen wird das individuelle Risiko, ein kolorektales Karzinom zu entwickeln, eingeschätzt und das Intervall der folgenden Kontrolluntersuchungen festgelegt.

Darmpolyp: Geschwulst in der Darmschleimhaut

Durch Häufung genetischer Veränderungen aufgrund von Mutationen in der DNA kann es zu einer Entartung von Zellen des Darms und damit zur Krebsentstehung kommen. So sind die epithelialen Zellen konstant im direkten Kontakt mit potenziell karzinogenen Substanzen und deren Abbauprodukten. Insbesondere der häufige Verzehr von Fertigprodukten und rotem Fleisch und von zu wenig frischem Obst und Gemüse scheint die Entstehung von Darmkrebs zu fördern.

Unklar ist lange Zeit die Antwort auf die Frage geblieben, in welchem Zelltyp der Darmtumor seinen Ursprung hat. So könnten die Tumorzellen einerseits aus ausdifferenzierten Epithelzellen oder anderseits aus nicht spezialisierten Stammzellen entstehen. Einblicke haben hier genetische Mausmodelle gebracht.

Schon lange ist bekannt, dass eine Überaktivierung des Wnt/β-Catenin-Signalwegs zu interstinalen Tumoren führt. Bei der familiären *Polyposis coli* kommt es schon früh zur Ausbildung zahlreicher Polypen im Darm. Ursache der Erkrankung sind Mutationen im APC-Gen, die alle zu verkürzten Versionen des APC-Proteins führen. Dies führt dazu, dass der *Destruction*-Komplex des kanonischen Wnt-Signalwegs (Kapitel 1, Abb. 1.5), der aus den Proteinen APC, Axin und GSK3β besteht und die Aufgabe hat, β-Catenin für den Abbau im Proteasom zu markieren, nicht ausgebildet werden kann. Der Signalweg ist damit konstitutiv aktiv und führt zur transkriptionellen Hochregulation von kanonischen Wnt-Zielgenen wie c-myc. Unter Verwendung gewebe- bzw. zelltypspezifischer Promotoren konnte man kürzlich zeigen, dass die Effizienz der Transformation hin zur Tumorzelle besonders hoch ist, wenn eine verkürzte Version von APC in den $Lgr5^+$-Stammzellen des Darms gebildet wird. Somit kann man im Falle intestinaler Tumore die Stammzellen der Krypte auch als die relevanten Tumorstammzellen ansehen. Zum Konzept der Tumorstammzelle siehe die Infobox 6.5.

Infobox 6.5

Die Theorie der Tumorstammzellen

Die Theorie der Tumorstammzelle (engl. *cancer stem cells*, CSCs) geht davon aus, dass Zellen mit Stammzellcharakter Ursprung eines Tumors sind. Dabei stellt ein Tumorgewebe eine heterogene Zellpopulation dar, die auch Tumorstammzellen beinhaltet. Diese CSCs besitzen charakteristische Stammzelleigenschaften wie die Fähigkeit zur Selbsterneuerung. Des Weiteren zeigen sie eine erhöhte Aktivität an Telomerase (siehe Kapitel 3, Infobox 3.1). Jedoch sind sie nicht wie normale Stammzellen an der physiologischen Homöostase, sondern ausschließlich am Tumorwachstum beteiligt. Man geht davon aus, dass die CSCs auch an der Metastasierung von Tumoren und Rezidiven eine Rolle spielen.

Rezidiv: das Wiederauftreten einer Erkrankung („Rückfall")

Studien lassen vermuten, dass CSCs in Tumoren des Bluts, des Darms, der Brust, des Gehirns, dem Pankreas und der Prostata vorhanden sind.

Für die Bekämpfung von Tumoren ist die Identifizierung und Beschreibung der Tumorstammzellen von großer Bedeutung, da zukünftige therapeutische Ansätze dementsprechend angepasst werden können. Ziel ist es insbesondere, die Stammzellnischen und Signalwege für die Selbsterneuerung der Tumorstammzellen ausfindig zu machen. Entsprechend der Theorie der Tumorstammzelle muss bei der Therapie eines Tumors die Tumorstammzellpopulation eliminiert werden.

Die ersten Hypothesen zur Existenz von Tumorstammzellen wurden schon vor knapp 30 Jahren aufgestellt. Im Jahr 1997 konnten die Wissenschaftler Bonnet und Dick erstmals *in vivo* die Existenz von Tumorstammzellen belegen. Sie brachten eine Subpopulation von $CD34^+/CD38^-$-Zellen aus Patienten mit einer akuten myeloiden Leukämie in NOD/SCID-Mäuse (engl. *nonobese diabetic/severe-combined immunodeficient*) ein und konnten in diesen Mäusen eine leukämische Transformation beobachten. NOD/SCID-Mäuse entstehen durch Kreuzung von Mäusen eines nichtfettleibigen diabetischen (engl. *nonobese diabetic*) Typs mit Mäusen mit einem schweren Immundefekt (engl. *severe-combined immunodeficient*). Die Tiere mit einem NOD-Hintergrund eignen sich hervorragend für Untersuchungen von *Diabetes mellitus* Typ I. Tiere hingegen, die homozygot für die SCID-Mutation sind, bilden keine funktionellen T- oder B-Zellen (siehe Kapitel 5, Abb. 5.1). Diese Mäuse sind somit hervorragend für die Transplantation körperfremder Zellen geeignet, da diese vom Empfängerorganismus nicht abgestoßen werden. Diese ersten Beobachtungen zur Existenz von Tumorstammzellen konnten daraufhin durch verschiedene Studien gestützt werden.

Mit den oben genannten Hinweisen, dass intestinale Tumorstammzellen in den veränderten CBC-Zellen zu finden sind, sind andere in der Vergangenheit verfolgte Hypothesen in den Hintergrund getreten. Diese anderen Theorien über den Ursprung intestinaler Tumorzellen (engl. *intestinal cancer stem cells*, ICSCs) besagten, dass ICSCs durch die Reprogrammierung somatischer epithelialer Zellen entstehen oder dass sich ICSCs durch eine Transdifferenzierung von Knochenmarkzellen entwickeln.

Zusammenfassung

Adulte Stammzellen kommen in den meisten regenerativen Geweben und Organen vor und sorgen dort für die normale physiologische Homöostase wie auch für die Heilung von Gewebe nach Verletzungen. Adulte Stammzellen sind unter anderem im Skelettmuskel, im zentralen Nervensystem (neurale Stammzellen), in der Haut und im Darm (intestinale Stammzellen) zu finden. Um die Merkmale und das Verhalten von adulten Stammzellen besser zu verstehen, ist auch die Untersuchung der Stammzellnischen in den jeweiligen Organen und deren Komponenten von großer Bedeutung. Großes Ziel der Forschung an adulten Stammzellen ist eine mögliche Verwendung dieser körpereigenen Stammzellen für die Therapie verschiedener Erkrankungen. In letzter Zeit haben sich Hinweise vermehrt, dass auch Tumore mit großer Wahrscheinlichkeit aus gewebeständigen Stammzellen entstehen. So bilden sich intestinale Tumore aus den Lgr5-positiven Stammzellen der Kryptenbasis. Das Konzept der Tumorstammzelle hat eine besondere Bedeutung bei der Etablierung neuer Therapieformen in der Behandlung verschiedener Krebsformen.

Fragen

1. Welche Stammzelltypen des Skelettmuskels wurden bisher beschrieben. Worin liegen die molekularen Unterschiede?
2. In welchen Regionen des ZNS konnten bisher adulte Stammzellen identifiziert werden? Worin unterscheiden sich die neuralen Stammzellen der unterschiedlichen Hirnregionen?
3. Was sind retrovirale Vektoren? Wie können diese experimentell eingesetzt werden?
4. Welche zellulären Komponenten sind in den neuralen Stammzellnischen vorzufinden?
5. Welche unterschiedlichen Stammzellen wurden bisher in der Haut beschrieben?
6. Erläutern Sie die Lokalisation und Funktion der verschiedenen Stammzellnischen in der Haut.
7. Welche verschiedenen intestinalen Stammzellen gibt es und wo befinden sie sich? Worin unterscheiden sie sich?
8. Beschreiben Sie das Konzept der Tumorstammzelle.

Referenzen

BARKER, N. und 10 weitere Autoren (2007): Identification of stem cells in small intestine and colon by marker gene Lgr5. Nature 449, 1003–1008.

BLANPAIN, C., E. FUCHS (2009): Epidermal homeostasis: a balacing act of stem cells in the skin. Nat. Rev. Mol. Cell Biol. 10, 207–217.

DAVIS, E.J., V. MARSH, A.R., CLARKE (2011): Origin and maintenance of the intestinal cancer stem cell. Mol. Carc. 50, 254–263.

DE LAU W. und 18 weitere Autoren (2011): Lgr5 homologues associate with Wnt receptors and mediate R-Spondin signalling. Nature 476, 293–297.

HAEGEBARTH, A., H. CLEVERS (2009): Wnt signaling, Lgr5, and stem cells in the intestine and skin. Am. J. Path. 174, 715–721.

KANG, J.S., R.S. KRAUSS (2010): Muscle stem cells in developmental and regenernative myogenesis. Curr. Opin. Clin. Nutr. Metab. Care 13, 243–248.

KUANG, S., M.A. GILLESPIE, M.A. RUDNICKI (2008): Niche regulation of muscle satellite cell self-renewal and differentiation. Cell Stem Cell 2, 22–31.

MASSIRER, K.B., C. CARROMEU, K. GRIESI-OLIVEIRA, A.R. MUOTRI (2011): Maintenance and differentiation of neural stem cells. Wiley Interdiscip. Rev. Syst. Biol. Med. 3, 107–114.

MEDEMA, J.P., L. VERMEULEN (2011): Microenvironmental regulation of stem cells in intestinal homeostasis and cancer. Nature 474, 318–326.

SATO, T., J.H. VAN ES, H.J. SNIPPERT, D.E. STANGE, R.G. VRIES, M. VAN DEN BORN, N. BARKER, N.F. SHROYER, M. VAN DE WETERING, H. CLEVERS (2010): Paneth cells constitute the niche for Lgr5 stem cells in intestinal crypts. Nature 469, 415–418.

SHAKER, A., D.C. RUBIN (2010): Intestinal stem cells and epithelial-mesenchymal interactions in the crypt and stem cell niche. Trans. Res. 156, 180–187.

TIAN, H., B. BIEHS, S. WARMING, K.G. LEONG, L. RANGELL, O.D. KLEIN, F.J. DE SAUVAGE (2011): A reserve stem cell population in small intestine renders Lgr5-positive cells dispensible. Nature 478, 255–259.

VERSTAPPEN, J., C. KATSARO, R. TORENSMA, J.W. VON DEN HOFF (2009): Functional model for adult stem cells in epithelial tissues. Wound Re. Reg. 17, 296–305.

WU, X., S. WANG, B. CHEN, X. AN (2010): Muscle-derived stem cells: isolation, characterization, differentiation, and an application in cell and gene therapy. Cell Tissue Res. 340, 549–567.

7 | Reprogrammierung: die Umkehr der embryonalen Entwicklung

Inhalt

Unter Reprogrammierung versteht man die gezielte Umkehr der Differenzierung und die damit einhergehende Dedifferenzierung einer bereits spezialisierten Zelle in eine stammzell-ähnliche Zelle. Aufgeworfen wurde diese Forschungsrichtung bereits vor über 100 Jahren, als man der Frage nachging, ob die Erbinformation von differenzierten und undifferenzierten Zellen äquivalent ist. Im Laufe der Zeit führten die Forschungen ausgehend von dieser grundlagen-orientierten Fragestellung hin zu den Befunden im Bereich des therapeutischen und reproduktiven Klonens. Diese Arbeiten zur Reprogrammierung und des Klonens verschiedener Organismen bilden zugleich die theoretischen Grundlage für die Generierung von induzierten pluripotenten Stammzellen, iPS-Zellen, aus differenzierten Körperzellen, auf welche in Kapitel 8 näher eingegangen wird.

7.1 | Die historischen Wurzeln

Die ersten Experimente zur Reprogrammierung somatischer Zellen besitzen historische Wurzeln, die weit in die Geschichte der Entwicklungsbiologie zurückreichen. Der deutsche Zoologe AUGUST WEISMANN (1834–1914) hatte schon 1892 postuliert, dass während der embryonalen Entwicklung Differenzierungsdeterminanten ungleichmäßig auf die Tochterzellen verteilt werden und dass durch diesen Vorgang (heutzutage würde man asymmetrische Zellteilung sagen) Zellen in der Lage sind, in verschiedene Zelltypen zu differenzieren. Damit einher geht natürlich die Tatsache, dass Tochterzellen in Bezug auf die genetische Information nicht mehr äquivalent zueinander sind. WEISMANN folgerte, dass während der Entwicklung ein Teil der genetischen Information in den Tochterzellen verloren geht. Mit anderen Worten: Während der zellulären Differenzierung verlieren Zellen genetische Information und sind damit nicht mehr genetisch äquivalent zueinander.

Diese Theorie der Mosaikentwicklung wurde durch erste Experimente von WILHELM ROUX (1850–1924) bestätigt, der in Froschembryonen des Zwei-Zellstadiums eine Zelle mit einer heißen Nadel abtötete und in der Folge lediglich halbe Embryonen erhielt. Er folgerte daraus, dass bereits im Zwei-Zellstadium die beiden Tochterzellen nicht mehr äquivalent zueinander sind. Erste Zweifel an der Theorie von WEISMANN wurden durch Arbeiten des Entwicklungsbiologen HANS DRIESCH (1867–1941) gelegt, der ähnliche Experimente an Seeigelembryonen durchführte. Er zerteilte Seeigelembryonen im Zwei-Zellstadium in zwei vollständig voneinander getrennte Zellen und beobachtete, wie aus beiden vereinzelten Zellen jeweils eine vollständige Seeigellarve heranwuchs. Seine Schlussfolgerung aus diesen Experimenten war, dass im Zwei-Zellstadium die beiden Zellen noch genetisch äquivalent sind. Im Umkehrschluss heißt dies auch, dass die WEISMANN'sche Theorie, wenn denn gültig, erst zu einem späteren Stadium der Entwicklung greifen kann.

Mosaikentwicklung: Theorie von WILHELM ROUX (1850–1924), die besagt, dass das Schicksal aller Zellen schon früh determiniert ist.

Zunächst einmal standen die Beobachtungen von ROUX und DRIESCH natürlich im Widerspruch zueinander. Dabei ist zu beachten, dass ROUX in seinen Experimenten die durch die heiße Nadel abgetötete Zelle nicht von der anderen Zelle trennte und die Reste der toten Zelle weiterhin in Kontakt mit der überlebenden Zelle waren. Heute wissen wir, dass eine vollständige Abtrennung der abgetöteten Zellen sehr wohl zur Ausbildung eines Embryos aus der überlebenden Zelle geführt hätte. Dieser Beleg wurde zu einem späteren Zeitpunkt durch den deutschen Zoologen HANS SPEMANN (1869–1941) erbracht. In seinen Experimenten verwendete er dünne Babyhaare, um die beiden Zellen von Froschembryonen im Zwei-Zellstadium mit einer Schlinge voneinander zu trennen. Dabei konnte er beobachten, dass aus beiden Zellen je ein Embryo entstand.

Nachfolgende Experimente konnten die Äquivalenz der genetischen Information auch zu einem späteren Zeitpunkt der Entwicklung nachweisen. So untersuchte der Deutschamerikaner JACQUES LOEB (1859–1924) die Entwicklung von Seeigeln, die durch parthenogenetische Fortpflanzung zur Teilung angeregt wurden. Dabei regte LOEB die Zellteilung einer Eizelle durch eine Milieuveränderung des umgebenden Wassers aus. Zu diesem Zweck führte er lediglich Magnesiumchlorid in höheren Konzentrationen in die Lösung ein. In einigen wenigen Fällen war diese Erhöhung der Ionenkonzentration jedoch so groß, dass die sich entwickelnden Embryonen zerplatzten. Dabei bildeten sich zufällig Membranvesikel aus, die mit Zytoplasma gefüllt waren und gleichzeitig einen Zellkern enthielten. Überraschenderweise entwickelte sich auch aus diesen artifiziellen Strukturen eine Seeigellarve, sodass LOEB schloss, dass der Zellkern auch zu einem späteren Zeitpunkt noch die gesamte Information zur Entwicklung eines vollständigen Lebewesens enthalten muss.

Parthenogenese: Jungfernzeugung; eine Form der eingeschlechtlichen Fortpflanzung, wobei Nachkommen aus einer unbefruchteten Eizelle entstehen.

Abb. 7.1

Experiment von HANS SPEMANN. In seinem Experiment zur genetischen Äquivalenz der Zellkerne im frühen Embryo verwendete HANS SPEMANN Salamander-Embryonen. Mit einem feinen Haar schnürte er eine befruchtete Eizelle in zwei Hälften, wobei er dabei einen Halbembryo generierte, in dem sich der Zellkern befand und einen Halbembryo, der lediglich Zytoplasma enthielt. Der Halbembryo mit genetischer Information teilte sich im weiteren Verlauf. Als sich der teilungsaktive Embryoteil im 16-Zellstadium befand, lockerte SPEMANN die Schlinge, sodass ein Zellkern in die Zytoplasmablase übertreten konnte. Anschließend schnürte SPEMANN die beiden Strukturen mithilfe des Haares vollständig in zwei getrennte Strukturen. Dabei entstanden ein Embryo mit 15 Zellen und einer aus einer Zelle. Aus beiden Embryonen entwickelte sich nach Kultivierung eine normale, freischwimmende Kaulquappe.

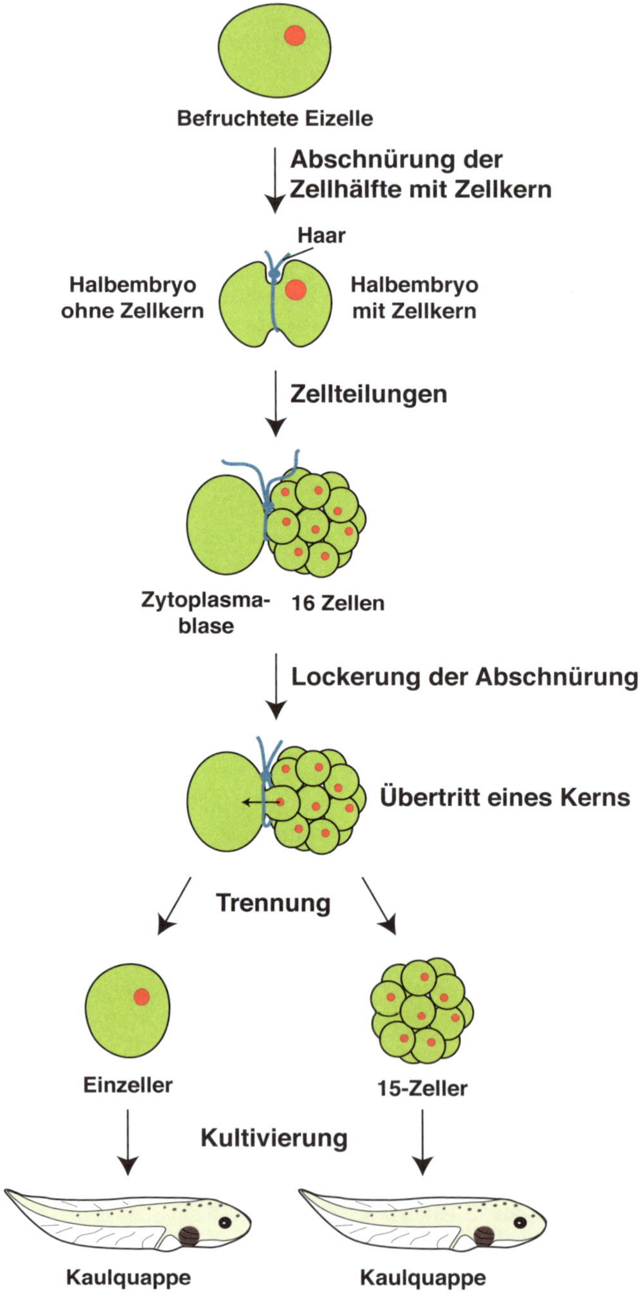

Ähnliche Experimente unternahm HANS SPEMANN mit Salamander-Embryonen. Wieder schnürte er einen Embryo mit einem dünnen Haar zusammen, diesmal die befruchtete Eizelle, und generierte dabei einen Halbembryo, in dem sich der Zellkern befand und einen Halbembryo, der lediglich Zytoplasma enthielt (Abb. 7.1). Der Halbembryo mit genetischer Information begann sich nunmehr zu teilen und neue Zellen zu generieren. Als sich der teilungsaktive Embryoteil im 16-Zellstadium befand, lockerte SPEMANN die Schlinge, sodass ein Zellkern in die Zytoplasmablase des zweiten Halbembryos übertreten konnte. Anschließend schnürte Spemann die beiden Strukturen unter Zuhilfenahme des Haares vollständig in zwei getrennte Strukturen. Er hatte also einen Embryo mit 15 Zellen generiert, der sich in eine normale Kaulquappe entwickelte. Gleichzeitig hatte er einen Ein-Zell-Embryo generiert, der jedoch den Zellkern eines 16-Zell-Embryos enthielt. Auch dieser Embryo entwickelte sich in der Folge zu einer normalen, freischwimmenden Kaulquappe. Damit konnte SPEMANN zeigen, dass bis zur frühen Morula alle Zellkerne genetisch äquivalent sind und bis zu diesem Zeitpunkt der Entwicklung während der zellulären Differenzierung keine Gene verloren gehen.

Hans Spemann: Für seine Arbeiten zur Bedeutung der oberen Urmundlippe in Amphibien, dem Spemann-Organisator, bekam er 1935 einen Nobelpreis für Medizin.

Durch dieses Experiment führte SPEMANN ein neues experimentelles Konzept ein. Durch den Übertritt des Zellkerns in die zuvor abgeschnürte Zytoplasmablase wurde der Zellkern in eine andere zytoplasmatische Umgebung gebracht. Befand er sich vor dem Übertritt im Zytoplasma eines frühen Embryos mit 16 Zellen, wurde er durch den Übertritt wieder in eine Umgebung gebracht, die typisch für die befruchtete Eizelle ist.

In gedanklicher Fortsetzung seiner Arbeiten formulierte SPEMANN dann 1938 das gewagte Experiment, man müsse den Zellkern einer ausdifferenzierten Zelle in eine entkernte Eizelle transplantieren, um die Hypothese von WEISMANN zu widerlegen. Dieses in den 30er-Jahren des letzten Jahrhunderts doch sehr futuristisch anmutende Experiment, vorgeschlagen von HANS SPEMANN, wurde erstmals zwei Jahrzehnte später umgesetzt. SPEMANN selber sah zu seiner Zeit allerdings keine Möglichkeiten, dieses Experiment durchzuführen.

7.2 Die Arbeiten von BRIGGS, KING und GURDON an Fröschen

In den 50er-Jahren des letzten Jahrhunderts gingen verschiedene Wissenschaftler der Frage nach einem möglichen Verlust von Erbinformation während der embryonalen Entwicklung mithilfe von Kerntransplantationsexperimenten auf den Grund. Die englischen Zoologen ROBERT

W. BRIGGS (1911–1983) und THOMAS J. KING (1921–2000) transplantierten dabei Zellkerne von *Rana pipiens* (Leopardenfrosch) in eine zuvor entkernte Eizelle derselben Spezies. Zur Entfernung des Kerns aus der Eizelle verwendeten sie eine dünne Kanüle und saugten damit den Zellkern ab. Dieser Vorgang wird auch als Aspiration bezeichnet. Auch der „neue" Zellkern wurde über eine Mikrokanüle in die entkernte Eizelle eingebracht. Diesen Vorgang bezeichnet man auch als Kerntransfer. Das Experiment zeigte, dass sich die so rekonstituierten Embryonen nur dann zu normalen Embryonen entwickelten, wenn die Zellkerne frühen Blastulaembryonen entstammten. Entnahm man hingegen Zellkerne aus endodermalem Gewebe späterer Kaulquappenstadien und führte diese in die entkernten Eizellen ein, so misslang das Experiment. BRIGGS und KING schlossen daraus, dass während der Entwicklung von der Blastula zur Kaulquappe irreversible Veränderungen am Genom stattfinden, wodurch für die frühe Entwicklung benötigte Gene eliminiert werden. Damit stützten sie zunächst die Theorie von WEISMANN.

Anfang der 1960er-Jahre ging nunmehr SIR JOHN GURDON diese Frage unter Verwendung des südafrikanischen Krallenfrosches *Xenopus laevis* erneut an und transplantierte Zellkerne, die aus Darmzellen einer Kaulquappe gewonnen wurden. Dabei gelang es ihm letztlich, adulte weibliche und männliche Frösche zu generieren, die dem Spender identisch waren (Abb. 7.2). Es wurden Klone generiert (siehe Infobox 7.1). Mit diesem experimentellen Ansatz konnte er erstmals nachweisen, dass die Umkehr der embryonalen Entwicklung möglich ist.

Die Frage der Veränderung der genetischen Information während der Entwicklung war damit deutlich beantwortet: Auch ausdifferenzierte Zellen besitzen noch die komplette genetische Information, die für den Ablauf der embryonalen Entwicklung notwendig ist. Diese Experimente deuteten darauf hin, dass sich in der Eizelle höchstwahrscheinlich Faktoren befinden, die dafür sorgen, den Zellkern einer bereits ausdifferenzierten Zelle zu reprogrammieren. In seinen Experimenten verwendete GURDON auch erstmals einen genetischen Marker um zweifelsfrei nachzuweisen, dass der neu entwickelte Organismus das genetische Material des Spenderzellkerns trägt. Dabei machte er sich eine spezifische *Xenopus*-Mutante zunutze, *one-nucleolate* (1-nu), die in jeder Zelle nur einen Nucleolus ausbildet, während normale Wildtyptiere je zwei Nucleoli aufweisen. Durch eine Analyse der Zellkerne nach dem Kerntransfer konnte er mit dieser Mutante zeigen, dass der sich entwickelnde Organismus das genetische Material des Spenderembryos enthält.

Nucleolus: Struktur im Zellkern, in der die Ribosomenbiosynthese stattfindet.

Anzumerken bleibt hier, dass es bis heute nicht gelungen ist, einen Zellkern, der aus Gewebe eines adulten Frosches gewonnen wurde, in Eizellen zu transplantieren und damit wiederum einen adulten Frosch

Kerntransfer. Darstellung des Kerntransfers an *Xenopus laevis* zur Generierung von Klonen – erstmals durchgeführt von Sir John Gurdon. In diesem Experiment wurden Darmzellen des Kernspenders isoliert, kultiviert und die Kerne (rot) entnommen. Diese Kerne wurden anschließend in Eizellen eines anderen Tieres gebracht, deren Kerne durch UV-Bestrahlung inaktiviert wurden. Aus der dabei generierten Zelle, die äquivalent zu einer befruchteten Eizelle ist, entwickelten sich dem Kernspender identische Klone.

Abb. 7.2

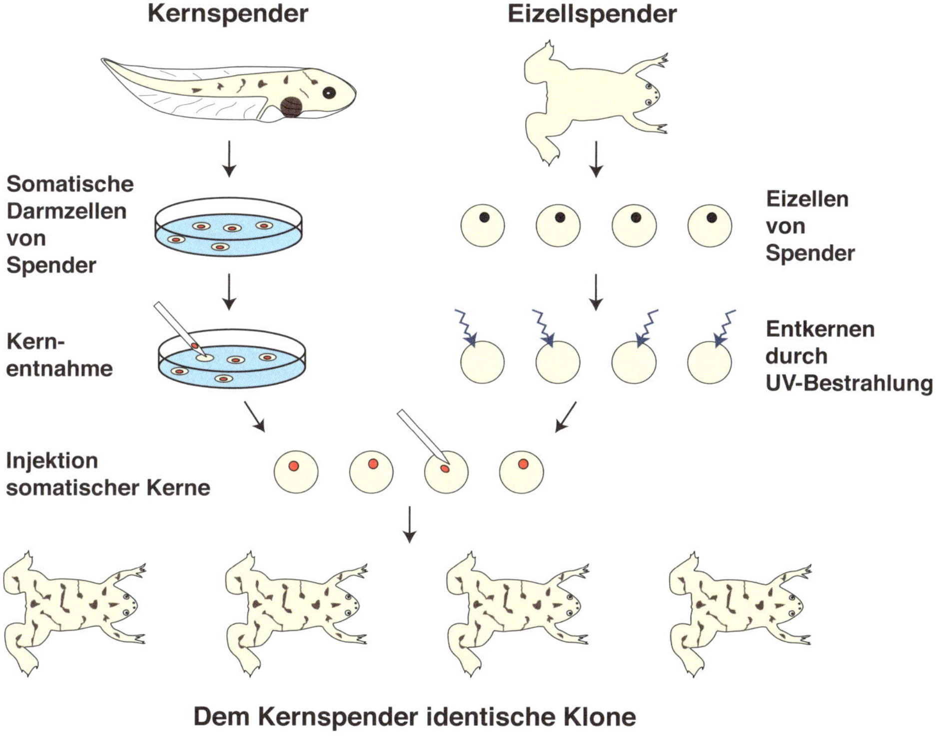

zu generieren. Aufgrund des verhältnismäßig schnellen Zellzyklus früher *Xenopus*-Embryonen, durch den etwa alle 20 Minuten eine Zellteilung stattfindet, ist vermutlich die Zeit zu kurz, welche das Erbmaterial mit den reprogrammierenden Faktoren in Kontakt ist, bevor die Differenzierung erneut einsetzt.

Der oben beschriebene Transfer eines Zellkerns in eine entkernte Eizelle wird als *somatic cell nuclear transfer* (SCNT) bezeichnet.

Während der Reprogrammierung wirken ganz offensichtlich Faktoren, die sich in der Eizelle befinden, auf das Genom ein und bewirken die eigentliche Reprogrammierung. Dabei werden epigenetische Markierungen entfernt, die für den differenzierten Zustand charakteristisch sind, und jene eingeführt, die für die befruchtete Zygote bzw. für embryonale Stammzellen typisch sind (siehe dazu Kapitel 3.4). Hier kann man sich leicht vorstellen, dass diese Prozedur umso erfolgreicher ist, je länger die Faktoren Zeit haben, auf das Genom einwirken.

Aus diesen Überlegungen wurde das Konzept des seriellen Kerntransfers abgeleitet. Bei diesem Verfahren wird ein Zellkern in eine entkernte Eizelle übertragen. Nach einigen wenigen Zellteilungen wiederholt man diesen Vorgang. Hierbei wird dem sich entwickelnden frühen Embryo wiederum ein Zellkern entnommen und erneut in eine entkernte Eizelle eingepflanzt (Abb. 7.3). Dadurch verbleibt das transplantierte Genom über einen längeren Zeitraum mit einem früh embryonalen Zytoplasma in Kontakt. Wie zu erwarten war, steigt die Effizienz der Reprogrammierung dadurch merklich an.

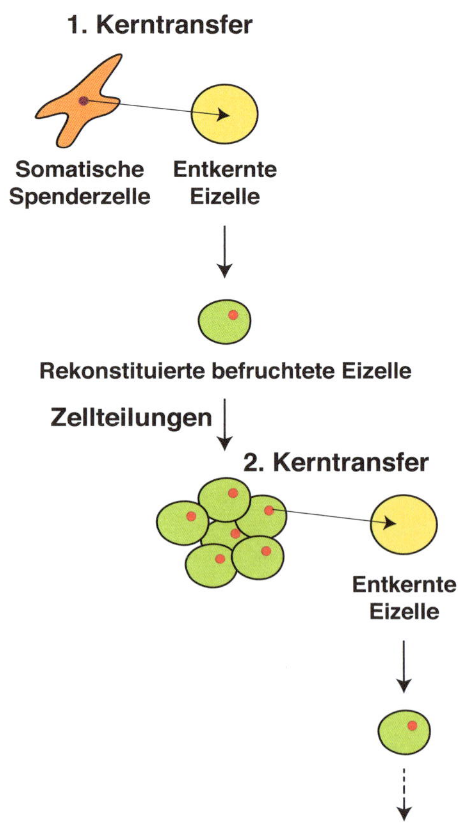

Abb. 7.3

Serieller Kerntransfer. Beim seriellen Kerntransfer wird einer somatischen Zelle der Zellkern entnommen und in eine kernlose Eizelle eingebracht (erster Kerntransfer). Die so rekonstituierte Zelle, äquivalent zu einer befruchteten Eizelle, wird in Kultur inkubiert. Nach mehreren Zellteilungen erfolgt ein zweiter Kerntransfer mit einem Kern aus einer der Zellen. Dieser Prozess kann mehrmals wiederholt werden, wodurch die Effizienz der Reprogrammierung deutlich gesteigert wird.

Infobox 7.1

Der Begriff des Klons

Durch das Verfahren des *somatic cell nuclear transfers* wird ein Lebewesen erschaffen, welches genetisch identisch zum Spender des Zellkerns ist. Man bezeichnet zwei genetisch identische Individuen als Klone. In diesem Zusammenhang sollte erwähnt werden, dass sich die durch einen Kerntransfer gewonnenen Lebewesen jedoch in ihrer mitochondrialen DNA unterscheiden. Der Begriff des Klons ist hier also eigentlich nicht vollständig erfüllt. Trotz alledem wird der Begriff in diesem Zusammenhang verwendet. Auch eineiige Zwillinge stellen Klone dar, die sogar in ihrer mitochondrialen DNA identisch sind.

Kerntransfer bei Säugetieren | 7.3

Der Vorgang der Reprogrammierung somatischer Zellen durch Kerntransfer ist letztendlich auch die Grundlage der Klonierung von Säugetieren, die erstmals mit der Generierung des Schafs Dolly im Jahre 1996 nachweislich gelang (siehe unten). Mit diesen Arbeiten verschob sich der Fokus der Forschung. War bei den Experimenten zur Reprogrammierung noch die Fragestellung im Vordergrund, ob es während der Differenzierung zu einem Verlust an Erbinformation kommt, so wurde jetzt die gezielte Reproduktion eines Säugetiers in den Vordergrund gestellt.

Erstmals berichteten KARL O. ILLMENSEE und PETER HOPPE 1981 gemeinsam über die Klonierung von drei Mäusen. Dies war scheinbar die erste gelungene Klonierung von Säugetieren durch einen Kerntransfer. Die Ergebnisse konnten jedoch von anderen Wissenschaftlern nicht reproduziert werden, sodass Stimmen laut wurden, die Daten seien zumindest teilweise beschönigt worden. Aufgrund dessen wurden die Arbeiten von ILLMENSEE und HOPPE durch eine Untersuchungskommission unter der Leitung von DAVOR SOLTER begutachtet. Eine Fälschung der Daten konnte dabei nicht bewiesen werden. Da die experimentellen Aufzeichnungen jedoch unvollständig waren und die Klonierung von Mäusen seinerzeit nicht reproduziert werden konnte, wurden die Experimente als „wissenschaftlich wertlos" eingestuft und das Klonen von Säugetieren als „biologisch unmöglich" bewertet.

Es sollte einige Jahre dauern bis andere Wissenschaftler belegen konnten, dass auch das Klonen von Säugetieren wirklich durchführbar ist.

Für das Einbringen des Zellkerns in die durch Aspiration entkernte Eizelle gibt es verschiedene Techniken, die noch heute zur Anwendung kommen. Neben der Mikroinjektion des Zellkerns in die Eizelle stellt die Zellfusion eine weitere technische Möglichkeit dar. Dabei wird die

Zona pellucida: Wird auch als Glashaut bezeichnet und dient als Schutzhülle der Eizelle.

Sendai-Virus: RNA-Virus der Familie der *Paramyxoviridae*; ein besonderes Merkmal dieses Virus ist seine Eigenschaft, mit eukaryotischen Zellen *in vitro* zu verschmelzen; dies wird durch ein Membranprotein vermittelt, die Hämagglutinin-Neuraminidase.

intakte Spenderzelle in den Zwischenraum von Oozytenmembran und *Zona pellucida* eingebracht und die Membranen von Eizelle und Spenderzelle durch einen kurzen Stromstoß fusioniert. Dadurch kann der Zellkern der Spenderzelle in die entkerne Eizelle übertreten. Dieses Verfahren wird auch als Elektrofusion bezeichnet. Alternativ können die beiden Membranen durch die Inkubation mit inaktivierten Sendai-Viren fusioniert werden.

1996 veröffentlichten die Wissenschaftler IAN WILMUT und KEITH CAMPBELL die Generierung zweier Schafe, Megan und Morgan, durch Kerntransfer. Dabei entstammten die Zellkerne aus Zellen, die aus einem frühen Embryo in Kultur genommen waren und einen ES-zell-ähnlichen Charakter aufwiesen. In diesen Experimenten erwies sich die Elektrofusion effizienter als der Einsatz von Sendai-Viren.

Das erste Säugetier, welches durch einen wissenschaftlich belegten Kerntransfer unter Verwendung eines adulten Spenderkerns geklont wurde, war das weltberühmte Schaf mit dem Namen Dolly. Es entstand 1996 im Roslin-Institut bei Edinburgh in Schottland und bedeutete einen großen Durchbruch in der Reproduktionsforschung. Zunächst wurde veröffentlicht, dass der britische Wissenschaftler IAN WILMUT den Kerntransfer durchgeführt hätte; später jedoch wurde berichtigt, der wahre „Vater" von Dolly sei KEITH CAMPBELL. Der transferierte Zellkern stammte aus Euterzellen eines adulten Spenderschafs der Rasse *Finn Dorset*, die Eizelle wurde einem *Scottish-Blackface*-Schaf entnommen. Auch diente ein *Scottish-Blackface*-Schaf als Leihmutter. Von 29 geklonten Embryonen überlebte nur Dolly.

Die Kehrseiten der Klonierung durch Kerntransfer zeigten sich im Laufe des Lebens von Dolly. Dolly begann bereits früh zu altern und starb verhältnismäßig früh mit 6,5 Jahren an einer Lungenkrankheit. Normalerweise liegt die Lebenserwartung von Schafen zwischen zehn und zwölf Jahren. Bei näherer Untersuchung wurde beobachtet, dass die Telomere des 1-jährigen Schafes Dolly eine Länge aufwiesen, die der des 6-jährigen Spendertiers entsprachen, was möglicherweise der Grund der frühen und schnellen Alterung war.

1998 wurde erstmals über die erfolgreiche Klonierung von Mäusen berichtet, was in der Folge von mehreren Arbeitsgruppen bestätigt werden konnte. Ähnlich wie das Schaf Dolly hatten die so generierten Mäuse gesundheitliche Probleme. Beobachtet wurde beispielsweise, dass geklonte Mäuse eher zu Fettleibigkeit tendieren und veränderte Hormonspiegel aufweisen können.

In der Folge wurden auch Nutz- und Haustiere kloniert. In Japan wurden 1998 die ersten Kühe kloniert. Die ersten Klon-Schweine entstanden in Virginia im Unternehmen von PPL Therapeutics im Jahr 2001. Ein wichtiger Beweggrund war und ist hier sicher die Generierung ertragreicher Tiere.

Aber auch ein anderer Aspekt soll hier kurz angeführt werden, der mit dem Begriff des *Pharming* belegt ist. Durch das Einbringen von Genen in das Genom der Spenderzelle vor dem eigentlichen Vorgang des Klonierens ist es möglich, Tiere zu generieren, die nützliche Proteine bilden, wie beispielsweise die Bildung von Blutgerinnungsfaktoren in der Milch. Aus der Milch des Klons kann anschließend das Protein von Interesse mittels biochemischer Methoden aufgereinigt werden und als Medikament zur Bekämpfung von Hämophilie zum Einsatz kommen.

Hämophilie: Erbkrankheit mit gestörter Blutgerinnung, beispielsweise aufgrund eines Mangels an bestimmten Gerinnungsfaktoren

Maultier: Kreuzung zwischen Pferdestuten und Eselhengsten

Bei der Klonierung von Haustieren werden wohl eher Sentimentalitäten ihrer Besitzer bedient. Die erste geklonte Katze, Cc (engl. *copy cat*), wurde 2001 erzeugt, der erste klonierte Hund (Snuppy) wurde 2005 beschrieben. Im Jahr 2004 konnte das erste Maultier mit dem Namen Idaho Gem geklont werden. Der Zellkernspender war ein schnelles Rennmaultier. Auch Idaho Gem wurde später erfolgreich in Rennen eingesetzt. Auch Pferde werden seitdem erfolgreich kloniert. Das Unternehmen ViaGen in Austin/Texas hat hier einen großen Markt erkannt und bietet das Klonen von Pferden an. Ziel hierbei ist es, Kopien von Hochleistungspferden zu generieren, wobei jedes gesunde Klon-Fohlen wohl einen sechsstelligen Dollarbetrag einbringt. Für den großen Sport jedoch sind geklonte Pferde nicht zugelassen.

Das Klonen von Tieren wird von manchen Menschen auch als sinnvoll erachtet, um vom Aussterben bedrohte Tierarten zu retten. Andere gehen hier noch einen Schritt weiter und überlegen, bereits ausgestorbene Tierarten wie das Mammut zu klonieren und damit „wiederzubeleben". Diese Überlegungen gehen auf einen Bericht japanischer Forscher zurück, die 2008 erstmals Mäuse aus 16 Jahre lang tiefgefrorenen Zellen klonierten.

7.4 Molekulare Mechanismen der Reprogrammierung durch Kerntransfer

Abschließend sollen in diesem Abschnitt noch die molekularen Mechanismen der Reprogrammierung etwas weiter im Detail beleuchtet werden. Ein wichtiges Kriterium für den Erfolg der Reprogrammierung durch Kerntransfer ist eine Synchronisation des Zellzyklus der Spenderzelle mit dem Zellzykluszustand der Empfängerzelle. Dadurch soll einerseits erreicht werden, dass ein diploider Kern nach Transplantation nicht einen weiteren Replikationszyklus durchläuft, andererseits muss das Chromatin des Spenderkerns mit Reprogrammierungsfaktoren in der Empfängerzelle in Kontakt kommen.

Die Prozesse, die während der Reprogrammierung erfolgen, sind besonders gut in *Xenopus laevis* untersucht worden. Dabei unterscheidet man zwei Formen des nukleären Transfers. Einerseits kann der Kern in eine reife Eizelle eingebracht werden. Die reife *Xenopus*-Eizelle ist in der Metaphase II der Meiose arretiert. Nach einem Kerntransfer kommt es zu Zellteilungen sowie der Ausbildung verschiedener Zelltypen durch Differenzierung. Andererseits kann der Zellkern auch in eine ausgereifte Oozyte, der Vorstufe der reifen Eizelle, eingebracht werden. Diese ist in der Prophase I der Meiose arretiert. Diese Arretierung wird hormonell aufgehoben, sodass die Oozyte nach der Ovulation und der Wanderung durch den Eileiter dann als reife Eizelle – arretiert in der Metaphase II – zur Befruchtung bereitsteht. Bei einer Kerntransplantation in eine reife Oozyte kommt es interessanterweise nur zu einer Reprogrammierung des Zellkerns, allerdings nicht zu Zellteilungen und Differenzierungsvorgängen. Daher sind Kerntransferexperimente in eine reife Oozte besonders aufschlussreich, um die Mechanismen der Reprogrammierung zu untersuchen.

Ein erstes Kennzeichen der beginnenden Reprogrammierung ist ein massives Anschwellen des transplantierten Zellkerns aufgrund einer Dekondensation des Chromatins. Dies ist ein Zeichen für die einsetzende Transkription.

Parallel kommt es zu einer Veränderung in der Zusammensetzung chromosomaler Proteine. Einerseits können dabei somatische Varianten eines Proteins durch oozyten-spezifische Formen ausgetauscht werden. Ein Beispiel neben anderen ist der Austausch des somatischen Linkerhistons H1 durch das Linkerhiston B4 (in Amphibien), welches in den Oozyten vorkommt. Dieser Austausch ist für die nachfolgende Reaktivierung von Pluripotenzgenen essenziell. Andererseits können somatische Proteinvarianten durch identische Proteine aus der Oozyte ersetzt werden. Dies scheint auf den ersten Blick nicht besonders relevant. Allerdings hat sich gezeigt, dass die Dynamik dieses ständig stattfindenden Austausches in der Oozyte eine andere Kinetik aufweist als in der somatischen Zelle – ein Hinweis auf die veränderte chromosomale Aktivität nach dem Kerntransfer. Beispiele für einen solchen Austausch geben die Proteine HP1 (engl. *heterochromatin protein 1*) und BMI1.

Pluripotenzgene: Gene, die für die Eigenschaften von Stammzellen wie Pluripotenz und Selbsterneuerung notwendig sind.

Weiterhin findet man in der Oozyte (aber auch in reifen Eizellen) hohe Aktivitäten an histon-modifizierenden Enzymen, die insbesondere die Methylierung und Acetylierung von Histonen bewirken. Als Beispiel sei die H3K4-Methylierung von Histon H3 genannt, die für die Transkription von Pluripotenzgenen wichtig ist (siehe Kapitel 3.4.2). Auch DNA-Demethylasen werden in hoher Aktivität in Oozyten und Eizellen gefunden, die ebenfalls zur Regulation der Genaktivität beitragen. Eine

Abb. 7.4 Kinetik der Reprogrammierung nach einem Kerntransfer in Amphibien. Die Vorgänge während der Reprogrammierung sind in ihrer zeitlichen Abfolge in Stunden angegeben (in Anlehnung an JULLIEN et al. 2011).

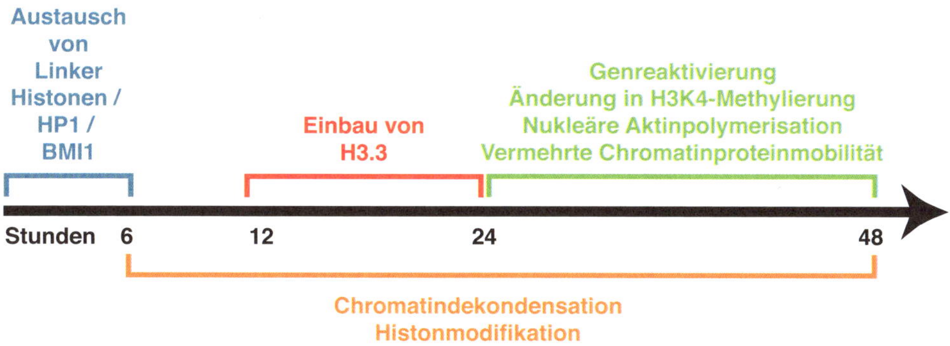

erst kürzlich beschriebene Klasse von Proteinen sind die Tet-Proteine, die Methylcytosin-Reste in der DNA in Hydroxymethylcytosin überführen können und damit ebenfalls zur Demethylierung von DNA beitragen. Zusammen führen diese Veränderungen zu einer transkriptionellen Aktivierung der Pluripotenzgene wie Oct4, Nanog oder Sox2, und einer Repression differenzierungsspezifischer Gene.

Auch gibt es Hinweise, dass es eine oozyten-spezifische basale Transkriptionsmaschinerie gibt, die sich von ihrem somatischen Gegenstück unterscheidet. Diese Aktivierung von zuvor stillgelegten Genen erfolgt in der Regel innerhalb von ein bis zwei Tagen nach der Transplantation des somatischen Zellkerns. Abb. 7.4 gibt einen Überblick über die Kinetik der Reprogrammierung nach Kerntransfer in Amphibien.

7.5 Kerntransfer beim Menschen: therapeutisches versus reproduktives Klonen

Mit der erfolgreichen Reproduktion von Tieren durch Kerntransfer rückte die Frage in den Fokus, ob dies auch beim Menschen möglich ist. Dabei stand allerdings nicht so sehr der Aspekt im Vordergrund, einen lebenden Menschen zu kopieren, sondern vielmehr die Möglichkeit des sogenannten therapeutischen Klonens (Abb. 7.5). Mit der Generierung von menschlichen Embryonen nach Kerntransfer würde diese Möglichkeit in den Bereich des Machbaren rücken. Dementsprechend waren Anstrengungen verschiedener Wissenschaftler groß, diese Methode erstmals erfolgreich beim Menschen anzuwenden. Dabei ist es auch zu einem großen Fälschungsskandal gekommen (siehe Infobox 7.2). Anfangs gab es eine Reihe von Publikationen, die über einen erfolgreichen Kerntransfer beim Menschen berichteten. Jedoch konnten keine ES-Zellen aus diesen Embryonen gewonnen werden. Im Jahr 2011 ist wohl auch dieser letzte Schritt des therapeutischen Klonierens beim Menschen gelungen.

Infobox 7.2

Der Fälschungsskandal um HWANG WOO-SUK

2004 veröffentlichte der südkoreanische Tiermediziner und Forscher HWANG WOO-SUK erstmals die erfolgreiche Klonierung eines humanen Embryos mithilfe des Zellkerntransfers. Zudem beschrieb er die erfolgreiche Isolierung und Kultivierung von Stammzellen aus diesem Embryo. Aufgrund dieser Ergebnisse wurde er weltweit berühmt, in seinem eigenen Land sogar als Nationalheld gefeiert. Ein Jahr später schien es ihm sogar gelungen zu sein, elf patienten-spezifische Stammzelllinien zu etablieren, die aus nur 31 geklonten menschlichen Embryonen abstammen sollten. Auch die erste erfolgreiche Klonierung eines Hundes (Snuppy) wurde von seinem Team publiziert.

Ende 2005 jedoch wurde Kritik an WOO-SUKS Praktiken laut, da er bewiesenermaßen Eizellen von seinen Mitarbeiterinnen gegen Bezahlung entgegengenommen hatte, was gegen die Vorschriften war. Auch Vorwürfe über Manipulationen bei der Generierung der elf patienten-spezifischen Stammzelllinien kamen auf, woraufhin seine Forschungsarbeit durch eine Kommission untersucht wurde. Diese konnte ihm und seiner Arbeitsgruppe nachweisen, dass die Studie komplett gefälscht war und dass die elf angeblichen patienten-spezifischen Stammzelllinien zwei Zelllinien aus normal befruchteten Eizellen waren. Auch die zuvor veröffentlichte Studie zur Generierung menschlicher Stammzellen aus einem geklonten Embryo erwies sich als falsch. Ausschließlich die Generierung eines humanen Klons sowie die des Hundeklons konnten belegt werden.

Ende Dezember 2010 wurde WOO-SUK zu einer Haftstrafe von 18 Monaten auf Bewährung aufgrund des Verstoßes gegen das Bioethikgesetz verurteilt. 2007 veröffentlichte der amerikanische Stammzellwissenschaftler GEORGE DALY, dass unter den humanen Zelllinien von WOO-SUK die erste bekannte humane Zelllinie sei, die durch Parthenogenese entstanden ist. Dieses Ergebnis wurde zuvor, eine Ironie des Schicksals, von WOO-SUK übersehen. Allein für diesen Befund wären ihm Ruhm und Ehre sicher gewesen.

Das Ziel des therapeutischen Klonens (zuweilen auch regeneratives Klonieren genannt) ist die Herstellung patienten-eigener (autologer) ES-Zellen, die nach Differenzierung in einen gewünschten Zelltyp in den Patienten wieder reimplantiert werden und zu einer Verbesserung von Krankheitssymptome oder sogar Heilung führen sollen (Abb. 7.5). Hierzu müssen zunächst humane Klone durch Kerntransfer generiert werden. Der zu transplantierende Kern würde in diesem Fall von dem Patienten stammen. Aus diesen Embryonen würden noch vor einer Implantation in eine Leihmutter embryonale humane Stammzellen isoliert und in Kultur genommen werden. Ziel wäre es, diese humanen ES-Zellen durch den Einfluss verschiedener Faktoren gezielt zu differenzieren (siehe Kapitel 3.6) und dann möglicherweise erkranktes oder verlorenes Gewebe im Patienten zu ersetzen.

In der Maus als Tiermodell wurde dieses Verfahren bereits erfolgreich angewandt. Noch futuristisch hingegen mutet die Option an, auf diese Weise auch ganze Organe zu generieren, die später in einen Patienten transplantiert werden könnten.

Die Vorteile des therapeutischen Klonens liegen auf der Hand: Da die genetische Information der so generierten ES-Zellen mit der Erbinformation des Patienten identisch ist, können unabsehbare schwere immunologische Abwehrreaktionen ausgeschlossen werden. Zudem sind die Differenzierungsmöglichkeiten von ES-Zellen im Allgemeinen bisher noch größer als die von adulten Stammzellen. Jedoch ist die Bildung von Tumoren im Empfängerorganismus durch eine Implantation der differenzierten ES-Zellen zum jetzigen Zeitpunkt noch nicht abschätzbar (siehe die Diskussion hierzu in Kapitel 3.8),

Im Gegensatz zum therapeutischen Klonen zielt das reproduktive Klonen darauf ab, das Erbgut eines Organismus über einen Zellkerntransfer in eine entkernte Eizelle einzubringen und den Embryo im Uterus einer Leihmutter austragen zu lassen (Abb. 7.5). Weltweit ist das reproduktive Klonen von Menschen jedoch geächtet. Erste Experimente an Rhesusaffen zeigen zudem, dass die Primatenklone, die durch Kerntransfer generiert wurden, eine abnormale Anordnung der mitotischen Spindel aufwiesen und damit verbunden vermehrte chromosomale Anomalien. Eine Beobachtung, die das reproduktive Klonen des Menschen glücklicherweise in weite Ferne rücken lässt. Zu den ethischen und rechtlichen Aspekten in Bezug auf das therapeutische und das reproduktive Klonen am Menschen sei auf Kapitel 9 verwiesen. Abb. 7.5 gibt einen Überblick über die Unterschiede zwischen dem reproduktiven und therapeutischen Klonen.

Spindel: Teil des sogenannten Spindelapparats jeder Zelle; bildet sich während der Zellteilung (Mitose und Meiose und wird benötigt, um die gleichmäßige Chromosomenverteilung auf beide Tochterzellen zu gewährleisten.

In Großbritannien und China gab es bereits Versuche, menschliche Zellkerne in entkernte Rindereizellen einzubringen, um diese zur Reprogrammierung zu nutzen und so die Verwendung menschlicher Eizellen zu vermeiden. Ein großer Vorteil dieses Vorgehens wäre, dass hierzu keine menschlichen Eizellen benötigt würden, was von ethischer und rechtlicher Seite die Sache vereinfachen würde. Auf diese Weise entsteht allerdings ein zytoplasmatisches Hybrid, ein Zybrid. In den Naturwissenschaften bedeutet ein Hybrid allgemein die Kreuzung zweier Arten oder Rassen. Ein natürlicher Hybrid stellt das Maultier dar. Bisher sind die Versuche einer Zybridbildung gescheitert.

Abb.7.5

Reproduktives versus therapeutisches Klonen. In beiden Verfahren wird ein Kern aus einer somatischen Zelle eines Spenderorganismus in eine entkernte Eizelle eingebracht und so eine befruchtete Eizelle konstituiert. Beim reproduktiven Klonen wird der frühe Embryo in eine Leihmutter eingebracht, die den Embryo weiter austrägt. Auf diese Weise entsteht ein dem Kernspender identischer Klon. Beim therapeutischen (oder auch regenerativen) Klonen werden aus dem frühen rekonstituierten Embryo pluripotente Stammzellen isoliert und in Kultur gebracht. Diese Stammzellen sind genetisch identisch zum Kernspender. Sie können unter Einfluss bestimmter Wachstumsfaktoren gezielt differenziert und anschließend in den Patienten (Kernspender) implantiert werden.

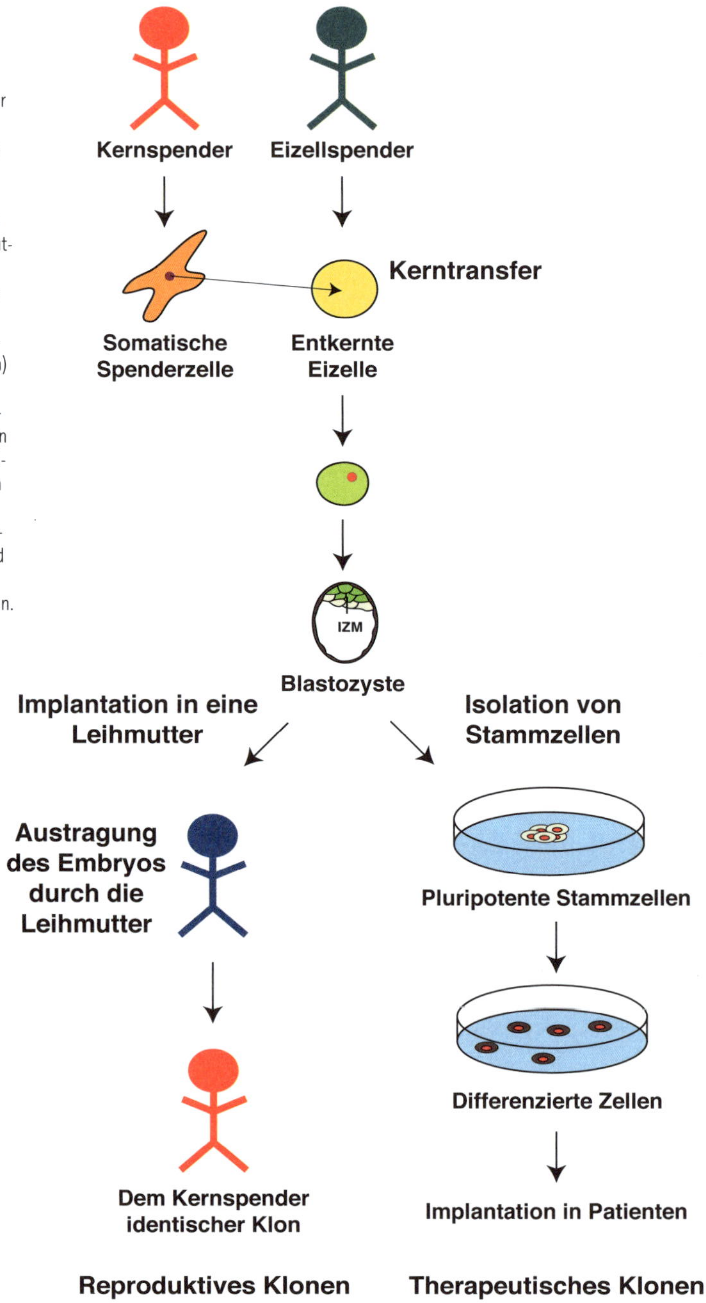

Zusammenfassung

Das Einbringen eines somatischen Zellkerns in eine zuvor entkernte Eizelle ist das Prinzip der Reprogrammierung durch Kerntransfer. Dabei zeigt sich, dass der Zellkern einer bereits ausdifferenzierten Zelle in der Lage ist, die embryonale Entwicklung erneut anzustoßen. Während der Reprogrammierung kommt es durch Faktoren, die sich in der Eizelle befinden, zur Löschung epigenetischer Markierungen, die für den differenzierten Zustand spezifisch sind. Gleichzeitig werden Pluripotenzgene reaktiviert. Die Reprogrammierung durch Kerntransfer wurde in verschiedenen Spezies erfolgreich durchgeführt. Man unterscheidet im Weiteren das reproduktive Klonen, welches bei verschiedenen Tierarten durchgeführt wurde, und das therapeutische Klonen, welches an der Maus modellhaft bereits etabliert wurde und beim Menschen möglicherweise eine Anwendung in der Klinik finden könnte.

Fragen

1. Definieren Sie Reprogrammierung, Klonierung und Kerntransfer.
2. Ordnen Sie die Arbeiten von WEISMANN, ROUX, DRIESCH und SPEMANN in den historischen Bezug der Reprogrammierung durch Kerntransfer ein.
3. Beschreiben Sie die Experimente von BRIGGS und KING einerseits sowie von GURDON andererseits. Welche unterschiedlichen Schlüsse wurden aus den Experimenten gezogen?
4. Welche molekularen Mechanismen liegen der Reprogrammierung durch Kerntransfer zugrunde?
5. Welche experimentellen Methoden werden zum Einbringen des Zellkerns in die entkernte Eizelle angewendet?
6. Was ist der Unterschied zwischen dem therapeutischen und dem reproduktiven Klonen?

Referenzen

Barberi, T. und 14 weitere Autoren (2003): Neural subtype specification of fertilization and nuclear transfer embryonic stem cells and application in parkinsonian mice. Nat. Biotech. 21, 1200–1207.

Heinemann, T. (2005): Klonen beim Menschen. Walter De Gruyter, Berlin.

Wilmut, I., K. Cambell, C. Tudge (2002): Dolly: Der Aufbruch ins biotechnologische Zeitalter. Deutscher Taschenbuch Verlag, München.

Noggle, S. und 16 weitere Autoren (2011): Human oocytes reprogram somatic cells to a pluripotent state. Nature 478, 70–75.

Gurdon, J.B. (2006): From nuclear transfer to nuclear reprogramming: The reversal of cell differentiation. Annu. Rev. Cell Dev. Biol. 22, 1–22.

Jullien, J., V. Pasque, R.P. Halley-Stott, K. Miyamoto, J. B. Gurdon (2011): Mechanisms of nuclear reprogramming by eggs and ooycytes: a deterministic process. Nat. Rev. Mol. Cell Biol. 12, 453–459.

Wilmut, I., A.E. Schnieke, J. McWhir, A.J. Kind, K.H. Champbell (1997): Viable offspring derived from fetal and adult mammalian cells. Nature 385, 810–813.

Induzierte pluripotente Stammzellen | 8

Inhalt

Induzierte pluripotente Stammzellen (iPS-Zellen) können aus teilungsfähigen somatischen Zellen durch die Überexpression definierter Transkriptionsfaktoren generiert werden. Durch die Aktivität dieser Faktoren in einer somatischen Zelle wird eine Reprogrammierung dieser differenzierten Zelle eingeleitet, wodurch die Zelle in einen undifferenzierten Zustand zurückversetzt wird. In neueren Verfahren kann dies auch durch membrangängige Proteine, transfizierte RNA oder dem Medium zugesetzte chemische Substanzen geschehen. Induzierte pluripotente Stammzellen sind embryonalen Stammzellen sehr ähnlich und haben vergleichbare Eigenschaften. Sie dienen bereits heute als Modellsystem für genetisch bedingte Erkrankungen und könnten langfristig eine therapeutische Option zu humanen embryonalen Stammzellen darstellen. Dies würde in ethischer und rechtlicher Hinsicht viele Vorteile mit sich bringen.

Die im letzten Kapitel besprochenen Arbeiten von SIR JOHN GURDON zur Klonierung von Fröschen durch Kerntransfer (Abb. 7.2) sowie der Generierung des klonierten Schafes Dolly durch IAN WILMUT haben gezeigt, dass bereits ausdifferenzierte Zellen durch die Aktivität in der Oozyte lokalisierter Faktoren wieder in einen früh-embryonalen Zustand zurückversetzt werden können. Mit diesen Arbeiten wurde zugleich die Möglichkeit denkbar, Zellen in der Kulturschale durch die Gegenwart solcher, damals jedoch noch unbekannter Faktoren in pluripotente Stammzellen zu verwandeln. Vieles deutete bereits damals darauf hin, dass Transkriptionsfaktoren an der Reprogrammierung beteiligt sind. So zeigten mannigfaltige Befunde aus der Entwicklungsbiologie, dass das Durchlaufen eines definierten Entwicklungsweges nicht nur von der Expression bestimmter Transkriptionsfaktoren begleitet wird, sondern auch von diesen abhängt. In vielen Fällen führt auch die ektopische Expression von Transkriptionsfaktoren zu einer veränderten embryonalen Entwicklung oder zu einer Reprogrammierung eines Zellzustands.

Reprogrammierung: die Umwandlung einer teilungsfähigen somatischen Zelle von einem differenzierten in einen undifferenzierten Zustand

Das wohl am häufigsten beschriebene Beispiel ist das Einbringen des muskelspezifischen Transkriptionsfaktors MyoD in Fibroblasten, die daraufhin zu Skelettmuskelzellen konvertieren. Wir werden auf diesen Befund am Ende des Kapitels noch einmal zurückkommen.

8.1 Gewinnung von iPS-Zellen

8.1.1 Die Arbeiten von SHINYA YAMANAKA

Der japanische Arzt und Stammzellforscher SHINYA YAMANAKA, der zurzeit an der Universität in Kyoto arbeitet, konnte im Jahr 2007 mit seiner Arbeitsgruppe erstmals zeigen, dass eine Reprogrammierung von murinen Fibroblasten in einen ES-Zell-ähnlichen Zustand möglich ist. Dabei verfolgte er die Hypothese, dass ein spezifischer Transkriptionsfaktor oder eine spezifische Kombination solcher Faktoren eine Reprogrammierung bewirken kann. Für seine Untersuchungen begann er mit einer Sammlung von 24 ausgewählten Faktoren, die bereits in anderen Arbeiten mit embryonalen Stammzellen in Zusammenhang gebracht wurden. Diese wurden einzeln oder in verschiedenen Kombinationen mithilfe retroviraler Vektoren (siehe Kapitel 6.2, Infobox 6.3, Abb. 6.3) in murine Fibroblasten transduziert, wodurch es zur Expression der gewünschten Faktoren in den behandelten Zellen kam.

Um den Erfolg einer möglichen Reprogrammierung nachzuweisen, verwendete YAMANAKA genetisch veränderte murine Fibroblasten, in denen innerhalb des Fbx15-Lokus das Neomycin-Resistenzgen eingebracht wurde (*knock in*). Fbx15 (F-Box-Protein 15) wird normalerweise nur in pluripotenten Stammzellen exprimiert. Während der eingebrachte Selektionsmarker in differenzierten somatischen Zellen nicht gebildet wird, erfolgt über den Fbx15-Promotor eine Expression des Neomycin-Resistenzgens in reprogrammierten, undifferenzierten ES-Zellen. Differenzierte Zellen sind daher sensitiv gegenüber einer Behandlung mit Neomycin und sterben ab; früh-embryonale Zellen hingegen überleben diese Behandlung. Der Fbx15-Reporter wurde aus dem Grund gewählt, da Fbx15 zwar in ES-Zellen gebildet wird, jedoch nicht für die Aufrechterhaltung des Stammzellcharakters oder für die frühe embryonale Entwicklung der Maus wichtig ist. Durch die Übertragung des Resistenzgens in den Fbx15-Lokus wurde zugleich eine Zelllinie geschaffen, die heterozygot für Fbx15 ist ($Fbx15^{+/-}$).

Die Experimente von YAMANAKA zeigten zunächst, dass keiner der 24 ausgewählten Faktoren alleine in der Lage ist, Fibroblasten zu reprogrammieren und damit den Reporter zu aktivieren – die Zellen überlebten eine Behandlung mit Neomycin nicht. Die Einbringung aller 24

Faktoren zusammen führte nach einiger Zeit zum Auftreten von Zellkolonien, die einerseits in ihrer äußeren Morphologie ES-Zellen ähnelten und andererseits eine Behandlung mit Neomycin überstanden. In diesen Zellen musste also der Reporter aktiviert worden sein, ein Hinweis darauf, dass das in ES-Zellen exprimierte Gen Fbx15 aktiviert worden war.

Mithilfe von Markergenanalysen konnte zudem gezeigt werden, dass diese Zellen nicht nur morphologische Ähnlichkeiten zu ES-Zellen aufwiesen, sondern auch wichtige ES-Zell-spezifische Faktoren wie Oct4 oder Nanog endogen exprimierten. Der Methylierungsstatus einiger ES-Zell-spezifischer Gene veränderte sich durch diese Behandlung ebenfalls. Diese Befunde zeigten, dass in dem Gemisch der 24 untersuchten Faktoren einige enthalten sein mussten, die in der Lage waren, differenzierte Zellen zu reprogrammieren.

In ihren nachfolgenden Experimenten wurde die Anzahl der notwendigen Faktoren in unterschiedlichen Kombinationen immer weiter reduziert, bis die Gruppe um YAMANAKA schließlich vier Faktoren identifizieren konnte, die für eine Reprogrammierung notwendig und ausreichend sind: Oct3/4, Sox2, c-Myc und Klf4 (Abb. 8.1). Neben den oben angesprochenen Eigenschaften sind diese Zellen auch zur Teratombildung nach Transplantation in Mäuse befähigt und differenzieren in eine ganze Reihe verschiedener Gewebe nach der Injektion in frühe Blastozysten (Details zu diesen verschiedenen Tests siehe Kapitel 3.5).

Allerdings war bereits bei der Veröffentlichung dieser bahnbrechenden Arbeit klar, dass die von YAMANAKA beschriebenen iPS-Zellen nicht vollständig reprogrammiert waren: Die Expression verschiedener ES-Zell-spezifischer Gene war vergleichsweise niedrig und nicht alle untersuchten ES-Zell-spezifischen Promotoren waren vollständig demethyliert.

Abb. 8.1

Die Reprogrammierung einer somatischen Zelle. Bei der Reprogrammierung nach dem klassischen YAMANAKA-Protokoll werden die vier Faktoren Oct4, Sox2, c-Myc und Klf4 in eine somatische Zelle eingebracht. Ein erstes Anzeichen eines erfolgreichen Einleitens der Reprogrammierung ist die endogene Expression von Fbx15 (F-Box Protein 15). Später setzt zudem die endogene Expression der Pluripotenzmarkergene Oct4 und Nanog ein.

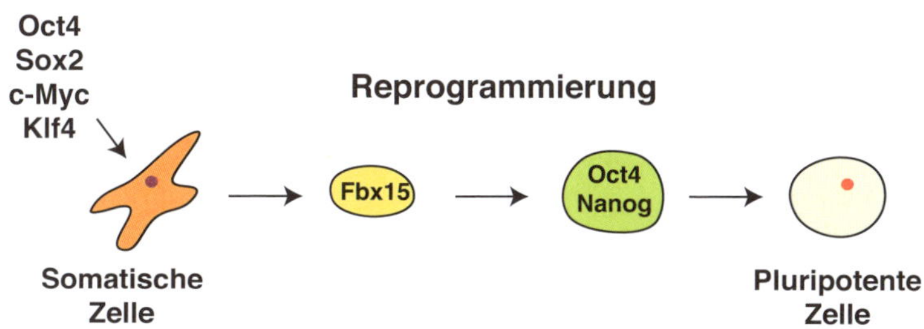

Insbesondere der Promotor von Oct4 war in den Fbx15 positiven Zellen durch das hier beschriebene Verfahren kaum verändert (zur Bedeutung der DNA-Methylierung und Histonmodifikationen für den ES-Zellzustand sei hier auf das Kapitel 3.4 verwiesen). Auch konnten nach Blastozysteninjektion keine chimären Mäuse gefunden werden (siehe dazu Kapitel 3.5.3). Dementsprechend war auch der Test auf Keimbahntransmission (siehe dazu Kapitel 3.5.4) negativ.

Durch nachfolgende Verbesserungen des Reprogrammierungsprotokolls und veränderte Selektionsbedingungen, insbesondere die Selektion auf die Expression von Oct4 oder Nanog anstelle von Fbx15, konnten iPS-Zellen generiert werden, die dem Zustand von ES-Zellen immer ähnlicher waren. Diese Experimente zeigten, dass die Reprogrammierung über verschiedene Zwischenstufen und einen längeren Zeitraum abläuft, in dem die Reaktivierung des Fbx15-Lokus zeitlich vor der Reaktivierung des Oct4 bzw. Nanog Lokus erfolgt (Abb. 8.1). Einige der so gewonnenen iPS-Zellklone waren sogar in der Lage, im 4n-Komplementationsassay (Kapitel 3.5.5) ganze Embryonen zu generieren und zeigten damit alle Eigenschaften von ES-Zellen.

Während diese ersten Arbeiten zu iPS-Zellen an embryonalen Fibroblasten der Maus durchgeführt wurden, konnte bereits wenig später gezeigt werden, dass diese Methode auch anhand anderer Spezies funktioniert, insbesondere auch anhand humaner Zellen. Verschiedenste Zelltypen konnten bisher reprogrammiert werden, z.B. Lymphozyten oder Keratinozyten. Diese Befunde zeigen, dass die Technologie zur Reprogrammierung durch selektierte Faktoren wahrscheinlich universell anwendbar ist.

Auch konnte eine zweite Kombination von Faktoren identifiziert werden, die gemeinsam eine erfolgreiche Reprogrammierung ermöglichen: Oct4, Sox2, Nanog und Lin28. Interessant dabei ist, dass Lin28 ein Repressor der micro RNA _ (miR7) ist, die ihrerseits ein Repressor von c-Myc darstellt. Auf einige Aspekte der Reprogrammierung nach YAMANAKA sei hier noch gesondert eingegangen:

polycistronisches Transkript: Transkript, auf dem die Information für mehrere Proteine codiert ist.

interne Ribosomeneintrittsstelle: erlaubt die Bindung von Ribosomen und den Beginn der Translation zwischen zwei Genen auf einem polycistronischen Transkript

Die Effizienz der Reprogrammierung nach YAMANAKA ist generell sehr niedrig und liegt im Bereich von 0,01–0,1 %. Die Effizienz kann durch lentivirale Vektoren, die ebenfalls in das Genom integrieren, gesteigert werden, insbesondere dann, wenn die vier Reprogrammierungsfaktoren gleichzeitig in Form eines polycistronischen Transkripts mit internen Ribosomeneintrittsstellen in einem Vektor zusammengefasst sind. Dadurch sind Reprogrammierungseffizienzen von bis zu 3 % möglich. Grundsätzlich zeigt dies jedoch, dass die Reprogrammierung auf einer Abfolge zufälliger (stochastischer) Vorgänge beruht, die nicht in allen transfizierten Zellen zwangsläufig erfolgt. Ansonsten wäre die Effizienz des Verfahrens viel größer. Durch klonale Analysen konnte außerdem

Abb. 8.2

Gestaffeltes Auftreten von iPS-Zellkolonien. Bringt man die vier Faktoren Oct4, Sox2, c-Myc und Klf4 in Fibroblastenzellen ein (z.B. durch eine Virusinfektion), die transgen ein Oct4- oder Nanog-GFP-Konstrukt enthalten, entstehen nach einer Subklonierung verschiedene iPS-Zellenkolonien, welche die GFP-Expression zu unterschiedlichen Zeitpunkten anschalten. Dieses Experiment zeigt, dass unterschiedliche pluripotente Stammzellen aus einem Ursprungsklon zu unterschiedlichen Zeitpunkten reprogrammiert werden (in Anlehnung an JAENISCH und YOUNG 2008).

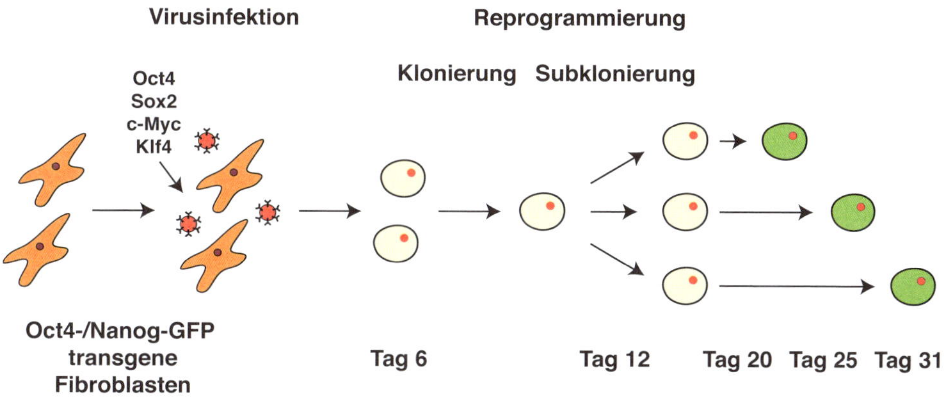

gezeigt werden, dass es auch Fibroblasten gibt, die der Reprogrammierung mit den genannten Faktoren auch nach langer Kultivierung widerstehen. Bei diesen Analysen wurden während der Reprogrammierung aus einzelnen transfizierten Zellen Klone generiert, die noch nicht die Eigenschaften von iPS-Zellen aufwiesen. In der Folge wurden diese einer Subklonierung unterworfen und anschließend das zeitliche Auftreten von iPS-Zellkolonien untersucht. Dabei zeigte sich, dass in den Subklonen zu unterschiedlichen Zeitpunkten pluripotente iPS-Zellen auftraten, obwohl alle Subklone vom selben Ursprungsklon abstammten (siehe Abb. 8.2).

Die Reprogrammierung von somatischen Zellen erfordert neben der ständigen Gegenwart der Reprogrammierungsfaktoren vor allem eins, nämlich Zeit. So hat sich gezeigt, dass für den gesamten Vorgang vier bis fünf Wochen benötigt werden. Dabei ist die Expression der Reprogrammierungsfaktoren lediglich in den ersten zwei Wochen erforderlich. In der Tat beobachtet man, dass während des Vorgangs der Reprogrammierung die retroviralen Konstrukte stilgelegt werden. Dies beruht auf einer Aktivierung von DNA-Methyltransferasen und histonmodifizierenden Enzymen (siehe Kapitel 3.4), welche letztlich die viralen Promotoren abschalten. In diesen ersten zwei Wochen werden auch die differenzierungsspezifischen Gene herunterreguliert. Gleichzeitig setzt nach etwa zwei Wochen durch Demethylierung der regulatorischen DNA-Abschnitte

Abb. 8.3

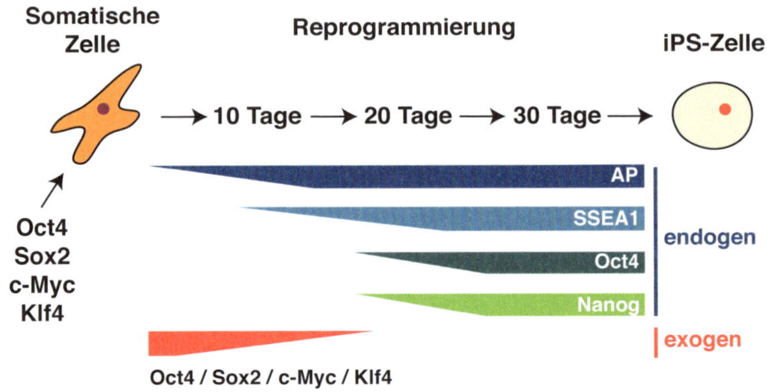

Die Expression von exogenen und endogenen Pluripotenzgenen während der Reprogrammierung. Durch das Einschleusen der Gene für Oct4, Sox2, c-Myc und Klf4 in eine somatische Zelle kommt es zur Expression der entsprechenden Proteine (exogen). 20 Tage später ist diese Expression nicht mehr nachweisbar. Das erste Anzeichen des Einleitens der Reprogrammierung ist die endogene Expression der alkalischen Phosphatase (AP) (endogen). Ein weiteres Pluripotenzmerkmal ist die Expression der endogenen Gene SSEA1, Oct4 und Nanog, die nach und nach angeschaltet werden (in Anlehnung an JAENISCH UND YOUNG 2008).

die Expression der endogenen Pluripotenzgene wie Oct4 und Nanog ein. Diese übernehmen dann die Funktion der zuvor retroviral exprimierten Reprogrammierungsfaktoren (Abb. 8.3). Interessanterweise ist die Reprogrammierung durch das Einbringen der genannten Faktoren deutlich langsamer als die Reprogrammierung durch einen Kerntransfer, der im vorangegangenen Kapitel besprochen wurde. Man nimmt daher an, dass die Reprogrammierung durch einen Kerntransfer möglicherweise an eine gleichzeitig stattfindende Proliferation der Zellen und die damit einhergehende DNA-Replikation gekoppelt ist.

Da Zellen, die unter Umständen Zwischenstufen der Reprogrammierung darstellen, bisher nicht isoliert und untersucht wurden, ist bis heute nicht klar, ob es während der Reprogrammierung zu einer Dedifferenzierung kommt, die auch pluripotente Vorläufer beinhaltet.

Anzumerken bleibt, dass es durch unvollständige Methylierung der retroviralen Promotoren oder durch Reaktivierung der retroviral eingebrachten Gene zu Entwicklungsstörungen der iPS-Zellen kommen kann. Ziel ist es daher, die Methoden zur Generierung von iPS-Zellen ständig zu verbessern (siehe im Detail Abschnitt 8.3).

Aufgrund der großen Übereinstimmungen zwischen iPS- und ES-Zellen hinsichtlich der exprimierten Gene, des Methylierungsmusters und der funktionellen Eigenschaften geht man davon aus, dass iPS-Zellen zumindest in die Gruppe der ES-Zell ähnlichen Zellen gehören.

Inwieweit iPS- und ES-Zellen wirklich identisch sind, ist noch nicht abschließend geklärt. So zeigen Genexpressionsanalysen, in denen die potenzielle Expression aller Gene eines Organismus mithilfe von DNA-Microarrays überprüft wurde, durchaus Unterschiede zwischen beiden Zelltypen. Unklar ist, ob dies wirklich Unterschiede zwischen ES- und iPS-Zellen darstellen, oder ob es sich hierbei um natürlich vorkommende Schwankungen eines Phänotyps handelt. Auch in einigen funktionellen Analysen zeigten sich Unterschiede. Einige Wissenschaftler beschreiben in unabhängigen Studien, dass iPS- im Vergleich zu ES-Zellen schlechter differenzieren und/oder schneller altern. An dieser Stelle darf man nicht

Techniken zur Untersuchung von iPS-Zellen **Tab. 8.1:**

Methode	Dauer	Vorteile	Nachteile
Molekulare Merkmale			
Morphologie	Minuten	schnell und einfach	pluripotente Zellen allgemein
AP-Färbung	Stunde	schnell und einfach	pluripotente Zellen allgemein
Pluripotenzmarker	1 bis 2 Tage	einfache Detektion über Immunfluoreszenz, PCR, Reporter Allele	Detektion auch partiell reprogrammierter Zellen (Bsp. Fbx15)
Retrovirales *Silencing*	1 bis 2 Tage	Kennzeichen des Pluripotenzstatus	Einbringung der Faktoren erforderlich; unspezifisch
DNA-Methylierung	1 bis 2 Wochen	Promotor-Demethylierung von Pluripotenzgenen	auch manche somatische Zellen zeigen Demethylierung von Pluripotenzgenpromotoren
Funktionelle Merkmale			
In-vitro-Differenzierung	Wochen	kontrollierte Differenzierung in Zelltyp von Interesse	Differenzierungsprotokolle und funktionelle Assays nur für manche Zelltypen etabliert
Teratombildung	Wochen	Information über spontane Differenzierung in die drei Keimblätter; Assay mit höchster Stringenz für humane Zellen	nicht quantitativ, keine Detektion von abnormalen Zellen
Chimärenbildung	Wochen	Blastozysteninjektion erlaubt Einblick, ob Zellen zur Entwicklung aller Gewebe beitragen	Abnormalitäten könnten durch Blastozystenzellen des Wirts verborgen oder komplementiert werden
Keimbahntransmission	Monate	erlaubt Einblick in genomische Integrität	*Readout* für einzelne, spezialisierte, nicht-essentielle Zellen
4n-Komplementation	Wochen	zeigt Potenzial, ob Zelle zu allen Geweben beiträgt	schwache Phänotypen könnten unerkannt bleiben; Bildung extraembryonaler Gewebe bleibt unklar

vergessen, dass iPS-Zellen immerhin aus Zellen generiert werden, die einem gegebenenfalls bereits adulten Organismus entstammen, in welchem es bereits im Laufe des Lebens zu einer Akkumulation genetischer Defekte gekommen ist. Diese finden sich natürlich auch in den neu generierten iPS-Zellen wieder. Auch gibt es Hinweise, dass bei der Reprogrammierung nicht alle epigenetischen Modifikationen angepasst werden. Man spricht in diesem Zusammenhang vom epigenetischen Gedächtnis. Dies wirft auch die Frage auf, wie effizient und sinnvoll dieses Verfahren in der Therapie ist, wenn von Patienten iPS-Zellen generiert werden sollen, die bereits in einem fortgeschrittenen Lebensalter sind.

Tabelle 8.1 liefert abschließend einen Überblick über Techniken, die zur Untersuchung von iPS-Zellen angewendet werden.

8.1.2 Molekulare Mechanismen der Reprogrammierung durch exogene Faktoren

Die genauen Vorgänge auf molekularer Ebene, die während der Reprogrammierung durch die vier Faktoren bewirkt werden, sind in Ansätzen verstanden und reflektieren letztlich die endogenen Funktionen der Faktoren. Oct4 und Sox2 sind in das regulatorische Netzwerk von Stammzellen involviert und bewirken dort die Expression der Pluripotenzgene bei gleichzeitiger Unterdrückung somatischer Differenzierungsgene (siehe Kapitel 3.3.2). Ein ähnlicher Mechanismus wird auch während der Reprogrammierung vermutet. In den regulatorischen Sequenzen somatischer Differenzierungsgene findet man häufig nur eine Bindungsstelle für die Pluripotenzfaktoren. Durch die Bindung der Faktoren kommt es zu einer transkriptionellen Repression und damit einer Herunterregulation dieser Gene. Bei einer höheren Konzentration der Pluripotenzfaktoren können auch die multiplen Bindungsstellen in den Promotoren der Pluripotenzfaktoren belegt und damit deren Expression aktiviert werden, wodurch die Zelle in einen pluripotenten Zustand versetzt wird. Auch Klf4 ist in diese Regulation involviert. Die Bedeutung von c-Myc liegt vermutlich darin, die zelluläre Proliferation zu steigern bzw. den Proliferationsblock differenzierter Zellen aufzuheben.

Eine besondere Rolle während der Reprogrammierung kommt dem Protein p53 zu. Während iPS-Zellen wie auch Stammzellen eine uneingeschränkte Teilungsfähigkeit haben, unterliegen Fibroblasten einer Beschränkung der Teilungsfähigkeit im Rahmen der natürlichen Alterung der Zellen, der Seneszenz. Seneszente Fibroblasten unterliegen einer verstärkten Apoptose. Eine zentrale Rolle in beiden Prozessen, der Apoptose und der Seneszenz, spielt das Protein p53. In p53-defizienten Fibroblasten verläuft die Reprogrammierung mit einer deutlich erhöhten Effizienz.

p53: Ein Protein, welches insbesondere in stark proliferierenden Zellen wie Tumorzellen in hoher Konzentration vorkommt; in vielen Tumoren mutiert; spielt eine Rolle in der Regulation des Zellzyklus und kann auch als Tumorsuppressor wirken; namensgebend war sein Molekulargewicht von 53 kDa.

Seneszenz: Letzte Lebensphase einer Zelle, die noch physiologisch aktiv ist, sich aber nicht mehr teilen kann.

Abb. 8.4

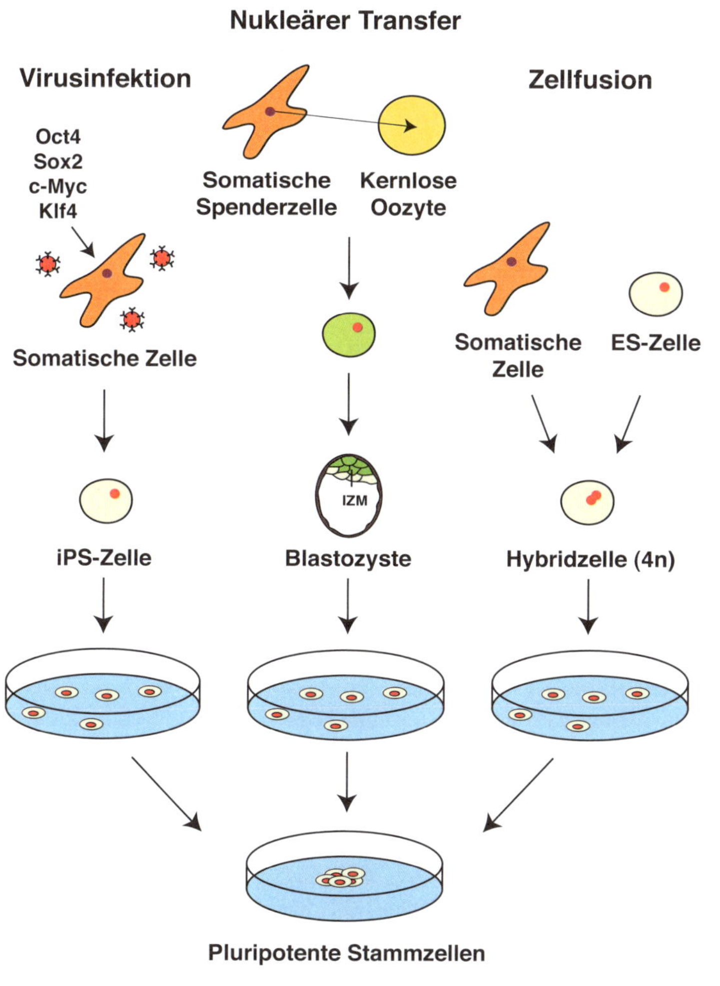

Überblick über die verschiedenen Methoden der Reprogrammierung. Um die Reprogrammierung einer somatischen Zelle zu bewirken, stehen bisher drei Methoden zur Verfügung. Zum einen können die vier Faktoren Oct4, Sox2, c-Myc und Klf4 über eine Virusinfektion in eine somatische Zelle eingebracht werden, die die Reprogrammierung der Zelle einleiten, wobei iPS-Zellen pluripotenten Charakters entstehen (klassisches Protokoll von YAMANAKA). Mit einer zweiten Methode kann über einen nukleären Transfer der Zellkern einer somatischen Spenderzelle in eine kernlose Oozyte eingebracht werden. Daraus entwickelt sich ein Embryo, der die Erbinformation der Kernspenderzelle besitzt. Isoliert man aus der frühen Blastozyste Zellen der inneren Zellmasse (IZM), so erhält man pluripotente Stammzellen (Ursprungsprotokoll von SIR JOHN GURDON). Drittens: Um eine somatische Zelle zu reprogrammieren, kann diese auch mit einer ES-Zelle (engl. *embryonic stem*), einer EC-Zelle (engl. *embryonic carcinoma*) oder einer EG-Zelle (engl. *embryonic germ*) fusioniert werden. Die daraus resultierende Hybrid-Zelle enthält jedoch einen vierfachen Chromosomensatz (4n).

8.2 | Andere Möglichkeiten der Reprogrammierung

An dieser Stelle sollen einige andere Verfahren dargelegt werden, mithilfe derer somatische Zellen reprogrammiert werden können (Abb. 8.4). Auf den Vorgang des Kerntransfers im Rahmen des reproduktiven oder therapeutischen Klonens wurde bereits im vorherigen Kapitel eingegangen. Isoliert man aus Embryonen, die durch Kerntransfer generiert wurden, embryonale Stammzellen und vergleicht diese mit solchen, die aus normalen Wildtyp-Embryonen gewonnen wurden, so zeigten sich bisher keinerlei Unterschiede.

Für die Reprogrammierung somatischer Zellen ist auch die Fusion der somatischen Zellen mit ES-Zellen oder ES-Zell ähnlichen Zellen wie EC-Zellen (engl. *embryonic carcinoma*; siehe Kapitel 3.2.1) oder EG-Zellen (engl. *embryonic germ*; siehe Kapitel 3.2.1) eine Option. Ein Nachteil dieser Methode ist allerdings die Tatsache, dass die so generierten Zellen einen vierfachen Chromosomensatz aufweisen. Ein möglicher Einsatz in der Klinik wird durch diese Tatsache natürlich ausgeschlossen.

8.3 | Verbesserungen der iPS-Zell-Technologie

Die ursprüngliche Generierung von iPS-Zellen mithilfe retroviraler Vektoren und der Verwendung des Faktors c-Myc wirft verschiedene Probleme auf. Retroviren integrieren sequenz-unspezifisch in das Wirtsgenom. Durch diese Integration kann es einerseits zum Funktionsverlust von Genen im Wirtsgenom, andererseits zur unspezifischen Aktivierung oder Überexpression von Genen des Wirtsgenoms kommen. Damit verbunden ist die Gefahr der Tumorentstehung. Auch der Faktor c-Myc selbst ist oft in die Tumorbildung involviert. Beide Aspekte zusammen zeigen, dass humane iPS-Zellen, die nach dem YAMANAKA-Protokoll generiert werden, für eine klinische Anwendung kaum geeignet sind. Zudem ist eine gesteigerte Effizienz der Reprogrammierung ein wichtiges Ziel. Aus diesen Gründen wurde bereits kurz nach der erstmaligen Beschreibung der Herstellung von iPS-Zellen durch YAMANAKA mit der Etablierung neuer experimenteller Ansätze begonnen, die auf den Einsatz retroviraler Vektoren und c-Myc verzichteten. Einige dieser Ansätze seien hier etwas detaillierter dargestellt.

Retrovirale und lentivirale Vektoren integrieren in das Genom, was zu genetischen Defekten in den generierten iPS-Zellen führen kann. Im Gegensatz dazu gehören adenovirale oder plasmid-basierte Vektoren zu den nicht-integrierenden Vektoren. Deshalb wurden auch diese Systeme zwischenzeitig für die Generierung von iPS-Zellen getestet, wobei die Reprogrammierung auch hierbei erfolgreich war. Alternativ wurden Ansätze getestet, in denen die integrierten Vektoren später wieder durch den Einsatz von Enzymen aus dem Genom entfernt wurden. Dazu wurden lentivirale Vektoren mit LoxP-Stellen versehen, die ein Herausschneiden der eingebrachten Konstrukte durch die Cre-Rekombinase erlauben. Nachteil dieser Methode ist die Tatsache, dass eine Überprüfung des erfolgreichen Entfernens sehr aufwendig ist.

LoxP-Stellen: Erkennungssequenz für die Rekombinase Cre (engl. *cyclization recombination*); Sind zwei LoxP-Stellen in gleicher Richtung auf der DNA enthalten, so spaltet Cre den DNA-Strang an diesen Erkennungssequenzen auf, das DNA-Zwischenstück fällt heraus und die beiden Enden werden wieder verknüpft.

Andere Alternativen zielen darauf ab, die Reprogrammierungsfaktoren überhaupt nicht mehr in Form von DNA in die Zellen einzubringen. So sind Proteine, die mit einer Abfolge von Argininresten (R), einem 11R-*Tag*, versehen wurden, in der Lage, die Zellmembran zu überqueren. Solche modifizierten Faktoren können in Bakterienzellen in großen Mengen hergestellt und über proteinbiochemische Methoden aufgereinigt werden. Synthetisiert man nun die für die Reprogrammierung benötigten Transkriptionsfaktoren auf diese Weise, können sie in das Zellkulturmedium zugegeben werden und so die Reprogrammierung der Zellen einleiten. Detailliertere Untersuchungen haben gezeigt, dass diese Faktoren in den Zellen für ca. 48 Stunden stabil sind, was eine repetitive Zugabe der Faktoren in das Medium erfordert. Die durch dieses Verfahren hergestellten iPS-Zellen bezeichnet man auch als *protein-induced pluripotent stem cells* (piPS). Die erste Herstellung von piPS-Zellen durch dieses Verfahren wurde 2009 beschrieben.

***Tag*:** Markierung von Proteinen durch das Anfügen zusätzlicher Aminosäuren; diese können der spezifischen Markierung, zur Aufreinigung oder zur Veränderung der Funktion des Proteins dienen.

Andere Strategien setzen darauf, einzelne Faktoren durch die Verwendung von Chemikalien oder Proteinen zu ersetzen. Bei dieser Strategie wird versucht, möglichst viele der vier notwendigen Faktoren durch Einsatz von kleinen, wasserlöslichen Verbindungen zu ersetzen. So hat sich beispielsweise gezeigt, dass eine Inhibition des TGFβ-Signalwegs (Kapitel 1, Abb. 1.6) die Faktoren Sox2 und c-Myc überflüssig macht. Eine Aktivierung des Wnt-Signalwegs, entweder über den Liganden Wnt3a oder über die Inhibition der GSK3β mithilfe von BIO (siehe dazu Kapitel 1.4.1 und Abb. 1.5), unterstützt die Reprogrammierung durch eine gesteigerte Expression des Wnt-Zielgens c-Myc. Für die Identifizierung neuer Substanzen können heutzutage große Gemische von Chemikalien gleichzeitig in einem mehr oder minder automatisierten Verfahren getestet werden. Man spricht in diesem Zusammenhang vom *high throughput Screening*. So konnten bereits 2010 drei der ursprünglich vier benötigten Reprogrammierungsfaktoren durch Chemikalien ersetzt werden. Eine durch dieses Verfahren identifizierte Substanz ist Valporinsäure (VPA, engl. *valporic acid*), die als Inhibitor von HDACs (engl. *histon deacetylases*) wirkt (siehe dazu Kapitel 3.4.3). Lediglich Oct3/4 wird in diesen Experimenten noch in Form retroviraler Konstrukte benötigt. Die Effizienz dieser Methode ist allerdings mit 0,001 % deutlich niedriger als die Verwendung von integrierenden viralen Vektoren. Eine

***high throughput screening*:** Hochdurchsatz-Studien, welche meist halb oder voll automatisiert durchgeführt werden.

Alternative könnte auch die Verwendung von modifizierten RNA-Molekülen sein. Hier zeigten sich bereits Erfolgsraten im Bereich von 1 %.

Diese Ausführungen machen deutlich, dass es nur noch eine Frage der Zeit ist, bis Reprogrammierungsprotokolle entwickelt sind, die lediglich auf dem Einsatz kommerziell erhältlicher Kits beruhen und somit in praktisch allen Laboren durchführbar sind.

8.4 | Anwendungsoptionen von iPS-Zellen

Für iPS-Zellen ergibt sich eine Reihe von Anwendungsgebieten in der Forschung und langfristig auch in der Therapie. Wie bereits besprochen, weisen embryonale Stammzellen ein großes Potenzial zur Behandlung von Erkrankungen auf, das jedoch durch eine Reihe von negativen Randbedingungen eingeschränkt wird:

- ethische Probleme bei der Herstellung humaner embryonaler Stammzellen (siehe auch Kapitel 3.9),
- Abstoßungsreaktionen im Rahmen der Immunabwehr (siehe auch Kapitel 3.8) und
- Gefahr der Tumorentstehung (siehe hierzu auch Kapitel 3.8).

Zumindest die ersten beiden Aspekte wären durch die Anwendung von patientenspezifischen iPS-Zellen umgangen. iPS-Zellen erhöhen damit signifikant unsere Chancen, neue stammzell-basierte Therapieformen entwickeln zu können.

Darüber hinaus bieten iPS-Zellen aber noch weitere Vorteile. Zunächst einmal ist es möglich, mithilfe von iPS-Zellen Krankheitsmodelle *in vitro* zu etablieren, die es ermöglichen, komplexe Krankheitsbilder unabhängig von der Verwendung von iPS-Zellen für eine spätere Therapie auf molekularer Ebene im Detail zu untersuchen. Anhand dieser Krankheitsmodelle können außerdem groß angelegte Medikamentenstudien durchgeführt werden, was die Arzneimittelsuche wesentlich erleichtern und beschleunigen könnte. Um sich all diesen Zielen anzunähern, wurde zwischenzeitlich schon eine Vielzahl von Experimenten an der Maus als auch mit humanen Zellen durchgeführt. Die möglichen Anwendungsgebiete für iPS-Zellen sind in Abb. 8.5 zusammengefasst. In den folgenden Abschnitten wollen wir auf einige Beispiele exemplarisch eingehen.

8.4.1 | iPS-Zellen als Krankheitsmodell

Einer Weiterentwicklung bestehender Therapieoptionen geht in der Regel immer ein tieferes Verständnis der zu behandelnden Erkrankung voraus, was auch weitergehende Einblicke der zugrunde liegenden mole-

Abb. 8.5

Mögliche Anwendungsgebiete von iPS-Zellen in der Therapie. Zunächst einmal können patientenspezifische somatische Zellen aus einem erkrankten Organismus entnommen werden (z.B. Hautzellen). Diese können anschließend in der Kulturschale zu iPS-Zellen reprogrammiert werden. Eine Option wäre die *In-vitro*-Differenzierung und die Wiedereinbringung dieser Zellen in den erkrankten Organismus (mitte). Ziel hierbei wäre der Ersatz von verloren gegangenem oder defektem Gewebe im erkrankten Organismus (z.B. von Herzmuskelzellen nach einem Herzinfarkt). Weiterhin können aus den iPS-Zellen Krankheitsmodelle etabliert werden. Hierzu werden die iPS-Zellen in den entsprechenden erkrankten Zelltyp differenziert und anschließend z.B. unterschiedliche Medikamente getestet. Medikamente mit einer positiven Wirkung könnten dann beim Patienten eingesetzt werden (rechts). Weiterhin gibt es die Option, pathogene Genmutationen auf Ebene der DNA über homologe Rekombination in den iPS-Zellen so zu verändern, dass die gesunde Variante entsteht (links). Diese reparierten iPS-Zellen können anschließend in gesunde Zellen differenziert und diese in den Patienten eingebracht werden, wo sie die erkrankten Zellen schlussendlich ersetzen sollen.

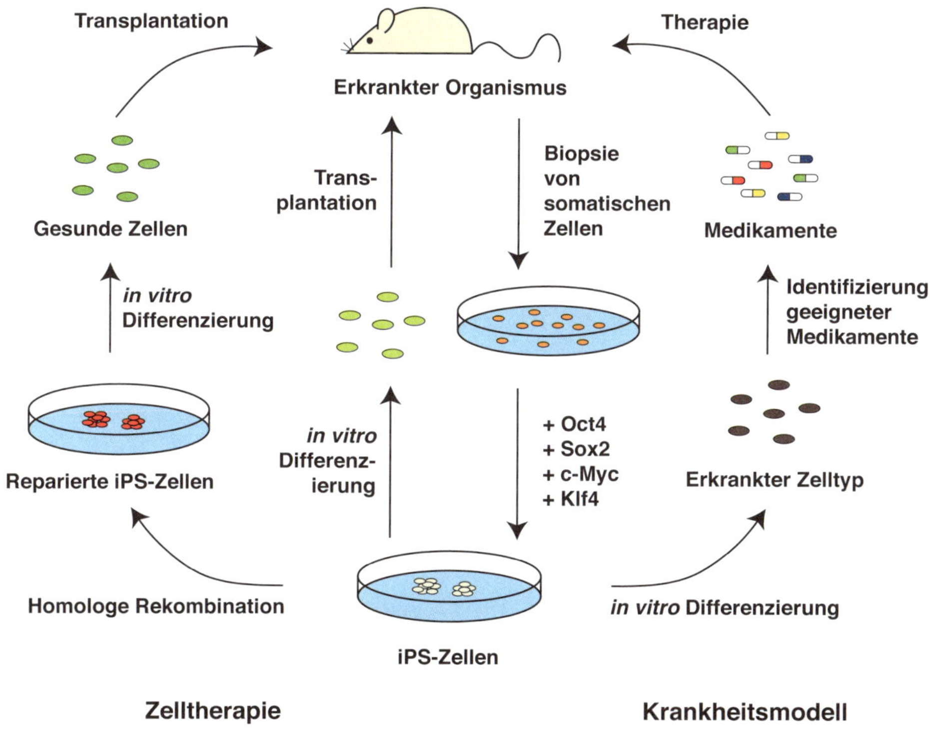

kularen Mechanismen beinhaltet. Insbesondere für genetisch bedingte Erkrankungen eröffnet die iPS-Zell-Technologie neue Möglichkeiten, Krankheitsmerkmale und -ursachen auf molekularer Ebene zu erfassen.

Schon in den vergangenen Jahren konnten humane iPS-Zellen aus Patienten mit verschiedensten Erkrankungen wie *Chorea Huntington*, *Morbus Parkinson*, *Diabetes mellitus* vom Typ I und dem *Down*-Syndrom (Trisomie 21) generiert werden.

Bei diesem Verfahren werden somatische Zellen, in der Regel Fibroblasten der Haut oder Zellen der Haarfollikel, den jeweiligen Patienten entnommen. In Kultur werden diese Zellen durch den Einsatz der uns bekannten Reprogrammierungsfaktoren Oct4, Sox2, Klf4 (und c-Myc) in pluripotente Stammzellen, iPS-Zellen, reprogrammiert (siehe Abb. 8.6). Die dabei generierten iPS-Zellen tragen somit auch die genetischen Veränderungen, die der jeweiligen Erkrankung eventuell zugrunde liegen. Diese iPS-Zellen können anschließend gezielt in die gewünschten Zelltypen differenziert werden (zur zielgerichteten Differenzierung von Stammzellen siehe Kapitel 3.7). Die Vorteile dieser Methode liegen auf der Hand: Spezifische (und verschiedene) Zelltypen sind in praktisch unbegrenzter Menge herstellbar, was mit einer einfachen Entnahme jeweiliger Zellen aus dem Patienten nicht möglich ist. Außerdem sind Zelltypen zugänglich, die bei einer erkrankten Person aufgrund des Fortschreitens der Erkrankung gar nicht mehr vorhanden sind, die aber für ein Verständnis der Krankheitsentstehung und des Verlaufs unabdingbar sind. Frühe Stadien der Erkrankung werden damit für eine nähere Untersuchung zugänglich.

Als Beispiel hierfür sei die neuro-degenerative Erkrankung *Chorea Huntington* genannt. Die Erkrankung äußert sich zunächst in Beschwerden psychischer Art und breitet sich dann auf den Bewegungsapparat aus. Sie wird autosomal-dominant vererbt und ist durch eine sich wie-

Abb. 8.6

Generierung von humanen iPS-Zellen aus Keratinozyten. **A**. Übersicht über ein menschliches Haar. **B**, **C**. Auswachsende Keratinozyten aus dem Haar. **D**. Keratinozyten einen Tag nach der Infektion mit den vier YAMANAKA-Faktoren auf einer Schicht Feederzellen. **E**. Sich bildende Kolonie humaner iPS-Zellen auf Feederzellen. **F**. Kolonie humaner iPS-Zellen auf Feederzellen. **G**. Kolonie humaner iPS-Zellen ohne Feederzellen auf Matrigel als Untergrund. Der gesamte Vorgang nimmt etwa drei bis vier Wochen in Anspruch (Bilder freundlicherweise zur Verfügung gestellt von PD Dr. Stefan Liebau, Universität Ulm).

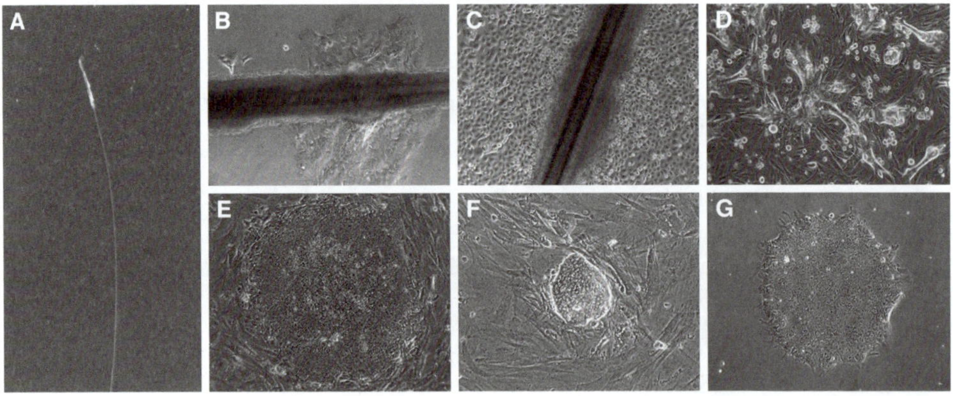

derholende CAG-Nukleotidabfolge (codiert für die Aminosäure Glutamin) im Gen für das Protein Huntingtin charakterisiert. Dadurch erhält das Protein zu seinen normalen auch toxische Eigenschaften. Mithilfe der iPS-Zelltechnologie erhofft man sich nunmehr ein tieferes Verständnis dafür, wie das veränderte Huntingtin auf molekularer und zellulärer Ebene ursächlich in die Entstehung dieser Erkrankung involviert ist.

Entwicklung von Arzneimitteln anhand von iPS-Zellen | 8.4.2

Die praktisch unbeschränkte Verfügbarkeit eines bestimmten Zelltyps erlaubt auch die Suche nach neuen Substanzen, die einen bestimmten Phänotyp lindern können. Damit wird auch die breit angelegte Suche nach neuen Substanzen im Rahmen von Hochdurchsatzstudien möglich. Ziel ist es, neue Substanzen zu identifizieren, die zur Behandlung einer Erkrankung Anwendung finden könnten. Dabei kann auch die Wirksamkeit eines Medikamentes individuell getestet und damit personalisierte Therapieansätze entwickelt werden (Abb. 8.6).

Als Beispiel sei hier die Entwicklung eines Krankheitsmodells für das Long-QT-Syndrom auf Basis von patientenspezifischen iPS-Zellen vorgestellt. Das Long-QT-Syndrom ist eine seltene und lebensbedrohliche Erkrankung, die entweder vererbt oder über die Einnahme von Medikamenten in Form von unerwünschten Nebenwirkungen erworben werden kann. Die Krankheit äußert sich in Herzrhythmusstörungen, die unter Umständen zum plötzlichen Herztod führen können. Das namensgebende Krankheitsmerkmal ist eine verlängerte QT-Dauer im EKG (Elektrokardiogramm). Auf genetischer Ebene zeichnet sich das Long-QT-Syndrom in einer Mutation im Gen eines Ionenkanals aus, was zu charakteristischen Veränderungen der elektrophysiologischen Eigenschaften der Kardiomyozyten führt. Kardiomyozyten, die aus vom QT-Syndrom betroffenen personenspezifischen iPS-Zellen *in vitro* generiert wurden, weisen ebenfalls diese Veränderungen auf. Mithilfe dieser Zellen konnte schon die Wirkung einiger Medikamente auf die elektrophysiologischen Eigenschaften und das Kontraktionsverhalten der Kardiomyozyten untersucht werden. Dieses Experiment lieferte letztlich eine Erklärung dafür, warum eine Behandlung mit dem Betablocker Propranolol das Auftreten von Herzrhythmusstörungen bei Long-QT-Patienten verringert. Zugleich zeigt dieser Fall exemplarisch, wie man mithilfe von patientenspezifischen iPS-Zellen auch neue Medikamente identifizieren kann, wenn der Phänotyp auf zellulärer oder molekularer Ebene ausreichend bekannt ist.

Zelltherapie mit iPS-Zellen | 8.4.3

Eine Vielzahl von Erkrankungen beruht auf dem Untergang von Zellen oder deren Funktionsverlust. Als Beispiel seien hier verschiedene neurodegenerative Erkrankungen genannt, die auf dem Verlust von mehr oder weniger spezifischer Neurone beruhen. Beim Typ I *Diabetes mellitus* kommt es zum Untergang Insulin-produzierender β-Zellen, beim kardialen Infarkt zum nekrotischen Verlust von Kardiomyozyten. Zum Teil sind im Moment nur symptomatische Behandlungen möglich oder eine Organtransplantation mit den bekannten Problemen muss durchgeführt werden. Zu diesen Problemen gehören die Gefahr der Organabstoßung (siehe auch Kapitel 5.7), die Notwendigkeit der Einnahme von Immunsuppressiva über lange Zeiträume, unter Umständen lebenslang, oder die nicht ausreichende Anzahl von Spenderorganen. Hier könnten iPS-Zellen eine mögliche Quelle an Zellen für Transplantationszwecke bieten.

Tab. 8.2 **Einsatz von iPS-Zellen**

Gewinnung von patientenspezifischen iPS-Zellen
Diabetes mellitus Typ I
Shwachman-Bodian-Diamond-Syndrom
Gaucher-Syndrom Typ III
Duchenne/Becker Muskeldystrophie
Morbus Parkinson
Chorea Huntington
Down-Syndrom (Trisomie 21)
Lesch-Nyan-Syndrom
ADA-Mangel-SCID
Etablierung von Krankheitsmodellen mit patientenspezifischen iPS-Zellen *in vitro*
Diabetes mellitus Typ I
Spinale Muskelatrophie
LEOPARD-Syndrom
Morbus Parkinson
Amyotrophe Lateralsklerose
Krankheitsmodelle, an welchen Medikamententests durchgeführt wurden
Familiäre Dysautonomie
Long-QT-Syndrom
Zelltherapie mit iPS-Zellen im Mausmodell
Diabetes mellitus Typ I und II
Morbus Parkinson
Rückenmarksverletzung
Zelltherapie mit murinen „genetisch therapierten" iPS-Zellen
Sichelzellanämie
Hämophilie A
Fanconi-Anämie

Die Arbeitsgruppe von RUDOLF JAENISCH veröffentlichte 2008 einen Artikel über erste Ansätze, die zeigen, dass die Symptome von *Morbus Parkinson* mithilfe von iPS-Zellen gelindert werden können. Die Parkinson-Krankheit ist eine sich langsam entwickelnde neurodegenerative Erkrankung, die auf dem spezifischen Untergang von Dopamin-produzierenden (dopaminergen) Neuronen beruht. In der Folge kommt es zum Verlust des Botenstoffs Dopamin und einer Funktionsstörung der Basalganglien der Großhirnrinde. Schlussendlich spiegelt sich die Erkrankung in Muskelstarre und -zittern sowie Bewegungsstörungen wider. Bisher konnte der Krankheitsverlauf über die Substitution von Dopamin ausschließlich verzögert werden. Eine Heilung der Erkrankung ist bis heute nicht möglich.

Hoffnung zur Heilung geben die neuesten Daten von RUDOLF JAENISCH und seiner Kollegen, deren Experimente auf iPS-Zellen beruhen. In ihrer Studie konnten sie murine iPS-Zellen, die aus Fibroblasten gewonnen wurden, gezielt in neurale Vorläuferzellen differenzieren. Diese neuralen Vorläuferzellen transplantierten sie daraufhin in das Gehirn einer (künstlich) an Parkinson erkrankten Ratte und beobachteten eine Differenzierung der neuralen Vorläuferzellen in verschiedenste neuronale Zellen darunter auch dopaminerge Neurone. Dies führte letztendlich zu einer Milderung der Krankheitssymptome. Neueste Untersuchungen mithilfe embryonaler Stammzellen haben gezeigt, dass die Transplantation dieser dopaminergen Neurone auch in höheren Vertebraten wie Affen zu einer verbesserten Symptomatik führt. Eine Verwendung für therapeutische Zwecke beim Menschen rückt damit in greifbare Nähe.

In einer 2010 veröffentlichten Publikation beschreibt die Arbeitsgruppe des Japaners Hideyuki erstmals die Linderung von Rückenmarksverletzungen durch das Einbringen körpereigener iPS-Zellen im Mausmodell. In ihrer Arbeit zeigen sie, dass iPS-Zellen aus der Maus direkt in neurale Zellen differenziert werden können. Außerdem untersuchten sie die Wirkung dieser neuralen Zellen auf die Entwicklung einer Maus, deren Rückenmark geschädigt wurde und in welches anschließend die *in vitro* differenzierten Zellen transplantiert wurden. Interessanterweise zeigten die Mäuse eine Neubildung von Nervenzellen und eine verbesserte Beweglichkeit.

Auch wenn diese Arbeiten bisher alle in Tiermodellen erarbeitet wurden, wecken sie dennoch große Hoffnungen für eine erfolgreiche Zelltherapie mit iPS-Zellen für eine Vielzahl von Erkrankungen des Menschen (siehe Tab. 8.2).

Reparatur von DNA in iPS-Zellen | 8.4.4

Ein weiterer Vorteil von iPS-Zellen ist, dass auch erblich bedingte Krankheiten vielleicht einmal ursächlich geheilt werden können. Hoffnung hierzu geben Forschungsarbeiten mehrerer unabhängiger Arbeitsgruppen. Die Arbeitsgruppe von Rudolf Jaenisch beispielsweise konnte am Mausmodel zeigen, dass die Sichelzellanämie mithilfe genetisch veränderter iPS-Zellen gelindert werden kann. Die Sichelzellanämie ist eine erbliche Erkrankung, bei welcher das β-Globin-Gen eine Punktmutation aufweist. Dies führt zu veränderten biochemischen Eigenschaften des Hämoglobins und damit zu einer abnormen Form der roten Blutkörperchen. Es kommt letztlich zum Mangel an Erythrozyten (Anämie, Blutarmut).

In einer sogenannten *proof of concept*-Studie wurden zunächst aus Zellen der Haut einer Maus mit einer humanen Form der Sichelzellanämie iPS-Zellen generiert. Anschließend wurde in den neu generierten iPS-Zellen die pathologische Punktmutation über homologe Rekombination entfernt. Aus diesen reparierten iPS-Zellen wurden anschließend gezielt Blutvorläuferzellen generiert und diese wieder in die anämische Maus eingebracht. Die so gewonnen Vorläuferzellen waren in der Lage,

„gesunde“ Erythrozyten zu bilden und damit zur Verbesserung der Krankheitsmerkmale beizutragen.

Eine weitere monogenetische Erkrankung, bei der es gelungen ist, die Symptome zu lindern, ist die Hämophilie A. Ursache der Erkrankung sind Mutationen im Gerinnungsfaktor VIII, was ein Fehlen des Gerinnungsfaktors und eine stark eingeschränkte Blutgerinnung zur Folge hat.

In der Nature Ausgabe vom Juli 2009 veröffentlichte die Arbeitsgruppe von JUAN CARLOS IZPISÚA BELMONTE Daten, die eine erfolgreiche Therapie von Patienten mit Fanconi-Anämie (FA) durch den Einsatz von iPS-Zellen versprechen. Der Kinderarzt GUIDO FANCONI beschrieb diese sehr selten auftretende, erbliche Erkrankung erstmals, wodurch sie auch ihren Namen erhielt. Die Fanconi-Anämie ist durch eine verringerte Bildung und einen gleichzeitig vermehrten Abbau roter und weißer Blutkörperchen als Folge eines altersabhängigen Funktionsverlusts des Knochenmarks charakterisiert. Die Betroffenen leiden an angeborenen Fehlbildungen der Extremitäten und verschiedener Organe und an einem stark erhöhten Risiko, an Leukämie oder Tumoren zu erkranken. Auf genetischer Ebene zeichnet sich die Faconi-Anämie in einer erhöhten Instabilität der Chromosomen aus, die auf Mutationen in verschiedenen Genen zurückzuführen ist. Als konservative Behandlung von FA-Patienten wird eine Knochenmarktransplantation durchgeführt. Dies erweist sich oftmals als sehr schwierig, da erst ein geeigneter Knochenmarkspender gefunden werden muss (siehe auch Kapitel 5.7). Da die gesunden transplantierten Zellen im Knochenmark jedoch einen Selektionsvorteil aufweisen, verdrängen sie die erkrankten Zellen und tragen im besten Fall zur Genesung des Patienten bei.

In Mausmodellen konnte darüber hinaus gezeigt werden, dass der genetische Defekt in hämatopetischen Stammzellen durch Einsatz len-

Tab. 8.3 **Transdifferenzierungsversuche**

Transdifferenzierung	exogene Reprogrammierungsfaktoren	Abhängigkeit des neuen Zustands vom Transgen
Fibroblasten (mesodermal) zu Myozyten-ähnlichen Zellen (mesodermal)	MyoD + 5-Azacytidin	ja
kardiale Fibroblasten (mesodermal) zu kardialen, Myozyten-ähnlichen Zellen (mesodermal)	GATA4, Mef2c, Tbx5	nein
Fibroblasten (mesodermal) zu Neuron-ähnlichen Zellen (ektodermal)	Ascl1, Brn2, Mytl1	nicht bestimmt
exokrine Zellen des Pankreas (endodermal) zu endokrin-ähnlichen Zellen (endodermal)	Ngn3, Pdx1, MafA	nein

tiviraler Vektoren korrigiert werden kann und diese Zellen nach Transplantation in eine an Fanconi-Anämie erkrankte Maus einen Vorteil in Bezug auf eine erhöhte Proliferation aufweisen. Diese Experimente zeichnen letztlich einen möglichen Therapieweg für die Erkrankung vor.

Die Wissenschaftler um Izpisúa Belmonte haben in ihrer Arbeit somatische Zellen von FA-Patienten isoliert und in diesen durch genetische Manipulation den zugrunde liegenden Defekt repariert. Aus den so erhaltenen Zellen wurden patientenspezifische, genetisch veränderte iPS-Zellen generiert und diese anschließend gezielt zu Vorläuferzellen des hämatopoetischen Systems differenziert, die phänotypisch normal waren. Außerdem zeigten diese Zellen die für die Fanconi-Anämie spezifischen Veränderungen nicht. Diese Ergebnisse unterstützen die Hoffnung auf eine erfolgreiche Therapie von FA-Patienten mit korrigierten iPS-Zellen.

Die dargestellten Arbeiten zu Therapieansätzen für die Bekämpfung der Sichelzellanämie, der Hämophilie A und der Fanconi-Anämie stellen sehr gute Beispiele zur möglichen Behandlung von Erbkrankheiten mithilfe genetisch veränderter iPS-Zellen dar.

Tab. 8.2 gibt einen Überblick über Erkrankungen, für welche bereits im Tiermodell iPS-Zellen eingesetzt wurden.

8.5 Gezielte Transdifferenzierung oder die direkte Reprogrammierung

Die Reprogrammierung somatischer Zellen in iPS-Zellen zeigt, dass durch den Einsatz einer Kombination verschiedener Transkriptionsfaktoren der Differenzierungszustand einer Zelle verändert werden kann. Dadurch wurde natürlich unmittelbar die Frage aufgeworfen, ob es auch möglich ist, durch den Einsatz verschiedener Faktoren eine Zelle direkt von einem Differenzierungszustand in einen anderen zu verändern, sprich eine Transdifferenzierung zu ermöglichen (siehe auch Kapitel 1.1, Abb. 1.1).

Dies greift die Ausführungen zu Beginn dieses Kapitels wieder auf. Wir erinnern uns an die Umwandlung von Fibroblasten in Skelettmuskelzellen durch die Überexpression des Transkriptionsfaktors MyoD. Bei genauer Betrachtung handelt es sich dabei aber nicht um eine Transdifferenzierung, da das endogene *MyoD*-Gen durch diese Behandlung nicht aktiviert wurde. Die Aufrechterhaltung des Skelettmuskelphänotyps bedarf also der kontinuierlichen Überexpression des von außen eingebrachten *MyoD*-Gens.

Eine Reihe neuer Arbeiten hat sich nun erneut der Frage der direkten Reprogrammierung eines Zellzustands in einen anderen gewidmet.

Dazu gehören beispielsweise die Versuche, kardiale Fibroblasten in funktionelle Herzmuskelzellen umzuwandeln, die Versuche, aus Fibroblasten Neurone herzustellen oder die Umwandlung von Zellen des exokrinen Pankreas in solche des endokrinen Pankreas.

In einigen dieser Fälle konnte gezeigt werden, dass die transdifferenzierten Zellen nicht nur die gewünschten Eigenschaften angenommen haben, sondern darüber hinaus nicht mehr von der Expression der eingebrachten Faktoren abhängen. Detailliertere Analysen haben jedoch gezeigt, dass die Transdifferenzierung insofern nicht vollständig ist, als dass die Genexpressionsprofile zwischen den transdifferenzierten Zellen und den natürlich generierten Gegenstücken deutliche Unterschiede aufweisen. Dennoch legen diese Experimente nahe, dass auch eine Transdifferenzierung durch definierte Faktoren mit ausreichender Effizienz und Genauigkeit möglich sein wird. In wieweit solche Zellen für therapeutische Zwecke geeignet sind, ist bisher allerdings unklar. Tabelle 8.3 gibt einen Überblick über einige Transdifferenzierungsversuche.

Zusammenfassung

Die Generierung von induzierten pluripotenten Stammzellen aus differenzierten somatischen Zellen durch den Einsatz von Reprogrammierungsfaktoren ist bereits kurz nach der Etablierung dieser Methode zur Routine geworden. Induzierte pluripotente Stammzellen weisen verschiedenste Einsatzmöglichkeiten auf und können als Modellsystem für verschiedene Erkrankungen dienen, helfen bei der Suche nach neuen Arzneimitteln und werden aller Voraussicht nach auch eines Tages in der Therapie humaner Erkrankungen Eingang finden. Erste Ergebnisse in verschiedenen Tiermodellen zeigen, dass beispielsweise neurodegenerative Erkrankungen wie *Morbus Parkinson* gelindert werden können oder monogenetische Erkrankungen nach Korrektur des zugrunde liegenden Defekts durch homologe Rekombination behandelbar werden.

Fragen

1. Beschreiben Sie den Vorgang der Reprogrammierung nach YAMANAKA.
2. Benennen Sie technische Weiterentwicklungen der YAMANAKA-Methode.
3. Welche Bedeutung misst man den einzelnen YAMANAKA-Faktoren im Rahmen der Reprogrammierung zu?
4. Welche alternativen Methoden kennen Sie, um somatische Zellen zu reprogrammieren?
5. Was verstehen Sie unter einer Transdifferenzierung oder direkten Reprogrammierung?
6. Welche Einsatzgebiete gibt es für iPS-Zellen? Nennen Sie jeweils Beispiele dazu.

HANA, J.H., K. SAHA, R. JAENISCH (2010): Pluripotency and cellular reprogramming: Facts, hypotheses, unresolved questions. Cell 143, 508–525.

HANNA, J. und 10 weitere Autoren (2007): Treatment of sickle cell anemia mouse model with iPS cells generated from autologous skin. Science 318, 1930–1923.

IEDA, M., J.D. FU, P. DELGADO-OLGUIN, V. VEDANTHAM, Y. HAYASHI, B.G. BRUNEAU, D. SRIVASTAVA (2010): Direct reprogramming of fibroblasts into functional cardiomyocytes by defined factors. Cell 142, 375–386.

JAENISCH, R., R. YOUNG (2008): Stem cells, the molecular circuitry of pluripotency and nuclear reprogramming. Cell 132, 567–582.

KRIKS, S. und 15 andere Autoren (2011): Dopamine neurons derived from human ES cells efficiently engraft in animal models of Parkinson's disease. Nature 480, 547–551.

MORETTI, A. und 13 weitere Autoren (2010): Patient-specific induced pluripotent stem cell models for long-QT syndrome. New Engl. J. Med. 363, 1397–1409.

RAYA, A. und 18 weitere Autoren (2009): Disease-corrected haematopoietic progenitors from Fanconi anaemia induced pluripotent stem cells. Nature 460, 53–59.

STADTFELD, M., K. HOCHEDLINGER (2010): Induced pluripotency: History, mechanisms, and applications. Genes Dev. 24, 2239–2263

TAKAHASHI, K., S. YAMANAKA (2006): Induction of pluripotent stem cells from adult human fibroblasts by defined factors. Cell 131, 861–872.

WERNING. M. und 9 weitere Autoren (2008): Neurons derived from reprogrammed fibroblasts funcitonally integrate into the fetal brain and improve symptoms of rats with Parkinson's disease. Proc. Natl. Acad. Sci. USA 105, 5856–5861.

ZHOU, Q., J. BROWN, A. KANAREK, J. RAJAGOPAL, D.A. MELTON (2008): In vivo reprogramming of adult exocrine cells to beta-cells. Nature 455, 627–632.

ZHOU, H. und 13 andere Autoren (2009): Generation of induced pluripotent stem cells using recombinant proteins. Cell Stem Cell 4, 381–384.

ZHU, S. und 8 andere Autoren (2010): Reprogramming of human primary somatic cells by oct4 and chemical compounds. Cell Stem Cell 7, 651–655.

9 | Rechtliche Aspekte der Stammzellforschung

Inhalt

Die Arbeiten mit humanen embryonalen Stammzellen und der Einsatz von menschlichen Embryonen für Forschungszwecke sind in Deutschland durch das Embryonenschutzgesetz und das Stammzellgesetz streng reguliert. Das Klonieren menschlicher Embryonen für therapeutische Zwecke ist in Deutschland untersagt. Andere Länder weisen im Hinblick auf die Forschung mit humanen embryonalen Stammzellen teilweise abweichende und weniger strenge Regelungen auf. Das reproduktive Klonen von Menschen hingegen ist weltweit geächtet.

9.1 | Ethische Argumente in der Forschung mit humanen embryonalen Stammzellen

Der Begriff Ethik (gr. *ethos*, Anstand, Sitte) wurde ursprünglich von ARISTOTELES eingeführt. Die Ethik ist ein Teilgebiet der Philosophie und befasst sich mit der Begründbarkeit von Entscheidungen und Handlungen und, daraus abgeleitet, mit der gesellschaftlichen Moral. Es wird letztlich darüber entschieden, was eine Gemeinschaft als gut oder böse erachtet. Weiterhin werden durch Abwägung verschiedener Argumente konkrete Handlungsempfehlungen abgeleitet. Diese wiederum bilden die Grundlage für gesetzliche Regelungen, die eine Gemeinschaft beschließt. Wichtig in diesem Zusammenhang ist die Tatsache, dass verschiedene Gesellschaften oder Kulturkreise im Rahmen ethischer Betrachtungen durchaus zu unterschiedlichen Ergebnissen kommen können. Als Beispiel sei die Diskussion um die Sterbehilfe genannt, die sich in Deutschland und in der Schweiz in unterschiedlichen Gesetzen niederschlägt.

Eine ethische Betrachtung beinhaltet verschiedene Aspekte:

- Die Zielsetzung, deren Begründbarkeit und deren Wertung;
- die Frage, ob eine gewählte Handlung bzw. Methode geeignet ist, dieses Ziel zu erreichen;

- die Frage, ob es Handlungsalternativen gibt bzw. ob die gewählte Methode notwendig ist, um das gewählte Ziel zu erreichen und
- die Betrachtung der Folgen einer Handlung.

In diesem Kapitel wollen wir diese einzelnen Punkte in Bezug auf die Stammzellforschung nur in Ansätzen erläutern. Eine tieferführende ethische Betrachtung der Forschung an humanen embryonalen Stammzellen bzw. der Klonierung von Menschen würde den Rahmen dieses Buches bei Weitem sprengen. Zudem müssten hierzu noch andere Aspekte in die Diskussion einbezogen werden, welche das Recht auf Leben und die Interessen der Gesellschaft und des Einzelnen betreffen, wie z.B. die künstliche Befruchtung, die Abtreibung, die Verhütung, die Präimplantationsdiagnostik oder die Leihmutterschaft, Themen, die in diesem Buch nicht angesprochen werden. Dem interessierten Leser sei daher die Lektüre der weiterführenden Literatur empfohlen, die am Ende dieses Kapitels aufgeführt ist.

Eine ethische Analyse der Stammzellforschung wird zunächst einmal das Ziel definieren müssen, welches es zu erreichen gilt. Dies könnte die Herausforderung sein, eine bisher unheilbare Erkrankung zu lindern oder gar zu heilen und damit menschliches Leid zu mildern. Dies könnte auch der reine Erkenntnisgewinn sein, wie beispielsweise verschiedene Zelltypen während der menschlichen Entwicklung entstehen. Ziel könnte es aber auch sein, identische Kopien menschlicher Individuen zu generieren. Sehr schnell wird deutlich, dass diese verschiedenen Ziele unterschiedlich zu bewerten sind.

Eine tiefere Analyse wird zunächst einmal die Frage aufwerfen, welche Handlungen – in der Stammzellforschung würde man von Methoden sprechen – zum Einsatz kommen, um das definierte Ziel zu erreichen. Möglicherweise können auch verschiedene Methoden zielführend sein. Im Rahmen einer ethischen Analyse wird man in diesem Zusammenhang hinterfragen, ob eine gewählte Methode geeignet ist, das gewählte Ziel zu erreichen. Um dies zu entscheiden, können verschiedenen Punkte abgewogen werden. Parameter könnten hierbei beispielsweise sein, welche Erfolgsrate eine Methode aufweist oder wie reproduzierbar die Methode in der Vergangenheit war.

Weiterhin wird zu hinterfragen sein, ob zu der ausgewählten Methode alternative experimentelle Ansätze etabliert sind und wie diese Methoden im Vergleich zueinander zu werten sind. Zudem wird man untersuchen, ob eine Methode – besonders im Vergleich zu anderen – wirklich notwendig ist, das erstrebte Ziel zu erreichen.

Als Beispiel sei hier die Frage aufgeworfen, ob die Herstellung induzierter pluripotenter Stammzellen (iPS-Zellen; siehe Kapitel 8) und das

Verfahren des therapeutischen Klonens (siehe Kapitel 7.4) äquivalente Methoden sind, um patientenspezifische embryonale Stammzellen herzustellen. Hier wird man sich zudem mit der Frage auseinandersetzen müssen, ob der zeitliche Gewinn, den man durch die Reprogrammierung durch Kerntransfer (siehe Kapitel 7) gegenüber der Reprogrammierung durch Einbringen der YAMANAKA-Faktoren (siehe Kapitel 8) erzielt, die nachfolgende Zerstörung eines Embryos nach einem Kerntransfer rechtfertigt. Oder wird das Herstellen humaner ES-Zellen durch Abtöten menschlicher Embryonen mithilfe des kürzlich etablierten Verfahrens der Reprogrammierung durch Einbringen der YAMANAKA-Faktoren überflüssig sein? Dazu wird zunächst die Frage zu beantworten sein, ob iPS-Zellen im Vergleich zu humanen ES-Zellen wirklich äquivalent sind. Falls dies nicht der Fall ist, inwieweit sind iPS-Zellen für bestimmte Ziele nicht doch hinreichend? Auch könnte man hinterfragen, ob die Verwendung humaner ES-Zellen (siehe Kapitel 3) notwendig ist, um beispielsweise eine Erkrankung zu heilen, oder ob der Einsatz adulter Stammzellen (siehe Kapitel 4 bis 6) nicht eine Alternative darstellt?

Letztlich müssen auch die Folgen eines Verfahrens hinterfragt und bewertet werden. So bedeutet jedes Generieren einer neuen humanen embryonalen Stammzelllinie das Abtöten eines weiteren Embryos. Inwieweit ist das Leben dieses Embryos schützenswert? Auf den ersten Blick mag diese Frage einfach zu beantworten sein. Auf den zweiten Blick wird die Beantwortung schon schwieriger. So könnte es sich bei den Embryonen um solche handeln, die im Rahmen einer *In-vitro*-Fertilisation erzeugt wurden und nunmehr überflüssig sind. Diese Embryonen werden in der Regel vernichtet. Wäre die Verwendung dieser Embryonen zur Herstellung von ES-Zellen nicht legitim? Andererseits, könnte diese Sichtweise nicht dazu führen, dass Embryonen sozusagen auf Vorrat hergestellt werden?

Wenn man dann seine Betrachtung noch etwas ausweitet, wird die Argumentation noch komplizierter. Wenn man beispielsweise die Verwendung menschlicher Embryonen zur Herstellung embryonaler Stammzellen nicht möchte, müssten dann nicht auch andere Handlungen auf den Prüfstand? Schließlich verhindert beispielsweise die Verhütung mit der Spirale das Einnisten eines sich bereits entwickelnden Embryos im Blastozystenstadium in die Gebärmutter. Oder wie sieht es mit der in Deutschland unter bestimmten Bedingungen erlaubten Abtreibung aus? Wenn man allerdings das Selbstbestimmungsrecht einer Mutter als legitim betrachtet, müsste man dann nicht auch das Ziel als legitim betrachten, menschliches Leiden durch die Entwicklung neuer therapeutischer Verfahren zu lindern, auch wenn diese die Verwendung humaner ES-Zellen bedeutet?

Auch weiterreichende Folgen einer Methode müssen hinterfragt und bewertet werden. Zur Generierung menschlicher Klone im Rahmen des therapeutischen Klonens werden Eizellen benötigt, die nur von Spenderinnen bereitgestellt werden können. Welche körperlichen und psychischen Folgen sind damit für eine Spenderin verbunden? Wie sind diese zu bewerten? Welche kommerziellen Interessen sind damit verbunden? Und wenn man gar an reproduktives Klonen denkt, könnte die Frage aufgeworfen werden, welche Folgen dieses Verfahren für eine Gesellschaft oder ein durch Klonen hergestelltes „Individuum" hat.

Zentraler Punkt in der Argumentation pro bzw. kontra Forschung an humanen embryonalen Stammzellen ist die Frage, ab wann die befruchtete Eizelle als ein menschliches Wesen anzusehen ist. Hier werden je nach Land und Kulturkreis andere Stichtage angeführt. Einerseits wird argumentiert, dass bereits die befruchtete Eizelle einen Menschen darstellt, da bereits die befruchtete Eizelle das Potenzial hat, zu einem Menschen heranzuwachsen. Andere argumentieren, dass dies erst mit der Einnistung in die Gebärmutter erfüllt ist, da ein Embryo ohne Einnistung nicht überleben würde.

Im jüdischen Glauben beginnt das menschliche Leben am Tag 40 der Entwicklung. Embryonen, die durch *In-vitro*-Fertilisation in der Kulturschale gewonnen wurden, werden im jüdischen Glauben als „Prä-Embryonen" bezeichnet. Im islamischen Glauben erlangt der Embryo durch die Beseelung eine besondere Schutzwürdigkeit. Je nach Glaubensströmung ergeben sich dafür entweder der Zeitpunkt der Befruchtung, der 40., der 80. oder der 120. Tag der Entwicklung.

Die katholische Kirche in Deutschland lehnt die Forschung an humanen ES-Zellen vollständig ab, da sie die Tötung von menschlichen Embryonen voraussetzt. Auch wenn das Ziel die Heilung von Krankheiten und das Mildern menschlichen Leidens ist, so sollte dies nicht auf Kosten eines anderen geschehen. Insbesondere der wehrlose Embryo sollte geschützt werden. Um die Forschung an embryonalen Stammzellen zu minimieren, versucht die katholische Kirche die Forschung an adulten Stammzellen zu unterstützen. Als ein Appell an das Gewissen des Menschen hat der Vatikan im Jahr 2008 seine Argumente im Bioethikdokument *Dignitas Personae* veröffentlicht.

Im Gegensatz zur katholischen Kirche fördert die evangelische Kirche in Deutschland die Diskussion über die Forschung an humanen ES-Zellen. Auch innerhalb der evangelischen Kirche werden unterschiedliche Meinungen vertreten. Während die einen die Forschung an humanen ES-Zellen grundsätzlich ablehnen und dabei Argumente vertreten, die wir bereits eingeführt haben, stimmen andere für die Forschung, insbesondere dann, wenn dies auch neue Erkenntnisse für die Forschung an adulten Stammzellen liefert. Prinzipiell jedoch lehnt auch die evangelische Kirche die Zerstörung von Embryonen zur Gewinnung von humanen ES-Zellen ab. Die Forschung an bereits bestehenden ES-Zelllinien jedoch wird nicht grundsätzlich abgelehnt, sondern im Rahmen einer Kompromisslösung als möglich erachtet. Manche Bischöfe befürworten auch die Isolierung von humanen ES-Zellen aus überzähligen Embryonen künstlicher Befruchtungen, da diese ja sowieso vernichtet werden würden. Zusammenfassend kann man sagen, dass die evangelische Kirche die Forschung an humanen ES-Zellen über einen begrenzten Zeitraum akzeptieren würde, langfristig sich die Wissenschaft jedoch auf die Arbeiten an adulten Stammzellen konzentrieren und beschränken sollte.

9.2 | Das deutsche Embryonenschutzgesetz

Die ethische Diskussion einer Gesellschaft zur Stammzellforschung findet Eingang in den Gesetzen eines Landes, welche die Arbeiten auf diesem Gebiet regulieren. In Deutschland sind verschiedene Grundrechte im Grundgesetz (GG) verankert, die auch Einfluss auf die Forschung an humanen embryonalen Stammzellen und derer Bewertung haben. Diese Grundrechte sind: die Menschenwürde (Art. 1, Abs. 1 GG), das Recht auf Leben und körperliche Unversehrtheit (Art. 2, Abs. 2 GG), die Freiheit der Forschung (Art. 5, Abs. 3 GG) und die Berufsfreiheit und Eigentumsfreiheit (Art. 12 und Art. 14 GG).

Das deutsche Gesetz zum Schutz von Embryonen (Embryonenschutzgesetz, kurz ESchG) wurde erstmals im Januar 1991 in Kraft gesetzt. Elf Jahre später wurde eine erweiterte Version verabschiedet. Durch dieses Gesetz werden die *In-vitro*-Fertilisation sowie die Forschung an Embryonen geregelt, indem es die Würde des Menschen und die Forschungsinteressen gegeneinander abwägt. Insgesamt umfasst das Gesetz 13 Paragrafen.

Wesentliche Inhalte dieses Gesetzes sind: Die missbräuchliche Anwendung von Fortpflanzungstechniken und die Verwendung menschlicher Embryonen wird untersagt, beispielsweise eine Eizelle zu einem anderen Zweck als für eine künstliche Befruchtung zu befruchten. Auch darf bei der künstlichen Befruchtung keine Geschlechterwahl stattfinden und die Keimbahnzellen dürfen nicht künstlich verändert werden. Zudem dürfen Ei- oder Spermienzellen nur nach Aufklärung und schriftlicher Einwilligung der Spender verwendet werden. Nach dem Tode der Spender erlischt die Einwilligung. Auch das Klonen von humanen Embryonen mit der gleichen Erbinformation wird grundsätzlich verboten. Durch das

Embryonenschutzgesetz wird insbesondere auch die Bildung von Chimären oder Hybriden (siehe Kapitel 7.4) untersagt.

Das Stammzellgesetz | 9.3

Das Stammzellgesetz (kurz StZG) regelt die Einfuhr von humanen ES-Zellen nach Deutschland und deren Verwendung. Der Sinn dieses Gesetzes ist es, die Würde des Menschen und das Recht auf Leben zu achten, aber gleichzeitig die Freiheit der Forschung zu gewährleisten. Das Gesetz ist erstmals im Juli 2002 in Kraft getreten, die überarbeitete Version am 21. August 2008. Es verbietet, ohne behördliche Genehmigung humane ES-Zellen nach Deutschland einzuführen oder in Deutschland zu verwenden. Um eine behördliche Genehmigung zu erlangen, müssen zwei Voraussetzungen erfüllt sein. Erstens dürfen nur jene humanen Stammzellen verwendet werden, die vor einem bestimmten Stichtag erzeugt worden sind. In der ersten Version des Gesetzes war der Stichtag der 1. Januar 2002. Bezüglich der Stichtagsregelung wurden jedoch Argumente ins Feld geführt, dass die alten ES-Zelllinien durch eine lange Kultivierung auf teilungsinaktivierten Mausfibroblasten mit großer Wahrscheinlichkeit Kontaminationen mit maus-spezifischen Viren aufweisen. Um Artefakte, welche die Forschungsergebnisse verfälschen würden, zu vermeiden, wurde der Stichtag in der überarbeiten Version des Gesetzes auf den 21. Mai 2007 verschoben. Zweitens muss gewährleistet sein, dass die Embryonen, aus denen die ES-Zellen isoliert wurden, aus überschüssigen Embryonen einer künstlichen Befruchtung stammen. Drittens muss die Abgabe dieser Embryonen unentgeltlich erfolgt sein.

Darüber hinaus müssen die Arbeiten an humanen ES-Zellen ein hochrangiges Forschungsziel im Bereich der Grundlagenforschung oder der Erweiterung medizinischer Kenntnisse haben. Dies beinhaltet auch, dass keine alternativen Strategien existieren, die als ethisch unbedenklicher angesehen werden können, wie beispielsweise das Arbeiten an tierischen oder humanen adulten Stammzellen. Außerdem muss überzeugend dargestellt werden, dass alternativ mögliche Experimente am Tiermodell in vorangegangenen Arbeiten voll ausgeschöpft wurden.

Um die Genehmigung zu erhalten, humane ES-Zellen einzuführen, muss ein schriftlicher Antrag an die zuständige Behörde, das Robert-Koch-Institut (RKI), gestellt werden. Hier müssen einige Voraussetzungen erfüllt werden, die im Gesetz klar definiert sind. Hat die Behörde den Antrag erhalten, so holt sie vor einer Entscheidung zunächst eine Stellungnahme der Zentralen Ethikkommission für Stammzellenforschung (siehe Infobox 9.1) ein, die das Vorhaben ethisch bewertet.

Infobox 7.2

Zentrale Ethikkommission für Stammzellenforschung

Die Zentrale Ethikkommission für Stammzellenforschung (ZES) ist eine Kommission, die aus Experten aus den Fachbereichen Biologie, Medizin, Theologie und Ethik zusammengesetzt ist. Die erste ZES wurde im Juli 2002 berufen. Die Mitglieder der ZES bleiben drei Jahre im Amt. Diese Gruppe erhält alle Anträge auf Einfuhr von humanen ES-Zelllinien und prüft diese auf die Hochrangigkeit des Forschungsziels, ausreichende Vorarbeiten und Notwendigkeit der Verwendung humaner ES-Zellen für das jeweilige Forschungsvorhaben. Sie bewertet, ob der Antrag ethisch vertretbar ist und gibt der zuständigen Behörde, dem Robert-Koch-Institut, eine Stellungnahme ab.

9.4 | Internationale Regelungen

Bisher gibt es keine allgemein gültigen Regelungen zur Forschung an humanen ES-Zellen, weder auf Ebene der Vereinten Nationen (UNO / UNESCO) noch auf europäischer Ebene (Europarat/Europäische Union). Die Internationale Bioethikkommission (engl. *International Bioethics Committee*, IBC) der UNESCO vertritt die Meinung, dass die Entscheidung über die Verwendung humaner ES-Zellen die Pflicht jeder einzelnen Gesellschaft sei, diese jedoch Ethikkommissionen zur Überprüfung haben oder einführen sollten.

Der Europarat hat ein Übereinkommen beschlossen, welches beinhaltet, dass jeder Staat einen angemessenen Schutz der Embryonen gewährleisten soll, *In-vitro*-Befruchtungen jedoch zugelassen werden sollten. Dieses Übereinkommen wurde noch nicht von allen Mitgliedsstaaten, Deutschland eingenommen, unterzeichnet, da eine bedingte Zulassung der Forschung anhand von überzähligen Embryonen dadurch möglich werden würde. Auch die Europäische Union hat eine Kommission gebildet, die Europäische Gruppe für Ethik der Naturwissenschaften und der neuen Technologien (EGE). Diese Kommission hat beschlossen, dass es jedem Mitgliedsstaat selbst überlassen sein solle, ob er die Forschung an humanen ES-Zellen erlaubt, die Würde des Menschen jedoch gewährleistet sein sollte. Auch sollten die Stammzellen ausschließlich aus überzähligen Embryonen stammen.

Des Weiteren wurde im Jahr 2002 die Internationale Gesellschaft für Stammzellforschung (*International Society for Stem Cell Research*, ISSCR) gegründet, die ihren Sitz in Northbrook, USA, hat. Diese Gesellschaft hat im Jahr 2006 Richtlinien für die Arbeiten mit humanen ES-Zellen veröffentlicht, an die sich die Wissenschaftler in aller Welt eigenverantwortlich halten sollten. Außerdem setzt sich die ISSCR dafür ein, dass nur jene Forschungsarbeiten in hochrangigen Journalen publiziert werden, die sich an diese Richtlinien gehalten haben.

Am 18. Oktober 2011 wurde vom Europäischen Gerichtshof das Grundsatzurteil gefällt, dass alle Verfahren und damit auch potenziell therapeutische Verfahren, die auf humanen ES-Zellen beruhen, nicht patentiert werden dürfen. Damit wird die Entwicklung von stammzellbasierten Therapieansätzen für Firmen allerdings wirtschaftlich unattraktiv. Die Entscheidung des Europäischen Gerichtshofs erscheint auch deswegen etwas abwegig, da andere Patente, die durchaus auch als ambivalent angesehen werden können, wie beispielsweise auf Abtreibungsmedikamente oder Waffenkomponenten, durchaus erteilt werden.

Abschließend sollen hier noch die rechtlichen Positionen in einigen Ländern vergleichend gegenübergestellt werden. Während in Deutschland die Einfuhr und das Arbeiten von und mit humanen ES-Zellen durch das Stammzell- und das Embryonenschutzgesetz streng geregelt sind und die Isolation humaner ES-Zellen aus frühen menschlichen Embryonen grundsätzlich nicht erlaubt ist und mit hohen Strafen geahndet wird, sind die Regelungen in anderen Ländern größtenteils lockerer und die Gewinnung humaner ES-Zellen unter bestimmten Vorraussetzung teilweise sogar erlaubt.

In Österreich ist die Forschung an eingeführten humanen ES-Zellen ohne Einschränkung erlaubt. Auch therapeutisches Klonen wird gestattet. Die Gewinnung von ES-Zellen aus frühen Embryonen allerdings ist untersagt.

In der Schweiz hingegen ist die Isolation humaner ES-Zellen ausschließlich aus überzähligen Embryonen aus *In-vitro*-Fertilisationen erlaubt. Das Spenderpaar muss in diese Verwendung eingewilligt haben. Die Generierung von humanen Embryonen aufgrund eines wissenschaftlichen Vorhabens jedoch ist nicht erlaubt. Diese Regelung gilt nach dem Stammzellforschungsgesetz (StFG) von 2005, welches nach einer Volksabstimmung eingeführt wurde. Des Weiteren muss die Spende unentgeltlich geschehen, das Forschungsvorhaben muss entweder dem medizinischen Zweck oder der Aufklärung früher Entwicklungsvorgänge des Menschen dienen. Alternative Tierversuche müssen voll ausgeschöpft sein.

In Belgien werden die Arbeiten an humanen ES-Zellen durch das „Gesetz über die Forschung an Embryonen *in vitro*" geregelt. Grundsätzlich gilt hier, dass das Forschen an Embryonen bis zum Entwicklungstag 14 gestattet ist. Die Gewinnung humaner ES-Zellen sollte aus überzähligen Embryonen geschehen, sind diese jedoch vergriffen, dürfen auch Embryonen nur zu Forschungszwecken generiert werden. Generell soll die Forschung an Embryonen therapeutische Ziele haben.

In Frankreich gilt seit 2004 das französische Bioethikgesetz. In diesem ist geregelt, dass in Ausnahmefällen das Arbeiten an überzähligen Embryonen über einen Zeitraum von fünf Jahren erlaubt ist. Die Wissenschaftler müssen außerdem zeigen, dass ihre Forschung mögliche neue Therapieansätze für Erkrankungen zum Ziel hat. Das Klonen von Menschen ist in diesem Gesetz strengstens untersagt.

In England gilt das seit 2001 bestehende Gesetz *Human Fertilisation and Embryology (Research Purposes) Regulations*. Wissenschaftler können sich die Erlaubnis für die Verwendung und Herstellung humaner Embryonen einholen, wenn ihr Forschungsvorhaben begründet ist. Begründungen hierbei wären beispielsweise die Erforschung der Embryonalentwicklung, von Erbkrankheiten, der Gründe für Fehlgeburten und die Etablierung von Therapien zur Bekämpfung schwerer Krankheiten. Arbeiten an humanen Embryonen müssen nach dem 14. Entwicklungstag abgeschlossen sein. Außerdem soll in naher Zukunft auch die Herstellung von Chimären geregelt werden.

In den USA unterliegen die Stammzellprojekte unterschiedlichen Bestimmungen, abhängig davon, ob sie staatlich, öffentlich oder privat gefördert werden. Nur staatlich geförderte Projekte werden auf Bundesebene beeinflusst. Hier gilt die Bestimmung, dass nur jene Arbeiten gefördert werden, die Stammzellen aus überzähligen Embryonen beinhalten. In privat finanzierten Projekten dürfen auch menschliche Embryonen hergestellt werden, die alleine der Forschung dienen. Versuche von Stammzellgegnern, die finanziellen Mittel für Stammzellforschung zu stoppen, bis ein Grundsatzurteil gefällt ist, hatten bisher nur zeitweise Erfolg.

9.5 | Rechtliche Aspekte zur Klonierung vom Menschen

Die Herstellung humaner Klone mit dem Ziel der Reproduktion (siehe Kapitel 7.4) ist derzeit weltweit geächtet und wird einstimmig abgelehnt. Das Europäische Parlament hat bereits im Jahr 1989 festgehalten, dass die reproduktive Klonierung vom Menschen strafrechtlich verfolgt werden sollte. 1993 gab es eine Resolution, in der das Klonen von Menschen als verboten erklärt wurde. Alle Mitgliedstaaten der Europäischen Union sind dazu aufgerufen, mit einer angemessenen Härte gegen Zuwiderhandlungen vorzugehen. Zudem steht in den Grundrechten der Europäischen Union aus dem Jahr 2000 geschrieben, dass das reproduktive Klonieren des Menschen verboten ist. Über das therapeutische Klonen allerdings gibt es unterschiedliche Meinungen, in der UNO wurden sogar verbitterte Kämpfe bei der Etablierung allgemein gültiger Regelungen ausgefochten. Da das therapeutische Klonen in einigen Ländern wie beispielsweise England erlaubt ist, wird es hierzu wohl keine weltweit einheitliche Lösung geben.

Zusammenfassung

Die Forschung an humanen embryonalen Stammzellen und die Möglichkeit der therapeutischen oder reproduktiven Klonierung des Menschen macht eine ethische Betrachtung und Abwägung verschiedener Argumente notwendig. Die ethische Abwägung findet Eingang in nationalen Gesetzen. In Deutschland regelt das Embryonenschutzgesetz und das Stammzellgesetz die Belange der Stammzellforschung. Die Erzeugung von humanen embryonalen Stammzellen ist durch diese Gesetze in Deutschland grundsätzlich verboten. Auch der Einfuhr von humanen embryonalen Stammzellen sind enge Grenzen gesetzt und nur nach ausdrücklicher Genehmigung durch das Robert-Koch-Institut erlaubt. Die Generierung von menschlichen Klonen, egal ob zu reproduktivem oder therapeutischem Zweck, ist in Deutschland nach dem Embryonenschutzgesetz strafbar.

Fragen

1. Benennen Sie die Teilaspekte einer ethischen Bewertung der Forschung mit humanen embryonalen Stammzellen.
2. Welche Argumente sprechen für, welche gegen eine uneingeschränkte Forschung an embryonalen Stammzellen des Menschen?
3. Welche Artikel des deutschen Grundgesetzes betreffen auch die Forschung an humanen embryonalen Stammzellen?
4. Benennen Sie die wesentlichen Inhalte des deutschen Embryonenschutzgesetzes.
5. Benennen Sie die wesentlichen Inhalte des deutschen Stammzellgesetzes.

Referenzen

BADURA-LOTTER, G. (2005): Forschung an embryonalen Stammzellen. Campus Verlag, Frankfurt.

HEINEMANN, T. (2005): Klonieren beim Menschen. Walter De Gruyter, Berlin.

HEYER, M., H.G. DEDERER (2007): Präimplantationsdiagnostik, Embryonenforschung, Klonen: Ein vergleichender Überblick zur Rechtslage in ausgewählten Ländern. Verlag Karl Alber, Freiburg/München.

MERKEL, R. (2002): Forschungsobjekt Embryo. Verfassungsrechtliche und ethische Grundlagen der Forschung an menschlichen embryonalen Stammzellen. Deutscher Taschenbuch Verlag, München.

Internetverweise, Stichtag: 31.12.2011
http://zellux.net/index.php
http://www.stammzellen-debatte.de/
http://www.stammzellen.nrw.de/

Anhang | 10

Meilensteine der Stammzell- und Regenerationsbiologie | 10.1

Jahr	Entdeckung
1686	Erste Beschreibung zur Regeneration des Schwanzes bei Eidechsen durch MELCHISÉDECH THÉVENOT.
1744	Erste Beschreibung über die Fähigkeit von Hydra, einen verloren gegangenen Kopf zu regenerieren.
1774	Erste Beschreibung über die Regenerationsfähigkeit von Planarien durch PALLAS.
1879	Erstmalige Verwendung des Begriffs Teratom durch RUDOLF VIRCHOW.
1901	Erstmalige Verwendung der Begriffe Morphallaxis und Epimorphose durch MORGAN.
1930	Erste dokumentierte Beobachtungen über Regenerationsprozesse der Finger (inklusive dem Knochen) beim Menschen.
Ende 1950er	Erstmalige Beschreibung, dass Zellen des Gehirns adulter Säuger proliferieren können. Stammzellen in Teratokarzinom werden erstmals beschrieben.
1961	Bestätigung, dass alle Zellen des Blutes von einer Stammzelle abstammen durch ERNEST MCCULLOUGH und JAMES TILL. Erstmalige Identifizierung von Satellitenzellen im Froschmuskel.
1962	Embryonale Keimzellen werden als gutartiges Gegenstück embryonaler Karzinomazellen beschrieben.
1964	Embryonale Karzinomazellen sind für die Bildung von Teratokarzinomen verantwortlich.
1967	EC-Zellen erstmals in Kultur gehalten.
1968	Erstmalige Generierung chimärer Mäuse durch die Injektion von Zellen der ICM in Blasotzysten. Erstmalige Isolierung von MSCs.
1969	Erste erfolgreiche Knochenmarktransplantation durch E.D. THOMAS.

1970	Entdeckung, dass ektopisch implantierte Embryonen Teratokarzinome auslösen.
1973	F9-Antigen wird auf EC-Zellen und Zellen der ICM gefunden.
1974	Erstmalige Beschreibung, dass Amphibien zur Herzregeneration befähigt sind.
1975	Erstmalige Differenzierung von EC-Zellen aus EBs.
1978	Die Hypothese der Stammzellnische wurde erstmals von SCHOFIELD aufgestellt.
1981	MARTIN EVENS und GAIL MARTIN isolieren erstmals ES-Zellen der Maus.
1984	ES-Zellen zeigen Keimbahntransmission.
1987	Homologe Rekombination
1988	Erstmalige Isolation hämatopoetischer Stammzellen durch IRVING WEISSMAN.
1989	Oct4 wird als Pluripotenzfaktor beschrieben.
1990	Sox2 wird als Pluripotenzfaktor beschrieben.
1992	Murine EG-Zellen erstmals in Kultur gehalten.
1997	Bestätigung der *In-vivo*-Existenz von Tumorstammzellen durch BONNET und DICK.
1998	JAMES THOMSON isoliert erfolgreich humane ES-Zellen. Erstmalige Beschreibung humaner EG-Zellen.
Ende 1990er	Isolierung endothelialer Vorläuferzellen.
2002	Erstmalige Beschreibung, dass Zebrafische zur Herzregeneration befähigt sind.
2003	Nanog wird als Pluripotenzfaktor beschrieben.
2006	Erstmalige Generierung von murinen iPS-Zellen durch SHINIJA JAMANAKA.
2007	JAMANAKA und THOMSON beschreiben unabhängig voneinander die Herstellung humaner iPS-Zellen.
2009	Erste Herstellung von piPS-Zellen.
2011	Erstmalige Beschreibung, dass neonatale Mäuse zur Herzregeneration befähigt sind.

Abkürzungen: EBs, engl. *embryoid bodies*; EC, engl. *embryonic carcinoma*; ES, engl. *embryonic stem*; EG, engl. *embryonic germ*; ICM, engl. *inner cell mass*; iPS-Zellen = induzierte pluripotente Stammzellen; MSCs, engl. *mesenchymal stem cells*; piPS-Zellen = protein-induzierte pluripotente Stammzellen

Glossar

10.2

AER: engl. *apical ectodermal ridge*; Kante auf der Extremitätenknospe; fördert das Wachstum der Extremität in die proximo-distale Achse, in dem sie Wachstumsfaktoren bildet.
Adipozyten: Fettzellen
AGM-Region: Abkürzung für Aorta, Gonade und Mesonephros; diese Region setzt sich aus der dorsalen Aorta, dem umliegenden Mesenchym und den Urogenitalleisten zusammen.
Allel: Variante eines Gens; Allele unterscheiden sich nur geringfügig in einigen wenigen Basen voneinander.
allogen: Spender und Empfänger sind unterschiedliche Personen.
Angiogenese: Bildung kleiner Blutgefäße durch Aussprossung aus größeren Gefäßen
anterior: nach vorne, vorne
apikale Seite: in Richtung eines Lumens; steht im Gegensatz zur basalen Seite einer Zelle, die der Extrazellulärmatrix zugewandt ist.
Apoptose: der programmierte Zelltod
Astrozyten: Gliazellen des zentralen Nervensystems; sternenförmig verzweigte Zellen; Aufgabe der Astrozyten ist die Versorgung der Nervenzellen durch den Kontakt zu Blutgefäßen; sie sind zudem an der Bluthirnschranke beteiligt
ATP-binding cassette: ATP-bindende Proteindomäne
Atrium: Vorhof, Vorkammer
autogen: Spender und Empfänger ist dieselbe Person; vom selben Organismus stammend
autolog: Spender und Empfänger ist dieselbe Person; vom selben Organismus stammend
autokrin: Sekretionsart, bei der das Signalmolekül auf die produzierende Zelle selbst wirkt.
Bilateria: Organismen mit zwei lateralen, spiegelbildlichen Körperhälften
Blastem: undifferenzierte Zellen mesenchymalen Charakters
BMP: engl. *bone morphogenetic protein*; Familie von Wachstumsfaktoren der TGF-β Familie
CA-Region: lat. *Cornus ammonis*; Region, in der die Pyramidenbahnen lokalisiert sind.
Chemokin: Zytokin, welches Chemotaxis auslöst.
Chemotaxis: Fortbewegung eines Moleküls entlang eines Konzentrationsgradienten eines sezernierten Faktors
Chimäre: im biologischen Kontext: Organismen mit dem Erbmaterial unterschiedlicher Individuen
Chimäre: in der griechischen Mythologie: feuerspeiendes Wesen mit drei Köpfen, die einem Löwen, einer Ziege und einer Schlange entstammen
Chimärismus: Organismus enthält Zellen unterschiedlicher genetischer Information; nach einer Knochenmarktransplantation beispielsweise enthält der Empfänger zusätzlich zu seinen eigenen Zellen auch Zellen des Spenders, welche die Blutgruppe sowie chromosomale und molekulargenetische Merkmale des Spenders aufweisen.
Chondrozyten: Knorpelzellen
Darmpolyp: Geschwülste in der Darmschleimhaut
Desmosomen: scheibenförmige Verbindungen zweier benachbarter Zellen, die intrazellulär mit Intermediärfilamenten verknüpft sind; dienen der Stabilität von Zellen
diploide Organismen: Organismen mit Zellen, die einen doppelten Chromosomensatz besitzen.
Differenzierung: Spezialisierung von Zellen
dorsal: rückenwärts
dreikeimblättrige (triploblastische) Organismen: Organismen mit den drei Keimblättern Ektoderm, Mesoderm, Endoderm
Elektroporation: Mithilfe der Elektroporation wird die Zellmembran durch das kurze Anlegen eines elektrischen Feldes permeabel gemacht.
Endosteum: innere Knochenhaut
eosinophil: Strukturen, die sich mit dem sauren Farbstoff Eosin anfärben lassen.
ependymale Zellen: gehören zu den Gliazellen; sie kleiden die Hohlräume im ZNS aus
Epithel: Deck- oder Drüsengewebe
ERK: engl. *extracellular signal regulated kinase* = MAPK: engl. *mitogen activated protein kinase*
Erythrozyt: rotes Blutkörperchen; verantwortlich für Sauerstofftransport im Körper
Exosomen: Kleine Vesikel, die von vielen Zellen durch Exozytose sezerniert werden können.
ex vivo: außerhalb des lebenden Organismus
extraembryonal: außerhalb des eigentlichen Embryos gelegen
Extremitätenfeld: Verdickung des Seitenplattenmesoderms, aus welchem sich die Extremität entwickelt.
extrinsisch: von außen kommend
FGF: engl. *fibroblast growth factor*; Familie von Wachstumsfaktoren

Fibroblasten: Zellen des Bindegewebes, die die ECM (engl. *extracellular matrix*) produzieren
Föten: Embryonen, welche bereits die inneren Organe ausgebildet haben; Einzahl: Fötus
genomische Prägung: auch als genomisches Imprinting bezeichnet; beschreibt die Tatsache, dass die beiden Allele eines Gens (mütterlich und väterlich vererbt) unterschiedlich genutzt werden; für ein Gen, das der genomischen Prägung unterliegt, ist entweder das von der Mutter *oder* vom Vater stammende Allel aktiv
Gap junctions: Zell-Zell-Kanäle, die von kanalbildenden Proteinen gebildet werden.
Gastrulation: Vorgang, bei welchem die endo- und mesodermalen Zellen in den Embryo einwandern und dort die inneren Organe bilden.
Gerinnungsvorgang: auch Gerinnungskaskade, Blutstillung oder Blutgerinnung; bei diesem Vorgang kommt es durch die schrittweise Aktivierung von Gerinnungsfaktoren zum Verschluss einer Wunde (Details siehe Lehrbücher der Biochemie)
GFP: grün fluoreszierendes Protein
Gliazellen: nichtneuronale Zellen des ZNS; dienen der Versorgung der Neuronen mit Nährstoffen und der elektrischen Isolation der Neurone
Granula: Kleine Vesikel in Zellen, deren Inhaltsstoffe nach außen abgegeben werden können.
Granularzellen: werden auch als Körnerzellen bezeichnet; relativ kleine, multipolare Neurone im Gehirn
GPI-Anker: Glykosylphosphatidylinositol-Anker; verankert Glykoproteine in der Zellmembran, sodass diese auf der Zelloberfläche präsentiert werden können.
Haarbulbus: zwiebelförmige verdickte Struktur bestehend aus Haarpapille und Matrix
Haarfollikel: wird auch als Haarbalg bezeichnet; Einstülpung der Epidermis, in die der Haarschaft eingebettet ist.
Haarpapille: Gefäßreiches Bindegewebe, welches die Nährstoffversorgung des Haares gewährleistet.
Haarwurzel: der von der Hautoberfläche bis zum tiefsten Punkt des Haarschafts reichende Abschnitt des Haars
Hämangioblast: gemeinsame Vorläuferzelle von Endothel- und Blutzellen
Hämatopoese: Blutbildung
hämatopoetisch: blutbildend
Hämophilie: Erbkrankheit mit gestörter Blutgerinnung, beispielsweise aufgrund eines Mangels an bestimmten Gerinnungsfaktoren
HANS SPEMANN: siehe SPEMANN
Hepatektomie: operative Entfernung der Leber; bei der partiellen Hepatektomie wird nur ein Teil der Leber entfernt.
Hepatozyten: Leberzellen
heterophile Interaktion: Interaktion von zwei verschiedenen Molekülen
high throughput screening: Hochdurchsatz-Studien, welche meist halb oder voll automatisiert durchgeführt werden.
Histokompatibilität: Gewebeverträglichkeit
Histonproteine: Basische Proteine, um die der DNA-Strang gewunden ist, um die Verpackungsdichte zu erhöhen; die Haupt-Histone sind H1, H2A, H2B, H3 und H4.
Hoechst 33342: Fluoreszierender Farbstoff, der durch die Zellmembran dringt und an DNA bindet; die Analyse dieser Färbung kann entweder unter dem Fluoreszenzmikroskop oder in der fluoreszenzbasierten Durchflusszytometrie vorgenommen werden.
Homöostase: Erhaltung des physiologischen Gleichgewichts durch Selbsterneuerung
homophile Interaktion: Interaktion von zwei identischen Molekülen
Hyperplasie: Vergrößerung eines Gewebes oder Organs durch vermehrte Proliferation
Hypoxie/hypoxisch: Mangel an Sauerstoff/ sauerstoffarm
Ikterus: Gelbsucht; ein Krankheitsbild, das durch eine Störung des Bilirubinstoffwechsels ausgelöst wird.
Imprinting: auch als genomische Prägung bezeichnet; Erläuterung siehe genomische Prägung
innerviert: mit Nervenfasern versorgt
interne Ribosomeneintrittsstelle: erlaubt die Bindung von Ribosomen und den Beginn der Translation zwischen zwei Genen auf einem polycistronischen Transkript
Interneurone: werden auch als Schaltneurone bezeichnet
Interstitien: extrazelluläre Zwischenräume in Geweben und Organen
intrinsisch: von innen kommend
in utero: in der Gebärmutter
Invertebraten: Tiere ohne Wirbelsäule, Wirbellose
Ischämie: Sauerstoffunterversorgung
Karyotyp: Gesamtheit aller Chromosomeneigenschaften eines Individuums
Keimzelle: Geschlechtszelle, z.B. die Eizelle oder das Spermium
knock out: Ausschalten beider Allele eines Gens
Kompetenz: Fähigkeit oder Vermögen zu einer bestimmten Entwicklung

konditionaler Funktionsverlust: Verlust eines Gens in einer genetisch veränderten Maus, der gewebespezifisch und/oder zeitlich reguliert erfolgt.
Körnerzellen: Körnerzellen werden auch als Granularzellen bezeichnet; kleine, multipolare Nervenzellen; die Körnerzellen des Hippokampus verwenden Glutamat als Neurotransmitter, wodurch sie erregend (exzitatorisch) wirken
Krypten: Einsenkungen des Darmepithels
lacZ-Gen: Reportergen, das für das Protein β-Galactosidase codiert; die β-Galactosidase kann das Substrat X-Gal in Galactose und einen blau gefärbten Indigo-Farbstoff umwandeln.
letal: zum Tode führend
Leukämie: Erkrankung des Blutsystems; Zeichnet sich durch eine vermehrte Bildung der Leukozyten aus, die sich im Knochenmark und peripheren Blut ausbreiten.
Liposomen: Bestehen aus Molekülen mit einem hydrophoben und einem hydrophilen Anteil, wobei sich der hydrophobe Anteil in Wasser nach innen wendet, sodass sich kleine Kugeln formen.
LoxP-Stellen: Erkennungssequenz für die Rekombinase Cre (engl. *cyclization recombination*); Sind zwei LoxP-Stellen in gleicher Richtung auf der DNA enthalten, so spaltet Cre den DNA-Strang an diesen Erkennungssequenzen auf, das DNA-Zwischenstück fällt heraus und die beiden Enden werden wieder verknüpft.
Lymphknoten: Teil des Abwehrsystems eines Organismus, welches die Lymphe (Gewebewasser) filtert.
Lymphom: Vergrößerung eines Lymphknotens, kann beispielsweise durch einen bösartigen Tumor bedingt sein
maligne: bösartig
MAPK: engl. *mitogen activated protein kinase* = ERK (engl. *extracellular signal regulated kinase*)
MAPKK: engl. *mitogen activated protein kinase kinase* = MEK
MAPKKK: engl. *mitogen activated protein kinase kinase kinase*) = Raf (engl. *ras activated factor*)
Matrix: im Kontext des Haares: Region, in die sich Pigmentzellen und multiple Vorläuferzellen der Vorwölbung einlagern.
Maultier: Keuzung zwischen Pferdestuten und Eselhengsten
Meiose: Bildung der Keimzellen, wobei der diploide zum haploiden Chromosomensatz reduziert wird.
Metamorphose: Umgestaltung; bei Tieren die Entwicklung vom Larvenstadium ins Adultstadium durch Gestaltumwandlung
Mitose: Zell(kern)teilung
mixoploide Organismen: Organismen mit Zellen, die einen unterschiedlichen Chromosomensatz besitzen
Monolayer: eine einlagige Zellschicht
Mosaikentwicklung: Theorie von WILHELM ROUX (1850–1924), die besagt, dass das Schicksal aller Zellen schon früh determiert wird.
motorische Endplatte: Kontaktstelle eines Motoneurons mit einer Muskelzelle
Morphogengradient: Konzentrationsgradient eines Signalmoleküls, das an der Musterbildung eines Organismus beteiligt ist.
Muskeldystrophie: erbliche, degenerative Muskelerkrankung
Mutante: genetisch veränderter Organismus
myeloablative Therapie: Zerstörung des hämatopoetischen Systems zu Therapiezwecken mit anschließender Implantation von HSCs
Myokardinfarkt: auch Herzinfarkt; beim Herzinfarkt wird ein Herzkranzgefäß (Koronargefäß) durch ein Blutgerinnsel verschlossen, wodurch Teile des Herzmuskels (Myokard) nicht mehr mit Sauerstoff versorgt werden können; es kommt zur Nekrose von Zellen.
Myofibrille: Funktionseinheit einer Muskelzelle, die aus vielen Sarkomeren besteht.
Myozyten: Muskelzellen
Nekrose: Absterben einzelner oder mehrerer Zellen im lebenden Organismus; immer pathologisch
Neoangiogenese: Neubildung kleiner Gefäße durch Aussprossen aus einem größeren Gefäß
Neovaskulogenese: Neubildung von Gefäßen
Neuroblasten: neurale Vorläuferzellen
Neuroblastom: Tumor bei Kindern, der vom sich entwickelnden Neuralgewebe ausgeht. Frühe neurale Zellen, sogenannte Neuroblasten, verbleiben in einem undifferenzierten Stadium und bilden Tumore.
Nische: anatomische Struktur innerhalb eines Organismus bestehend aus zellulären und nichtzellulären Komponenten; integriert lokale und systemische Faktoren, die auf Stammzellen einwirken
Nucleolus: Struktur im Zellkern, in der die Ribosomenbiosynthese stattfindet.
Osteoblasten: knochenbildende Zellen
Osteoklasten: mehrkernige Zellen zum Abbau von Knochensubstanz; entstehen aus mononukleären Zellen des hämatopoetischen Systems

Osteozyten: Knochenzellen

p53: Ein Protein, das insbesondere in stark proliferierenden Zellen wie Tumorzellen in hoher Konzentration vorkommt; in vielen Tumoren mutiert; spielt eine Rolle in der Regulation des Zellzyklus und kann auch als Tumorsuppressor wirken; namensgebend war sein Molekulargewicht von 53 kDa.

parakrin: Sekretionsart, bei der das Signalmolekül auf unmittelbar benachbarte Zellen wirkt.

Parathormon: Hormon der Nebenschilddrüsen, welches den Calciumstoffwechsel reguliert.

Parthenogenese: Jungfernzeugung; Eine Form der eingeschlechtlichen Fortpflanzung, wobei Nachkommen aus einer unbefruchteten Eizelle entstehen.

Pax: Familie von Transkriptionsfaktoren, die neben einer Homöodomäne auch eine sogenannte *Paired Box* enthalten.

Peptid: Kurzes lineares Polymer aus Aminosäuren, die über Peptidbindungen verknüpft sind.

Periosteum: Bindegewebe, das die äußere Oberfläche von Knochen bildet.

Phänotyp: äußeres Erscheinungsbild eines Organismus

Pharynx: Rachen, Schlund

Plastizität: allgemein die Fähigkeit zur Veränderung in Abhängigkeit von äußeren Einflüssen

Plastizität: im neuralen Kontext: die Eigenschaft von Hirnregionen, Nervenzellen oder Synapsen, sich in Abhängigkeit der Aktivität oder äußerer Einflüsse zu verändern.

Plazenta: Gewebe in der Gebärmutter während der Schwangerschaft; versorgt den Embryo

Pluripotenzgene: Gene, die für die Eigenschaften von Stammzellen wie Pluripotenz und Selbsterneuerung notwendig sind.

polycistronisches Transkript: Transkript, auf dem die Information für mehrere Proteine codiert ist.

polygonal: vieleckig

Polymorphismus: Auftreten von Genvarianten (Allelen) in einer Population

posterior: nach hinten, hinten

Proliferation: Zellvermehrung durch Zellteilung

Purkinjezellen: relativ große Neurone im Kleinhirn

Raf: engl. *ras activated factor* = MAPKKK (engl. *mitogen activated protein kinase kinase kinase*)

Retinsäure: Vitamin-A-Derivat, isoprenoide Carbonsäure

Reporter: Gen, dessen Protein im Embryo visualisiert werden kann

Reprogrammierung: Umwandlung einer teilungsfähigen somatischen Zelle von einem differenzierten in einen undifferenzierten Zustand.

Retrotransposon: Transponierbare DNA-Abschnitte, welche RNA als Zwischenstufe verwenden.

Reverse Transkriptase: Enzym, das RNA in DNA umschreibt.

Rezidiv: das Wiederauftreten einer Erkrankung („Rückfall")

Schwann-Zellen: Form der Gliazellen; umhüllen die Axone eines Neurons und dienen so dem Schutz und der elektrischen Isolation der Axone.

Selektine: Zelladhäsionsmoleküle, Glykoproteine auf Endothelzellen, Blutplättchen oder Leukozyten

Seneszenz: letzte Lebensphase einer Zelle, die noch physiologisch aktiv ist, sich aber nicht mehr teilen kann

Serum: Blut ohne zelluläre Bestandteile

Shh: engl. *sonic hedgehog*; extrazellulärer Wachstumsfaktor, der als Morphogen wirken kann

Sendai-Virus: RNA-Virus der Familie der *Paramyxoviridae*; ein besonderes Merkmal dieses Virus ist seine Eigenschaft, mit eukaryotischen Zellen *in vitro* zu verschmelzen; dies wird durch ein Membranprotein, Hämagglutinin-Neuraminidase, vermittelt

Spemann, Hans: Nobelpreis für Medizin 1935 für seine Arbeiten zur Bedeutung der oberen Urmundlippe in Amphibien, dem Organisator

Spermatogonien: Urkeimzellen, die aus der Stammzellpopulation des Hodens hervorgehen und sich zu Spermien entwickeln.

Spindel: Teil des sogenannten Spindelapparats jeder Zelle; wird während der Zellteilung (Mitose und Meiose) gebildet; Spindeln werden benötigt, um die gleichmäßige Chromosomenverteilung auf beide Tochterzellen zu gewährleisten.

Spezifikation: erste, reversible Programmierung eines Entwicklungsweges

Stromazellen: setzen sich zusammen aus Fibroblasten, Fettzellen sowie anderen Zellen

somatische Zellen: alle Körperzellen von höheren Organismen mit Ausnahme der Keimzellen und adulter Stammzellen

subkutan: unter die Haut

systemisch: Faktoren, die im ganzen Körper wirken, da sie durch den Blutkreislauf übertragen werden.

Tag: Markierung von Proteinen durch das Anfügen zusätzlicher Aminosäuren; diese können der spezifischen Markierung, zur Aufreinigung oder zur Veränderung der Funktion des Proteins dienen.

Talgdrüse: eine talgproduzierende Drüse (Talg besteht aus Triglyzeriden, Lipiden, Wachsestern); durch Platzen der produzierenden Zellen wird der Talg an die Hautoberfläche abgegeben

Tenozyten: Zellen der Sehnen und Bänder

Teratom: Keimzelltumor, der Derivate aller drei Keimblätter bildet.

Teratokarzinom: bösartige Form des Teratoms

Testis: Hoden

tetraploid: Zelle oder Organismus mit vierfachem Chromosomensatz

Transdifferenzierung: Umwandlung von Zellen eines Differenzierungszustands in einen neuen Zustand, zuweilen enger gefasst und nur auf solche Veränderungen angewandt, die eine Keimblattgrenze überschreiten.

Transduktion: Gentransfer durch Viren

Transfektion: Einbringen von fremder DNA in eukaryotische Zellen; man unterscheidet zwischen transienter (Einbringung eines Plasmids) und stabiler (Einbau der Fremd-DNA in das Wirtsgenom) Transfektion.

Transgen: Gen, das in das Erbgut eines Wirts eingebracht wurde.

Trauma: Schädigung eines Gewebes, in der Regel durch einen mechanischen Einfluss.

Thrombozyt: wird auch als Blutplättchen bezeichnet; die kleinste Blutzelle, die bei der Blutgerinnung essenziell ist.

Vaskulogenese: frühe Gefäßbildung

Ventrikel: (Haupt-) Herzkammer

Villi: werden auch als Zotten bezeichnet; Ausstülpungen des Darmepithels

Zellkonfluenz: Zellrasen ohne Löcher

Zona pellucida: wird auch als Glashaut bezeichnet und dient als Schutzhülle der Eizelle

zweikeimblättrige (diploblastische) Organismen: Organismen mit zwei Keimblättern (Ektoderm und Endoderm)

Zygote: befruchtete Eizelle

Zytokine: Wachstumsfaktoren oder Mediatoren; dazu gehören fünf Hauptgruppen wie Interleukine, Interferone, Chemokine, kolonie-stimulierende Faktoren und Tumornekrosefaktoren

Zytostatikum: natürliche oder synthetisch hergestellte Substanz, die die Zellteilung inhibiert

zytotoxisch: zellzerstörend

Register

MICHAEL KÜHL | SUSANNE GESSERT
Entwicklungs-
biologie
UTB basics
ULMER